JN437887

과학과 인문학의 융합

−19세기 음향학의 수사학적 분석

구자현

서울대학교 물리학 학사와 서울대학교 대학원 과학사 석사 및 박사학위를 취득하였으며, 현재 영산대학교 자유전공학부 교수로 재직하고 있다.

주요 논문으로는 「British Acoustics and Its Transformation from the 1860s to the 1910s」 *Annals of Science*(2006), 「Uses and Forms of Instruments: Resonator and Tuning Fork in Rayleigh's Acoustical Experiments」 *Annals of Science*(2009), 「Alfred M. Mayer and Acoustics in Nineteenth-Century America」 *Annals of Science*(2013)이 있으며, 주요 저서로는 『공생적 조화: 19세기 영국의 음악 과학』(서강대학교 출판부, 2012년 문화체육관광부 우수학술도서), 『음악과 과학의 만남: 역사적 조망』(경성대학교 출판부, 2013년 문화체육관광부 우수학술도서), 『음악과 과학의 길: 본질적 긴장』(한국문화사, 2014년 세종도서 우수학술도서), 『소리의 얼굴들』(경북대학교 출판부, 2016년 학술원 우수학술도서), 『음악적 아름다움의 근원을 찾아서』(경성대학교 출판부, 2016년 세종도서 우수학술도서), 『쉬운 과학사』(이담북스, 2009)가 있다.

주요 수상으로 2010년 제1회 한국창의연구논문상 장려상(한국연구재단) 수상, 2010년 연구개발사업 기초 연구 우수성과(교과부 장관상), 2012년 인문사회 기초학문육성 10년 대표성과(한국연구재단)로 선정 수상하였고, 마르퀴즈 후즈후(Marquis Who's Who), 국제인명센터(International Biographical Centre), 미국인명연구소(American Biographical Institute)에서 편찬하는 다수의 인명사전에 2009년부터 연속 등재되었다.

서강학술총서
093

과학과 인문학의 융합

-19세기 음향학의 수사학적 분석

구자현 지음

서강대학교출판부

서강학술총서 093

과학과 인문학의 융합
–19세기 음향학의 수사학적 분석

초판 1쇄 발행 | 2016년 12월 23일

지 은 이 | 구자현
발 행 인 | 유기풍
편 집 인 | 우찬제
발 행 처 | 서강대학교출판부
등록 번호 | 1978년 9월 28일 제313-2002-170호

주 소 | 서울특별시 마포구 백범로 35(신수동)
전 화 | (02) 705-8212
팩 스 | (02) 705-8612

ISBN 978-89-7273-323-2 94400
ISBN 978-89-7273-139-9(세트)

값 19,000원

* '서강학술총서'는 SK SUPEX 기금의 후원으로 제작됩니다.

책머리에

과학에서 의사소통은 언어의 형태로 이루어진다. 연구 논문, 연구 저서, 교재, 교양 도서 등 다양한 성격의 과학 저술이 존재하지만 이 모두가 언어를 사용하여 의사소통한다는 점에서 공통적이다. 과학 저술에서 수학이 의사소통을 위한 중요한 도구로 사용되는 경우가 다른 영역에 비하여 많다고는 하지만 일반적인 언어를 배제하고 수식만으로 저술된 과학 저술은 존재하지 않는다. 그런 점에서 언어 사용 기술을 다루는 수사학은 과학 저술에서도 중요성을 인정하는 것이 당연하다. 그럼에도 불구하고 수사학이 가진 부정적인 뉘앙스 때문에 사람들은 과학과 같이 정확한 언어를 구사해야 하는 영역에서는 수사학의 활용을 적절하지 않다고 믿게 만들었다. 그렇지만 이제는 과학조차도 수사학적 분석 대상으로 삼아서 적극적으로 탐구하는 것이 마땅하다는 생각이 조금씩 확산되고 있다.

과학 수사학은 여전히 국내에서 생소한 분야이다. 전 세계적으로도 그렇게 많은 연구가 이루어진 분야는 아니라고 할 수 있다. 수사학에 관련된 국제 학술지는 많이 있지만 과학 수사학을 전문적으로 출판하는 학술지는 찾기 어렵다. 과학 수사학의 연구 주제가 다양하기 때문에 해외의 일반 수사학 학술지에 논문을 제출하였을 때 그 내용을 전문적으로 심사할 수 있는 인력을 찾기가 쉽지 않은 상황이다. 그렇기 때문에 신생 분야로서 연구할 주제가 다양하다는 장점이 있지만 연구 성과를 제대로 인정받기는 오히려 어려운 실정이다. 기존의 연구 성과들이 여러 주제에 걸쳐서 성기게 존재하기 때문에 참조하여 도움을 받을 수 있는 선행 연구를 찾기도 어렵다. 다행스럽게도 국내의 수사학 및 인문학 학술지에서 과학 수사학에 대한 관심은 진지하고 그 가치를 잘 인정해 주고 있어서 논문을 출판하거나 관련 연구에 대한 지원을 얻어내는 데에는 큰 어려움은 없어 보인다.

과학 수사학을 19세기 음향학을 중심으로 역사적 논의와 접목시키려는 계획은 필자가 지난 20여 년간 19세기 음향학의 역사를 연구해 온 것과 관련이 깊다. 한국에서 19세기 음향학의 연구를 수행한 사람이 전무한 상태에서 헬름홀츠의 음향학을 가지고 석사 논문을 썼고 그 후속으로 레일리의 음향학을 박사 논문의 주제로 잡은 것이 이 방향의 연구를 계속하는 시발점이었다. 박사 학위를 받은 후에 국내 대학 출신의 서양 과학사 연구자라는 불리한 여건 속에서 해외 유명 학술지에 논문을 내기 위해 노력한 결과로 2006년, 2009년, 2013년에 걸쳐서 *Annals of Science*에 19세기 음향학에 관한 논문을 출판할 수 있었다. 해외에 연결 고리가 없었던 필자에게 자료를 찾는 일부터 논문을 읽고 논평해 주는 일까지 많은 도움을 주었던 아이버 그래턴-기네스(Ivor Grattan-Guinness) 교수님과 커티스 윌슨(Curtis Wilson) 교수님께 감사를 드린다. 또한 음향학사와 관련하여 모범적인 연구로 영감과 조언을 해 준 국(Penelope Gouk) 교수님께도 감사를 드린다. 이 분들은 자료를 모으기 위해 영국과 미국을 방문했을 때 현지에게 필자를 만나주고 가이드를 해주었을 뿐 아니라 도서관과 기록 보관소에 접근할 수 있는 길을 열어 주었고 현지의 연구자들에게 다리를 놓아주는 일을 해주었다. 덕분에 필자는 초청을 받아 굴지의 해외 석학들과 함께 발표하고 토론할 수 있는 기회를 독일과 미국에서 얻을 수 있었다. 그러한 배경은 연구의 수월성에 대한 큰 동기부여가 되었고 국내에서 연구가 어려운 여건 속에서도 연구를 포기하지 않고 이어갈 수 있는 힘이 되었다.

필자가 과학 수사학에 관심을 기울이게 된 과정은 과학학 연구에서 수사학에 대한 관심이 커가는 경향과 관련이 있다. 수사학적 텍스트 분석 방법을 통해서 이전에는 읽을 수 없었던 과학의 새로운 측면들을 살필 수 있게 되었다는 점에서 과학 수사학은 매력적이다. 더구나 역사학을 수행하는 데 있어서 자료의 한계라는 해결하기 어려운 문제를 해결할 수 있는 돌파구를 열어준다는 점에서 국내 연구자로서 해외 연구자들과 대등하게 겨룰 수 있다는 장점이 있다. 역사학과 수사학을 비교했을 때 두 학문이 모두 언어적 형태로 되어 있는 텍스트를 기본적인 연구 대상으로 하는 인문학이라는 점에서는 공통점이 있지만 역사학이 특수한 국면에 초점을 맞추는 반면에 수사학은 언어 또는 인공물의 일반적인 특성을 탐구한다는 점에서 인간의 본성까지 파고들 수 있다는 점에서 차이가 난다. 역사학은 특정한 전문 분야의 사람이 관심을 가질 법한 특수한 사실에 관심을 기울이고 망각된 사실을 찾아내고 의미를 부여한다는 점에서 인간의 지식의 양을 늘리는 백과사전적 작업에 더 근접해 있지만 수사학은 특수한 사례를 다루더라도 기본적으로 언어나 기호의 일반적인 특성을 탐구한다는 관점을 놓치지 않는다는 점에서 누구나 관심을 가질 수 있는 일반적 현상을 다룬다. 역사학이 새로운 사료의 발굴과 해석을 통해서 새로운 지식을 얻어냈다는 자부심을 느낄 수 있는 분야인 반면에 연구 결과에 대해서 관심을 가질 수 있는 사람은 소수에 불과하다는 반면에 인간 사회에 미칠 수 있는 영향력은 즉각적이지 않아 보인다. 그렇지만 수사학은 기본적으로 일반적인 이론을 구축하고 그것을 적용하는 사례로서 특수에 관심을 기울이기 때문에 여러 분야의 사람들에게 도움이 될 수 있는 일반적인 논의를 전개함으로써 더 폭넓은 독자를 확보할 수 있다는 장점이 있지만 기본적으로 이론이라고 하는 것이 확정된 진리는 아니어서 잠정적인 이해의 틀에 그친다는 점에서 아쉬움을 남긴다.

그런 점에서 이 연구는 과학과 인문학의 중간 지점에 걸쳐 있다. 19세기 과학의 한 분야인 음향학을 수사학적인 분석 방법으로 들여다보므로 학제적 또는 융합적이라고 할 수 있다. 뉴턴(Isaac Newton)이나 다윈(Charles Darwin), 갈릴레오(Galileo Galilei), 왓슨(James Watson)과 크릭(Francis Crick) 등 주요한 과학자들의 텍스트를 수사학적으로 분석하는 사례가 과학 수사학의 주류를 이루고 있는 시점에서 특정한 시기, 특정한 연구 분야의 다양한 측면을 한 권의 책에서 수사학적으로 분석하는 일은 처음 시도된다. 과학 수사학 자체가 일천한 데다 필자의 수사학에 대한 연구 또한 일천한 관계로 깊이에서 부족함이 많지만 더 많은 발전을 위한 시발점으로 스스로를 자위하며 더 심화된 연구를 위한 토대로 이 연구를 삼고자 한다. 국내 연구자들에게도 과학 수사학과 관련된 심화된 논의를 담은 책을 찾아보기 어려운 실정에서 이 연구가 과학 수사학에 대한 관심을 불러일으키는 계기가 되기를 기대한다.

연구 프로젝트의 지원서를 심사하고 흔쾌히 재정적으로 지원을 해 준 서강대학교의 서강학술총서 관계자들께 감사를 드린다. 또한 책의 내용을 집필하는 것이 가능하도록 지적 자극과 유익한 지식을 제공해 준 국외 및 국내 연구자들께도 감사드리고, 출판 및 미출판 자료를 제공해 준 임페리얼 칼리지(Imperial College), 대영 도서관(British Library), 시라큐스 대학(Syracuse University), 프린스턴 대학(Princeton University)의 도서관과 아카이브 직원들께도 감사드린다. 끝으로 연구를 위한 필요한 자원들을 부족함이 없이 확보하는 든든한 병참의 역할을 해준 아내 최윤정에게 고맙다는 말을 전하고 싶다.

목　차

1장
서론

1장
서론

1. 연구 배경

수사학(rhetoric)이 세계를 이해하는 새로운 수단으로 관심을 끌고 있다. 현대 수사학은 전통적으로 수사학이 가지고 있었던 부정적 이미지를 떨치고 사람을 설득하여 자신의 목적을 달성하는 정당한 수단으로서 관심을 끌 뿐 아니라 세상의 권력관계와 인간의 정체성을 읽어내는 수단을 제공하고 있다. 그러므로 수사학은 모든 인간이 창조한 인공물(artifact) 속에 반영되어 있는 것을 의미하기도 하고 그러한 것을 분석하고 연구하는 학문을 의미하기도 한다. 이것이 수사학이라는 용어 자체가 이해하기 어렵고 여러 사람에 의해 혼돈스럽게 사용되는 이유이기도 하다. 전자는 흔히 '수사'라고 부르는 것으로 이전에는 말이나 글을 아름답게 꾸미는 기술을 의미하던 것이었지만 이제는 대통령 연설, 텔레비전 쇼, 공산품, 건물 등 모든 인공물 속에 다양한 형태로 반영되어 있고 그 인공물을 이용하는 사람들에게 은연중에 전달되는 메시지까지 의미하게 되었다.[1] 후자는 이러한 '수사'를 읽어내고, 만들어 내고, 활용하는 온갖 기술을 연구하는 학문을 의미하는 것이다. 그런 의미에서 후자에게 수사학의 '학'(學)을 붙이는 것이 자연스럽다. 그렇지만 전자의 의미로도 '수사학'이라는 말을 흔히 사용하는 것이 일반적인 용법이다.[2]

수사학의 기원은 고대 그리스까지 거슬러 올라가는데 이때 이미 수사학은 법정에서 설득력을 높이고, 정치인들이 자신의 주장에 설득력을 더하고, 사람이나 국가에게 찬사를 보내는 기술을 가르치는 것으로 교양 교육의 일부로서 큰 관심을 끌었다. 아리스토텔레스는 『수사학』을 집필하여 이 분야에서 기초를 놓는 역할을 했고 이후 서양의 수사학은 그의 이론을 고려하지 않고는 이루어지지 않았다고 할 수 있을 정도로 그 영향력은 지금까지도 면면히 이어지고 그의 책은 오늘날도 수사학을 공부하려는 독자들에게 필독서가 되고 있다.[3] 아리스토텔레스가 제시한 바, 수사학의 3가지 기술적 논거(proof)로서 에토스(ethos), 로고스(logos), 파토스(pathos)는 각각 발신자, 메시지, 수신자에게 필요한 자질을 대변해준다.[4] 에토스는 말하는 사람의 윤리적 자질, 사람 됨

---

1 Sonia K. Foss, *Rhetorical Criticism : Exploration and Practice* (Long Grove, Illinois: Waveland Press, 2009), pp. 3~6.

2 그것은 영어권에서 rhetoric을 두 가지 의미에서 혼용하여 사용하고 있기 때문에 자연스럽기도 하지만 '학'이 '학'이 아닌 것을 의미할 때가 있다는 것을 사람들에게 항상 설명하기는 용이하지 않기 때문에 전자의 의미로는 '수사'라는 용어를 쓰는 것이 타당하리라고 생각한다. 그렇지만 용법에 혼돈을 주지 않기 위하여 이 글에서는 전자나 후자의 의미로 모두 '수사학'을 사용하겠다.

3 아리스토텔레스, 『수사학』 (서울: 리젬, 2008), 1권~3권.

4 티모시 보셔스, 『수사학 이론』 (서울: 커뮤니케이션북스, 2007), pp. 63~67.

됨이를 강조함으로써 화자 자신의 도덕적 탁월성과 경력 등을 미화함으로써 자신이 하는 말이 믿을 만하다는 것을 강조하여 설득력을 더하는 것을 말하며, 로고스는 메시지 내용 자체가 설득력을 갖기 위해 갖추어야 할 자질로 논리적 정합성과 근거의 타당성 등을 말한다. 파토스는 청중 또는 독자가 심리적으로 어떤 느낌을 갖느냐가 메시지를 받아들일지 말지에 영향을 미치기 때문에 이런 측면을 고려하여 말할 내용을 결정해야 한다는 것이다. 이 삼자 중 어느 것을 더 강조하느냐는 시대마다 차이가 있었다. 현대에 이르러서는 수신자가 중심이 되는 수사학이 새롭게 관심을 끌고 수사학이 말뿐 아니라 모든 인공물을 대상으로 확장되면서 그 인공물이 사용자에게 어떤 인식을 유발할 것인가를 미리 고려하여 인공물을 설계하는 데까지 수사학이 미치고 있다. 그런 점에서 우리는 수사학이 의사소통(communication) 전반을 포함하여 문화 속에 깊이 반영되는 세상을 살고 있다.

고대로부터 현대까지 영향력을 행사하는 고전 수사학의 또 다른 요긴한 개념이 있다. 키케로는 수사학의 중요한 다섯 과정 또는 규범(canon)을 제시했다. 그것은 (1) 발견(inventio) (2) 배열(dispositio) (3) 표현(elocutio) (4) 암기(memoria) (5) 전달(actio)에 해당한다. 발견이란 자신의 주장과 그 주장을 뒷받침할 수 있는 유리한 논거들을 발견하는 과정을 의미한다. 배열은 발견한 내용을 필요한 목적에 맞게 배열하여 글을 구성하는 과정을 말한다. 표현은 상대방을 설득하는 데 활용될 수 있는 다양한 언어적, 비언어적 기법을 동원하는 것을 의미한다. 암기는 자신이 구상한 내용을 효과적으로 기억하기 위한 수단을 동원하는 것인데 수사학이 말 중심에서 글 중심으로 바뀌면서 다섯 규범 중에서 그 실효성을 가장 먼저 상실하게 되었다. 마지막으로 전달은 목소리의 톤이나 크기, 제스처, 몸짓 등을 어떻게 취할지를 결정하고 그것을 실행하는 것이다. 중세와 근대를 거치면서 수사학은 계속 대학에서 교양 과목으로 중요하게 가르쳐졌고 종교적으로 설교를 위한 기법으로서 크게 중시되었다. 르네상스 이후에도 수사학은 계속하여 설득의 수단을 가르치는 것으로 그 가치를 인정받았으나 19세기에 낭만주의 도래와 함께 위축되었다. 그러나 수사학은 20세기에 다시 새롭게 주목을 받으면서 세계를 읽는 새로운 수단으로서 관심을 끌고 있다.

과학을 수사학의 대상으로 삼고, 과학에서 활용되는 수사학을 연구하는 것은 1980년대부터 관심을 끌기 시작했다. 처음에는 과학 정책처럼 과학과 관련을 맺는 과학 외적인 요소들의 수사학을 분석하는 것으로 과학 수사학이 시작되었다. 어떤 정책을 실행되게 하는 과정에서는 설득이 중요한 요소이고 그러한 설득의 다양한 요소를 분석하는 것을 과학 수사학으로 생각한 것이었다. 그렇지만 곧 과학적 저술, 즉 과학 논문이나 과학적 논저 등을 동료 과학자를 설득하는 과정으로 이해하면서 이러한 과학의 내용 자체를 수사학의 대상으로 삼기 시작했다. 이러한 관점은 급진적일 수밖에 없었는데, 그 이유는 과학 저술 자체가 과학적 과정이라는 신뢰할 만한 독특한 과정을 거쳐서 형성된 과학 지식을 담고 있다고 보는 관점을 배격하고 과학적 과정 자체를 수사학적 과정과 동일시함으로써 과학은 사실의 발견 과정이 아니라 설득 과정으로 이해할 것을 주장하는 것이었기 때문이다. 이러한 관점은 과학에 대한 상대주의적 관점과 맥을 같이 한다. 사회 구성주의에서는 과학이 사회 속에서 사회 타 요소와의 상호 작용 속에서 구성되는 과정이라고 생각하고, 구성주의에서는 과학자들이 활동하는 현장 자체에서 과학자들 간에 의사소통과 논쟁과 타협의 과정을 통하여 과학 지식이 구성된다는 입장이다. 이러한 입장들에서는 과학 지식은 자연에 대한 '발견'의 결과물이 아니라 인간의 지적 구성물로서 자연을 설명하는 한 가지 방식일 뿐임을 인정하는 것이다. 솔크 연구소(Salk Institute)에서 새로운 호르몬을 발견하고 그것으로 노벨 생리의학상을 받게 되는 과정을 추적한 라투르(Bruno Latour)와 울가(Steve Woolgar)의 『실험실 생활』(*Laboratory Life*)은 협상과 타협의 산물인 과학 지식의 사례를 잘 보여주었다.[5]

캠벨(J. A. Campbell)은 다윈의 『종의 기원』(*Origin of Species*)과 미출판 노트북을 연구하여 다윈이 탁월한 수사가(rhetorician)임을 보였다. 다윈은 자신의 주장이 독자 또는 가상의 독자에게 어떻게 받아들여질 것을 예상하여 그에 맞게 자신의 주장이 설득될 수 있도록 다양한 수단을 동원하였다. 베이저먼(Charles Bazerman)은 뉴턴(Isaac Newton, 1642~1727)에서 컴프턴(Arthur Compton, 1892~1962)까지 폭넓게 과학자들이 쓴 저술의 문체를 살폈다. 그는 뉴턴이 왜 최초의 광학 논문에서 독자를 설득하는 데 실패했고 나중에 『광학』(*Optiks*)에서는 성공을 했는가를 분석했다. 그는 과학적 저술에서 설득이 그 중심에 와 있음을 피력했다. 모스(Jean Dietz Moss)는 그녀의 반평생을 갈릴레오(Galileo Galilei)의 사회적, 지적 환경 안에 수사학을 놓으면서 보냈다. 그녀는 갈릴레오 자신이 경력을 거치면서 수사학적 전략이 바뀐 것을

5 Bruno Latour and Steve Woolgar, *Laboratory life: The Construction of Scientific Facts* (Princeton: Princeton University Press, 1986).

드러내었다.[6] 이들뿐 아니라 문학비평가, 인류학자, 철학자, 언어학자, 역사학자, 사회학자 등 다양한 분야에서 일하던 사람들이 과학에 대한 수사학적 접근을 시도하면서 과학 수사학은 그 저변과 범위가 크게 확장되었다. 이 연구에서는 이러한 다양한 수사학적 시도들을 새로운 문제들에 원용해보거나 특정한 주제에 대하여 새로운 접근법을 시도해 볼 것이다.

2. 저술 목적

이 저술은 1992년부터 시작되어 20여 년에 걸쳐 지속되어 온 필자의 음향학사 연구를 바탕으로 할 것이다. 19세기는 음향학이 큰 발전이 이루어진 시기이다. 19세기 음향학은 새로운 전문 분야로서 새롭게 부상하는 산업과 연결되면서 그 가능성을 크게 주목받았다. 또한 본래 실험 위주의 분야였던 음향학이 수학화가 이루어지면서 확고하게 물리학의 한 분야로서 위상을 정립하게 되었다. 또한 본래 유럽에서 크게 발전하였던 음향학이 과학에 있어서 뒤쳐져 있었던 미국으로 전파되면서 그곳에서 새로운 맥락에서 새로운 가능성을 열어가면서 새로운 도전에 직면하기도 한다. 또한 음향학은 음악과 관련성을 맺으면서 음악에 의해 연구가 추동되기도 하고 음악이 음향학 연구 대상이 되기도 했다. 그러므로 음향학과 음악의 접경지대에서 흥미로운 협력과 마

6 Alan G. Gross, *Starring the Text: The Place of Rhetoric in Science Studies* (Carbondale: Southern Illinois University Press, 2006), pp. 8~9.

찰의 상황이 펼쳐졌다. 그런 점에서 19세기 음향학은 여러 측면의 과학의 모습을 조망할 수 있는 상황들을 다양하게 보여준다.

이 책은 이러한 음향학 연구의 바탕을 두고 있지만 그 동안의 연구와는 차별화되는 내용을 담을 것이다. 그것은 그 동안의 연구 성과와 수집된 자료를 사용하되 과학적 텍스트와 실험 기구에 대하여 수사학적 분석을 수행하는 것이다. 기존의 연구 방법은 역사적 접근법에 치중하여 연구하고자 하는 주제와 연관된 사료를 찾고 그것을 근거로 하여 역사를 서술하는 방식을 취하였지만 이 연구서에서는 수사학적 분석에 초점을 맞추어 선택된 텍스트나 대상을 수사학적 매체로 간주하고 발신자, 메시지, 수신자의 삼차원에서 매체를 통하여 전달하고자 하는 내용이나 설득하고자 하는 목적, 숨겨진 의도의 표출 등을 분석하는 데 초점을 맞출 것이다. 결론적으로는 이러한 사례 연구를 통하여 기존의 역사적 접근법을 통하여 드러나지 않았던 숨겨진 사실을 밝혀냄과 동시에 수사학적 분석의 유효성을 드러내고자 하는 것이다.

이 책에서 사용하고자 하는 수사학적 방법과 관점은 다양하다. 각 장에서 새로운 방법과 관점을 동원하여 해당하는 사례를 분석하기를 시도한다. 3장에서 사용할 방법은 수사학적 자원 분석이다. 수사학적 텍스트를 도출하여 주된 청중을 설득하기 위해서는 가능한 자원을 동원해야 하는데 그러한 자원은 다차원적이어서 가시적, 비가시적 차원을 망라한다. 특히 과학자가 연구 논문을 작성하여 자신의 연구 노력을 인정받고자 할 때 연구 기획 단계에서부터 이러한 수사학적 자원의 동원은 이루어진다. 과학자는 동료 과학자들을 설득하기 위해 필요한 다양한 자원을 동원하여 과학자 집단에서 그때그때 요구하는 가치에 따라 차별화된 전략을 구사한다. 연구를 수행함에 있어서도 성과의 신뢰성과 가치를 높이기 위한 기구와 실행의 동원이 면밀하게 이루어지며 연구를 보고하는 단계에서도 기획과 실행 단계에서 동원되어 활용된 설득적 자원들이 충분히 잘 드러날 수 있는 텍스트 구성을 해야 함을 드러내게 될 것이다.

4장에서 사용할 방법은 인공물의 수사적 분석 방법이다. 인공물의 형태와 용도가 변경되어 가는 과정을 통하여 그 인공물에 대한 세계의 인식과 기대 또한 함께 바뀌고 있음을 읽어낼 수 있다. 인공물이 용도는 유지하면서 형태가 바뀐다는 것은 그러한 용도와 인공물 사이에 맺어진 관계가 더욱 강화되는 과정으로 그 인공물의 용도의 유용성은 더욱 확고해지면서 더욱 다양한 상황에서 그 인공물이 적용될 수 있는 가능성을 확장해 가는 과정이다. 이는 용도에 대한 수요가 더욱 확장되면서 인공물의 효율이나 적용가능성을 개선하고자 하는 사회적 요구가 있음을 드러낸다. 이러한 상징으로서 인공물이 더 이상 상징의 역할을 하지 않게 될 때 인공물을 통한 의사소통은 다른 양상으로 접어들게 된다. 19세기 음향학에서 널리 사용되었던 소리굽쇠와 공명기가 이 장에서 분석될 인공물이다.

5장에서 사용할 방법은 비교 판본 분석이다. 이것은 필자가 창안한 방법으로 상이한 판본을 비교 분석하여 시대적 변천을 읽어내는 새로운 수사학적 분석 방법이다. 학술적 저술이라는 인공물을 분석하여 시대적 상황을 읽어내는 과정을 보여준다. 이것은 일반적인 저술에 대해서도 적용할 수 있는 방법인데 판본은 그 출판과 관련된 시대 상황의 단면을 보여준다는 이론에 기초한다. 개정판은 보존된 부분과 변경된 부분을 갖게 되는데 보존된 부분은 초판 이전과 초판 이후에 유지되는 가치와 상황을 보존하고, 변경된 부분은 초판 이전과 초판 이후에 변화된 가치와 상황을 보여준다.

6장에서는 극적 방법론(dramatism)의 일종인 5항목 방법(pentadic method)과 환상 주제 방법(fantasy-theme method)을 활용할 것이다. 진동과는 구분되는 소리의 비물질적 실체를 주장하는 새로운 관점이 종교적 목적에서 제기되면서 사회에 널리 받아들여지는 과학적 이론을 극복하기 위하여 수사학적 비전을 제시하고 이것을 이야기로 구성하여 메시지를 전달하고자 한 것을 이러한 방법들을 사용하여 분석해 낼 것이다.[7]

7장에서 사용할 방법은 비처(Lloyd Bitzer)의 수사학적 상황에 대한 분석이다. 비처는 전통적으로 화자와 청중과 메시지에 집중되었던 수사학의 논의를 상황에 집중시킴으로써 수사학을 바라보는 새로운 시각을 열었다.[8] 수사학적 상황은 수사학적 담론을 규정하는 데 핵심적인 역할을 하며 화자와 청자, 메시지 모두에 영향을 미쳐서 독특한 수사적 담론이 출현하게 만든다. 비처는 수사학적 상황을 구성하는 3가지 요소로 사태(exigence), 청중(audience), 속박(constraint)을 제시하여 수사학적 상황을 분석한다. 이 장에서는 음향학 교재를 둘러싼 독특한 수사학적 상황을 분석하고 그러한 수사학적 상황이 텍스트에 어떠한

7 Kenneth Burke, *A Grammar of Motives* (Berkeley: University of California Press, 1969); Ernest G. Bormann, "Symbolic Convergence Theory: A Communication Formulation," *Journal of Communication* 35 (1985 Autumn), pp. 128~38.

8 Lloyd Bitzer, "The Rhetorical Situation," *Philosophy and Rhetoric* 1 (1968), pp. 1-15.

수사학적 전략을 구사하게 하는가에 초점을 맞춘다.

3. 책의 구성

이 책은 19세기 음향학의 몇 가지 주제에 관한 수사학적 분석을 통해서 과학 수사학의 사례 연구를 수행하고자 한다. 다양한 주제에 대하여 다양한 수사학적 접근을 사용함으로써 그러한 수사학적 접근의 유효성을 이 사례 연구를 통해서 드러낼 것이다. 그 동안의 과학 수사학이 익히 알려진 유명한 과학적 사례들에 치중되었던 것을 벗어나서 비교적 덜 알려져 있지만 있는 그대로의 과학의 면모를 잘 보여줄 수 있는 역사적인 사례들을 찾아내어 그러한 사례들에 대한 수사학적 분석을 수행하여 역사에 대한 새로운 접근을 모색하고 새로운 역사적 사실들을 규명해 내고자 한다. 그러므로 수사학적 분석은 역사를 이해하는 데 있어서 유용한 도구가 될 수 있다는 것을 이 저술을 통하여 드러내고 과학이라는 활동 또한 수사학적 분석 대상이 될 수 있다는 것을 입증해 보이고자 한다.

1장 서론은 수사학에 대한 개관, 책의 집필 배경, 19세기 음향학에 대한 개관, 목차에 대한 소개를 담을 것이다. 2장 이론적 개관은 이 책에서 사용되는 수사학의 분석 방법론에 대한 개관을 담을 것이다. 이 책에서 사용하게 될 몇 가지 수사학적 분석 방법에 대하여 소개한다. 3장은 최초로 음속에 영향을 미칠 수 있는 다양한 요소들, 풍향, 풍속, 습도, 기압, 기온 등을 감안한 장기 음속 측정을 수행한 골딩햄

(John Goldingham)의 음속 측정 과정에서 그가 성공할 수 있었던 이유인 다양한 자원의 활용을 그의 저술과 관련 자료를 수사학적으로 분석하여 읽어낸다.[9] 4장은 실험 기구인 소리굽쇠와 공명기를 통해 19세기 음향학 연구자들이 이루고자 했던 것을 인공물에 대한 수사학적 분석을 통해 알아낸다.[10] 5장은 레일리(3rd Baron Rayleigh)의 『음향 이론』을 판본 비교 분석 방법을 사용하여 분석함으로써 이 책의 두 판본이 나온 시점을 분기점으로 하여 제1기, 제2기, 제3기의 음향 이론의 상황을 이해해 본다.[11] 6장은 음향학의 실체 이론에서 과학의 이름으로 신앙을 옹호하고자 했던 노력을 음향학의 실체 이론을 소개한 주요 저서 중 하나인 스웬더(John I. Swander)의 『음향학의 실체 이론』을 분석한다.[12] 7장은 음악 전공 학생들에게 음향학을 가르친 19세기 말에서 20세기 초의 교재들, 특히 해리스(T. F. Harris)의 『음향학 핸드북』을 분석한다.[13] 과학에 대하여 잘 알지 못하는 학생들에게 과학 내용을 전달하기 위하여 어떤 요소들이 고려되었고 이 책들이 교재로서 성공을 거두는 데에는 수사학적 상황에 대한 적절한 전략 구사가 결정적이었음을 드러낸다. 8장은 책 전체에서 다루었던 과학 수사학의 내용을 다시 돌

9 John Goldingham, "Experiments for Ascertaining the Velocity of Sound at Madras in the East Indies," *Philosophical Transactions of the Royal Society* 113 (1823), pp. 98~139.

10 Ja Hyon Ku "Uses and Forms of Instruments: Tuning Fork and Resonator in Rayleigh's Acoustical Experiments," *Annals of Science* 66 (2009), pp. 371-395.

11 J. W. S. Rayleigh, *The Theory of Sound,* 2 vols. (New York: Dover, 1945).

12 John I. Swander, *A Text-Book on Sound: The Substantial Theory of Acoustics* (New York: Hall, 1887).

13 구자현, "19세기 영국 음향학의 특성 탐구: 음악과의 상호작용을 중심으로," 『한국음향학회지』 25 (2006), pp. 72~77.

아보고 그 의의를 모색한다. 이 책에서 다룬 방법은 다른 과학 사례에 적용하여 성과를 볼 수 있는 수사학적 방법들임을 주장할 것이다.

2장

이론적 개관

2장
이론적 개관

1. 도입

이 저술은 수사학의 여러 이론과 방법을 19세기 음향학의 여러 측면에 적용함으로써 수사학의 학문적 유용성을 과학의 영역에서 밝히는 데 목적을 둔다. 이는 과학 수사학이라고 부를 수 있겠는데 수사학이 2,500년에 이르는 긴 역사를 가진 것과 비교해 볼 때, 과학 수사학은 그 이론적 틀이 확고하게 정착될 만큼 충분히 성장하지는 않았다. 그러므로 어떠한 방법과 관점을 과학 수사학에 적용할 것인가는 당면한 문제에 의존적일 수 있다. 그렇지만 어떠한 방법과 관점을 사용할 것인가는 일반 수사학에서 진전되어 온 연구 성과를 반영하는 방식으로 정할 수 있다. 과학 수사학이 일천하기 때문에 기존에 사용된 관점과 방법이 다양하지 않은 만큼 이 연구에서는 더 폭넓은 일반 수사학의 방법과 관점을 도입하여 과학적 텍스트를 분석하는 데 사용함으로써 과학 수사학 자체의 깊이를 심화시킬 뿐 아니라 외연을 더욱 확장하는 일을 수행하고자 한다. 그러므로 2장에서는 수사학 일반과 과학 수사학에서 채용되어 왔던 방법과 관점을 살펴보고 그것을 당면한 문제에 어떻게 적용할 수 있을지의 가능성을 타진해 보고자 한다.

2. 전통적인 수사학의 개념들

말하는 기술로서 수사학이 처음으로 발전한 곳은 고대 그리스였다. 고대 그리스에서 왕정, 귀족정, 참주정을 거쳐 민주정이 수립되면서 시민들에게 말하는 능력이 중요시되기 시작했다. 기원전 5세기경에 소피스트들이 등장하여 여러 곳을 다니면서 말 잘 하는 법을 가르치기 시작했다. 플라톤은 수사학이 윤리적 관심이나 철학적 체계 없는 단절된 기술이라고 보았다. 그가 보기에 수사학은 과학적 추구의 엄밀함이 결여되었을 뿐 아니라 철학적 추구의 비판적 특성도 결여된 것이었다.[1] 아리스토텔레스는 최초의 수사학 이론가였다. 그에게 수사학은 연설(speech)을 분류하고 연구하고 해석하는 일관된 체계이자 공적 대화의 기술이었다. 아리스토텔레스는 수사학에 대하여 3가지 요지를 제시했다. 첫째, 수사학은 설득하는 말의 기술을 정리한 일관된 탐구영역이다. 둘째, 수사학과 논리는 대립되는 것이 아니다. 둘은 오히려 보완적이다. 수사학은 설득을 요구하고 설득은 논리를 요구한

1 보셔스, 『수사학 이론』, p. 49.

다. 셋째, 연설의 형식과 기능은 연설의 목적에 따라 형성된다. 그리하여 아리스토텔레스가 기능에 따른 수사학의 세 가지 형식을 제시하였다. 법률적(forensic) 수사학은 법정에서 이루어지는 연설과 관련된다. 고대 그리스에서는 변호를 맡은 전문가가 없었으므로 사안의 당사자가 직접 자신의 견해를 밝혀 자신의 이익을 확보하거나 자신의 무죄를 인정받아야 했다. 칭송적(epideictic) 수사학은 특정한 사람에 대한 평가적 발언과 관련된다. 주로 장례식에서 사망한 사람의 생애에 대한 칭송을 하는 방법을 다루었다.[2] 숙의적(deliberate) 수사학은 정치적 이슈에 관하여 자신의 견해를 밝히는 발언에 관계된다. 아테네의 직접 민주주의에서는 시민의 자질 중 하나가 공개식상에서 자신의 정치적 입장을 밝히는 것이었다. 법률적 수사학은 정의를 추구하고 칭송적 수사학은 명예를 추구하며 숙의적 수사학은 유용성을 추구한다.[3] 수사학을 학문의 영역에 올려놓은 것과 사회정치적 삶에서 수사학의 중요성을 인식한 것은 아리스토텔레스의 공적이다. 아리스토텔레스는 수사학을 변증학과 마찬가지의 수준에서 의견을 전달하는 수단으로 인정했지만 이 둘 위에 철학적 추론을 놓았다.[4] 1세기경에 로마의 정치가이자 웅변가인 키케로(Cicero, 106~43 B.C.)는 수사학에 관한 책을 써서 연설의 기법으로서 수사학의 가치를 드높였다.[5] 퀸틸리아누스(Marcus Fabius

2 아리스토텔레스, 『수사학』, pp. 75~80.

3 W. M. Keith and C. O. Lundberg, *The Essential Guide to Rhetoric* (Boston: Bedford, 2008), p. 6.

4 Jan Golinski, *Making Natural Knowledge: Constructivism and the History of Science* (Chicago: The University of Chicago Press, 2005), p. 104.

5 키케로, 『수사학』 (서울: 도서출판 길, 2006).

Quintilianus, 35~100)는 비슷한 시기에 수사학을 연구했다. 그는 전의(轉義, trope)의 개념에 깊은 관심을 가졌다.[6] 전의는 의미의 이동을 포함하는 문채(文彩, figure)로 거기에는 은유, 환유, 제유 등이 포함된다. 여기에서 문채는 수사학의 중요한 부분인 표현술(elocutio)의 핵심 개념 중 하나로 화자가 언어로 할 수 있는 다양한 표현 방법을 포함한다.[7] 여기에는 영탄, 반복, 점층, 대구 등의 방법이 포함된다.

키케로는 수사학이 모든 관계에 퍼져 있다고 생각했다. 그리하여 그에게는 모든 연설이 수사적이었다. 그는 맥락보다 화자의 의도가 더 중요하다고 생각했다. 그리하여 키케로는 목적에 따라 연설을 나누었다. 정보를 주는 연설, 설득하는 연설, 즐거움을 주는 연설이 그것이다. 연설의 성격을 어떻게 정하느냐에 따라 연설을 분석하는 우리의 태도가 달라진다. 정보를 주는 연설은 사실적 정보를 제공하므로 선달하는 내용이 명쾌하고 정확한 것이 중요하다. 설득하는 연설은 청중에게 변화를 일으키고 싶으므로 기본적으로 화자와 청자 사이에 차이가 있다고 가정한다. 이 연설은 궁극적으로는 행동을 유발시키려고 한다. 즐거움을 주기 위해 말하는 것은 청중을 웃기거나 감동을 주는 것이다. 이 경우에는 내용보다 격식에 더 무게를 둔다. 건배사나 축사 등이 이 범주에 든다. 그렇지만 대부분의 연설이 이 세 가지를 모두 포함한다. 세 가지 범주는 너무 추상적이고 빠진 것도 있어 1960년대부터는 수사학적 상황을 더 철저히 고찰하기 시작하지만 키케로가 수사학

6 Keith and Lundberg, *The Essential Guide to Rhetoric*, p. 7.

7 박성창, 『수사학과 현대 프랑스 문화이론』(서울: 서울대학교 출판부, 2002), p. 21.

적 상황을 고려했다는 것은 선구적인 업적이다.[8]

4세기에 히포의 아우구스티누스(Augustinus of Hippo, 354~430)는 신학자이면서 그리스와 로마의 전통을 이어받았다. 그는 철학과 신학이 수사학을 요구한다고 보았다. 수사학은 보통 사람들이 진리를 이해할 수 있게 해준다고 생각했다. 그는 설교가들이 신학적 진리를 잘 전달하기 위해 수사학을 연구해야 한다고 생각했다. 중세에 들어와서는 고등교육에서 수사학의 비중이 매우 컸다. 수사학은 문법, 논리학과 함께 학생들에게 필수적으로 배울 과목으로 여겨졌다.[9]

르네상스 시대에 들어서면서 수사학은 인문주의의 발흥과 함께 고전주의 수사학의 부활과 함께 부흥하였다. 수사학자는 연설의 기술과 글쓰기에 관심을 기울였다. 에라스무스(Desiderius Erasmus, 1466~1536)와 라무스(Petrus Ramus, 1515~1572)는 대표적인 이 시대의 수사학자였다. 그들은 르네상스 인문주의적 수사학 전통을 확장시키는 데 크게 기여했다. 일반적으로 인문주의자들은 논리학을 '쥔 주먹'(closed fist)으로 생각한 반면에 수사학을 '편 손'(open hand)으로 생각했다. 수사학은 논변을 자유롭게 제시하지만 동의를 강제하지는 않는다는 함축을 담은 비유였다.[10] 17세기와 18세기를 거치면서 홉스(Thomas Hobbes, 1588~1679), 로크(John Locke, 1632~1704), 루소(Jean-Jacques Rousseau, 1712~1778), 비코(Giambattista Vico, 1668~1744), 블레어(Hugh Blair, 1718~1800)와 같은 수사학 연구자들은 수사학을 정치학, 인간 지식,

8 Keith and Lundberg, *The Essential Guide to Rhetoric*, pp. 26~28.

9 Keith and Lundberg, *The Essential Guide to Rhetoric*, p. 8.

10 Golinski, *Making Natural Knowledge*, p. 105.

인간 본성에 연결시켜 연구하였다. 로크는 수사학을 효과적인 언어 전달에 장애물로 폄하하기도 했지만 그 자체가 과학의 언어에 건조한 언어라는 문체가 요구된다는 수사학에 대한 이해를 포함한 것이었다.[11]

아리스토텔레스나 키케로, 퀸틸리아누스와 같은 고전 수사학자들이 수사학의 목적을 달성하기 위해 가장 중요시한 부분은 로고스(logos)였다. 로고스는 논리에 기반을 둔 합리성의 추구이다. 로고스의 목적을 달성하기 위해 가장 중시되는 것은 논변(argument)인데, 논변이란 사실과 견해에 토대를 둔 이성적 호소이다. 논변 없는 수사학은 감정적 호소나 권위적 호소의 과잉으로 전락할 것이다. 논박과 부인을 견딜 수 있는 논변이라야 설득력이 있다.

르네상스 시대에 논변을 수사학에서 이탈시키려는 시도가 있었다. 아그리콜라(Rudolph Agricola, 1444~1485)는 말하기와 웅변술이 문명 재탄생의 기초임을 인정했지만 그는 논리학을 정리하는 것을 더욱 중요하다고 보았다. 그는 수사학자의 장식보다는 연설에서 논증에 더욱 관심이 많았다. 그리하여 그는 문체적 고려보다는 다양한 종류의 논증을 체계적으로 제시하고자 하였다. 그의 저서 『변증학의 발견』(*Inventione Dialectica*, 1479)은 이후의 수사학에 큰 영향을 미쳤다.[12] 이 책에서 아그리콜라는 변증을 논의하는 능력 혹은 설명하는 능력으로 보았다. 그는 "변증은 어떤 주제에 대해 그 주제의 본질이 확신을 구축할 수 있는 한 개연성을 가지고 설명하는 기술이다"라고 하여 개연성 개념을 변증

11 Golinski, *Making Natural Knowledge*, p. 105.

12 J. A. Herrick, *The History and Theory of Rhetoric: An Introduction* (Boston: Pearson, 2005), p. 165.

의 핵심 요소로 보았다. 한편, 라무스(Peter Ramus)는 파리 대학의 수사학 교수로서 스콜라주의를 반대하고 아리스토텔레스가 수사학과 변증학을 혼동시켰다고 비판했다. 결국 그는 수사학은 논증과는 관계가 없는 문체(style)와 장식에 대한 논의라고 보았다.[13]

이러한 경향은 17세기에도 이어져 수사학은 논변과 거리가 먼 말하기 기술로 폄하되었다. 그러다가 18세기에 이르러 대중 교육이 큰 관심을 끌면서 수사학은 공공의 삶(public life)을 잘 살아갈 수 있도록 돕는 말하기 교육의 일부로 가르쳐지기 시작했다. 아담 스미스(Adam Smith, 1723~1790)도 조지 캠벨(George Campbell, 1719~1796)과 함께 스코틀랜드에서 수사학을 가르쳤다. 이들은 의사소통을 잘 하기 위해 합리적인 논변(reasoned argument)이 강력한 도구임을 주장하였다. 특히 캠벨은 수사학과 철학을 연결시키고 "과학적인" 수사학을 제시하였다. 여기에서 과학적이라 함은 조직화되고 합리적인 설명을 지칭한다.[14] 실제로 18세기 영국의 교육에서 수사학은 중심을 차지했다.[15]

논변에 대한 관심은 20세기에 수사학이 새롭게 주목 받으면서 더욱 강하게 나타났다. 철학자 존스턴(Henry Johnston, 1920~2000)은 진정한 논변이 갖추어야 할 조건 3가지를 제시했다. 첫째, 논변을 듣는 청자는 화자의 통제를 벗어나 있어야 한다. 청자는 선택의 자유를 가진 존재여야 한다는 것이다. 둘째, 청자는 논변을 무시하고 믿지 않고 논박할 자유가 있다. 셋째, 화자와 청자는 모두 논변의 결과에 관심이 있

---

13 Herrick, *The History and Theory of Rhetoric*, pp. 166~167.

14 Herrick, *The History and Theory of Rhetoric*, p. 187.

15 Herrick, *The History and Theory of Rhetoric*, p. 180.

어야 한다. 그러므로 논변은 동일한 관심사를 가진 청자가 우호적이지 않더라도 청자의 견해를 받아들일 수 있도록 타당한 근거를 제시해야 하는 것이다.

존스턴은 논변을 단방향 논변과 양방향 논변으로 나누었다. 단방향 논변은 지양되고 쌍방향 논변은 권장된다. 단방향 논증은 쌍방향 논증과 달리 상대방이 쓰기를 허용할 수 없는 수단을 쓴다. 그런 수단에는 속임수, 협잡, 사기, 강요, 협박 등이 해당된다. 세뇌나 최면, 권위 강요 등이 대표적인 단방향 논변의 양태다. 반면에 양방향 논변은 양측이 같은 방식으로 메시지를 전달한다. 이러한 바람직한 논변을 통해 건전한 수사학이 판단과 결정을 양산하면 사회는 개선된다.[16]

말을 아름답게 꾸미는 기술로서의 수사학은 고대에 개발된 이래로 지금까지도 널리 활용되고 있다. 특히 르네상스 시대를 거치면서 다양한 문채와 전의가 발달하였다. 영국에서 콕스(Leonard Cox, 1495~1549), 셰리(Richard Sherry, 1550년에 활동), 윌슨(Thomas Wilson, 1524~1581) 등에 의해 수사학이 번영했다. 콕스는 최초로 영어로 집필된 수사학 책인 『수사학의 기술』(*The Art or Craft of Rhetoryke*)을 써서 키케로의 5가지 규범(canon)인 발견, 배열, 표현, 기억, 전달을 다루었다. 셰리는 『구도 및 전의론』(*A Treatise of Schemes and Tropes*)를 써서 언어의 장식적 용도에 집중하였고, 윌슨이 쓴 『수사학 기술』(*The Arte of Rhetorique*)은 튜더 왕조 하에서 수사학 교재로 사용되었고 윌슨은 셰익

16 Gerard Hauser, *Introduction to Rhetorical Theory* (Long Grove, Illinois: Waveland Press, 2002), pp. 66~68.

스피어에게 고전 수사학의 위대한 선생으로 추앙받았다.[17] 이러한 기술들은 말이나 글을 더욱 인상적이게 만들고 더 많은 사람들의 심금을 울림으로써 화자(저자)의 중심 사상을 더욱 효과적으로 전달하여 설득의 효과를 극대화하기 위해 채용되었다. 문채와 수사법은 전통적인 장식적 목적에서 머무르지 않고 현대에 이르러서 언어의 본질에 대한 탐구의 소재로서 새롭게 관심을 끌었다.

이 전통은 18세기에 순문학 운동으로 이어졌다. 스코틀랜드의 셰리단(Thomas Sheridan, 1719~1788)과 블레어(Hugh Blair, 1718~1800)는 수사학적 기술의 핵심으로 전달 기술에 집중하였다. 셰리단은 수사학에서 전달(actio)을 가장 중요하게 여겼는데 말하는 목소리를 훈련하는 것이 매우 중요하다고 보았다. 사투리를 교정하고 연기나 춤을 가르치듯이 표정, 제스처, 자세, 움직임 등을 가르쳤다.[18] 블레어는 문체, 기호(taste), 미(beauty), 예의(decorum)를 그의 수사학 이론의 중심으로 삼았다. 그는 수사학이야말로 훌륭한 삶(good life)을 위한 준비라고 보고 언어를 매력적이고 명징하게 만들어야 한다고 보았다. 그는 명확하게 설명하지 못한다면 정확하게 아는 것이 아니라고 했다.[19]

현대 수사학 이론에서 수사법은 정체성을 형성하는 데 사용된다. 특정 그룹의 사람들 사이에서만 통용되는 수사적 표현이 그룹 구성원 간에 정체성을 형성시킨다.[20] 화자가 특별한 의미로 사용한 수사법이 특

17 Herrick, *The History and Theory of Rhetoric*, p. 167.

18 Herrick, *The History and Theory of Rhetoric*, p. 181.

19 Herrick, *The History and Theory of Rhetoric*, p. 185.

20 Hauser, *Introduction to Rhetorical Theory*, pp. 70~71.

별한 집단의식을 가진 청중을 형성시키는 결과를 초래한다. 9/11 사태 다음날 「르몽드」 지의 기사에서 "오늘 우리 모두는 미국인이다."라고 말한 것은 프랑스인들이 동정과 연대의 감정으로 미국인과 동일시하게 되었음을 의미한다.

고전 수사학에서 중요하게 여겼던 에토스의 중요성에 대해 현대 수사학자들도 동의한다. 에토스는 화자의 인격과 도덕에 의거하여 설득력이 강화됨을 의미한다. 청자는 화자의 에토스를 궁금해 하고, 화자는 자신의 에토스를 드러내려는 노력이 필요하다. 화자가 갖출 미덕(virtue)으로는 정의감, 용기, 절제, 관용, 대범, 신중 등이 있다.[21] 에토스는 직접적인 호소를 통해 생기지 않는다. 청자가 화자의 수사학에 의해 화자를 인지함으로써 형성된다. 그렇지만 에토스의 추구는 진리보다는 분파의 견해를 승인하기를 추구하기 때문에 비윤리적이라고 주장하는 철학자들도 있다.

과학 수사학에서 에토스는 별로 주목을 받지 못했다. 과학은 성격상 진리를 추구하는 것을 목적으로 하므로 논리적 엄밀성을 추구하고 비합리적인 요소들은 배제하기를 요구한다. 그렇지만 과학이 실제로 수행되는 과정을 보면 에토스가 중요한 역할을 해왔음을 부인할 수 없다. 과학 논문이나 과학 저술을 누가 집필했느냐에 따라 독자들이 글의 신빙성을 받아들이는 데 큰 차이가 있다. 이러한 관점은 과학이 합리적인 활동이라는 오래된 관점에 심각한 도전이다. 다행히 이 논점은 쿤(Thomas S. Kuhn)이 제시한 범위를 크게 벗어나지 않는다. 쿤의 과학

21 Hauser, *Introduction to Rhetorical Theory*, pp. 149~156.

혁명론에서 논의한 대로 패러다임이 수립된 상태에서 이루어지는 정상과학 단계에서는 패러다임과 일치도가 큰 이론이 더 잘 수용된다. 어떤 분야에서 권위를 인정받은 과학자는 이미 패러다임에 부합하는 연구 성과를 낸 경우에 대부분 해당되기 때문이다. 신진 연구자가 패러다임에 부합하는 이론을 내놓지 않은 경우에 인정을 받기 어려운 것은 당연하다. 여기에서 에토스는 패러다임에 대한 화자의 기여도가 된다. 그렇다면 위기의 상황에서는 무엇이 에토스인가? 위기에서는 패러다임이 의심을 받으므로 에토스가 발휘될 소지가 그만큼 적고 합리적 논변이 더 주효해진다. 이제는 더 이상 과학계의 권위를 따질 필요가 없고 당면한 문제를 새로운 이론이 얼마나 잘 설명하느냐만 중요하다. 물론 정상과학 단계에서도 합리적 논변이 주효하다. 에토스가 작용한다 하더라도 논변이 언제나 주된 설득의 힘을 발휘한다는 것이 과학의 특징이다. 그런 점에서 과학은 두드러지게 합리적인 활동이다. 과학적 발견의 과정보다는 발견을 보고하고 인정을 받는 과정에서 더욱 수사학적 개입이 두드러진다. 그것은 인간이 사회를 이루어 상호작용하는 과정에서 수사학이 어디서나 필요하다는 사실을 반영한다.

고전 수사학이 강조한 청중은 오늘날도 수사학 연구에서 결정적인 요소이다. 상징, 연설, 메시지의 설득력을 이해하려면 화자 또는 연설의 내용에만 관심을 기울여서는 안 된다. 그것들이 향하는 대상에 대해 관심을 기울여야 한다. 설득의 대상으로서 청중에 대한 분석이 있어야 한다. 청중 또는 독자에 대한 분석 없이 연설이나 글을 시도하는 것은 어리석다. 기본적으로 수사학은 두 진영의 자의식을 가진 행위자 간의 상호작용이다.

아리스토텔레스는 청자의 중요성을 직시하고 일찍이 파토스(pathos)에 대해 언급했다. 화자에 의해 유발된 청중의 감정이 연설의 설득력에 영향을 미친다. 성공적인 화자는 청자의 감정을 그들의 논변과 조화를 이루게 한다. 청자가 혐오감을 갖게 하면 청자가 거기에서 벗어나는 결정을 하는 데 도움이 된다. 청자가 즐거워하면 계속 거기에 머물고자 하는 결정을 내리기 쉬워진다. 일찍이 아리스토텔레스는 생략 삼단 논법(enthymeme)을 통하여 청자의 참여를 유도함으로써 파토스에 신경을 썼다. 생략 삼단 논법은 삼단 논법에 필수적인 2개의 전제 중에 하나가 생략된 형태이다. 청자가 그것을 공급하도록 유도함으로써 청자는 화자의 논변 구축에 참여하는 경험을 하게 된다. 이로써 청자는 그 논변에 대해 스스로 더 확신하게 된다.

과학 논문에서는 파토스가 배제됨이 마땅하다고 여겨지지만 실제로는 청자의 과학 논문에서 느낀 감정이 논문 내용의 수용에 영향을 미친다. 청자(독자)를 기쁘게 하는 것은 미적 요소로서 이론의 수학적 단순성, 대칭성, 포괄성, 정치성 등이 있다. 쿤도 지적했지만 코페르니쿠스의 태양중심설이 수용된 것은 수학적 단순성이 주효했고 아인슈타인의 일반 상대성 이론이 처음에 수용된 것은 수학적 아름다움의 공이 컸다.[22] 이러한 특성들은 과학 논문에서 우선적으로 요구되는 로고스, 즉 논리적 정확성과 증거의 확실성으로 논변의 성립이 확실하게 이루어지는 것과는 거리가 멀지만 과학자도 사람이기 때문에 파토스의 영향을 받아 설득의 수용성이 달라진다. 감정이 논리를 강화하는 일이

22 Thomas S. Kuhn, *The Structure of Scientific Revolutions* (Chicago: The University of Chicago Press, 1996), p. 126.

과학에서도 가능하다.

3. 현대적인 수사학 이론들

19세기 말부터 수사학은 대학 교육에서 중심적 지위를 의심받았다. 특히 20세기로 접어들며 과학의 논리적이고 엄밀한 사고에 대비하여 상황 의존적인 말의 기술을 연구하고 가르치는 수사학은 그 가치가 폄하되었다. 그러나 양차 세계대전과 핵무기의 사용, 그리고 심화되는 환경 위기로 과학이 열어갈 낙관적 미래에 빨간불이 켜졌다. 과학이 해결하지 못하는, 또는 오히려 야기하는 인문사회적 문제가 많다는 인식은 수사학의 가치를 재고하게 만들었다.[23] 어떤 이들은 고대로부터 수사학의 역사를 살핌으로써 해답을 찾고자 했고 어떤 이들은 일상적 대화 속에 녹아든 논변을 살핌으로써 새로운 수사학의 길을 모색하고자 했다. 과학 이론의 옹호가 가장 강력한 증거에 의해 뒷받침되기보다는 수사적 논변에 따라 좌우된다는 것도 드러나게 되었다. 어떤 증거나 데이터가 옹호되는 데에는 인간의 동기가 결정적으로 개입하고 수사학적 상황이 중요한 역할을 한다는 것이 주목 받았다.

벨기에의 수사학자인 페렐만(Chaim Perelman, 1912~1984)은 올브레히츠-티테카(Lucie Olbrechts-Tytheca, 1899~1987)와 함께 청중에 초점을 맞추는 수사학 이론을 구축하였다. 그들은 설득을 위하여 청자의

23 Herrick, *The History and Theory of Rhetoric*, pp. 198~199.

의견과 가치를 파악하고 그것에 말을 적응시키는 노력을 할 것을 강조했다. 청자가 대중일 때에는 그 사회의 문화적 가치를 알아서 화자의 가치와 그것을 일치시키는 것이 설득의 핵심이다.[24] 여기에서 화자 자신(self)을 첫 번째 청중으로 보고 자신의 가치를 테스트할 것을 요청한다. 그러므로 페렐만에게는 논증(논변)은 청중에 대한 고려 없이는 생각할 수 없다. 과학 저술에서도 청중이 누구이며 어떤 성격의 사람들인지에 대한 고려에서 어떤 설득 전략을 구사할 것인지를 결정하게 된다.

툴민(Stephen Toulmin, 1922~2009)은 법적 논증에서 논변의 합리성을 어떻게 구축하는가에 집중함으로써 일상생활의 논변의 본성을 밝혔다. 그는 논변 마당(argument field) 개념을 도입하여 논변의 기준과 방식과 관련하여 어느 것이 마당에 불변하고 어느 것이 마당에 의존하는가를 파악해야 함을 역설했다.[25] 그는 타당성(validity)이 모든 마당에서 필요한 것은 아니고 같은 논변의 영역에 있어도 다른 마당에 있을 수 있음을 지적했다. 가령, 법이라는 영역에서도 특정한 법을 특정한 행위에 적용할지 말지에 대한 논변과, 인간의 성격에 대한 일반화에 토대를 둔 법적 심리의 논변은 다른 마당에 있다.[26]

페렐만과 툴민은 현대 수사학을 논증의 토대 위에 세우는 역할을 한 반면에 버크(Kenneth Burke, 1897~1993)는 언어의 상징적 의미에 집중하면서 상징의 세계에서 성공적으로 살아가는 수단으로서 수사학을

24 Herrick, *The History and Theory of Rhetoric*, pp. 200~202.

25 Herrick, *The History and Theory of Rhetoric*, p. 205.

26 Herrick, *The History and Theory of Rhetoric*, p. 205.

제시하였다. 버크는 상징의 형성이 문화적, 사회적 맥락과 같은 큰 구조 속에서 이루어진다는 것에 눈을 돌리게 하여 현대 이론가들이 수사학이 발생하는 맥락이나 상황을 강조하게 만들었다.[27]

비처(Lloyd Bitzer, 1928~)는 수사학적 상황(rhetorical situation)이라는 용어를 처음 사용한 수사학자이다. 비처에 따르면 수사학적 상황은 사태, 청중, 속박의 조합이다. 사태는 말이나 글을 쓰게 만드는 상황, 배경, 문제를 지칭한다. 청중은 특수한 입장과 가치를 가진 설득의 대상이자 행동의 주체이다. 속박은 화자나 청중에게 당면한 설득에 영향을 미치는 다양한 요소들을 모두 지칭한다. 이러한 3자의 조합으로 수사학적 상황은 독특성을 갖게 된다는 것이 비처의 생각이다. 그리므로 수사학적 상황을 파악하게 되면 화자는 어떻게 말할지 알게 된다.[28] 그렇지만 비처의 모델은 청중이 갖는 문화적 차이로 복잡한 상황이 발생할 수 있다는 것을 간과하고 있으며 연설에만 적용되는 이론이라 영상, 영화, 비디오, 뉴스 등 다른 수사적 메시지에 적용되지 못하는 한계가 있다. 또한 수사적 담론이 수사학적 상황에 대한 반응으로 나온다고 했지만 그렇지 않은 경우도 있다. 때로는 청중이 모르는 문제를 화자가 청중에게 알려주는 상황도 있는 것이다.

이러한 약점에도 불구하고 비처의 수사학적 상황의 3요소를 과학 활동에 적용하면 유용한 통찰력을 얻을 수 있다. 과학 논문에서는 다른 동료 과학자를 청중(독자)으로 하는 의사소통을 하게 되는데 최종적으로는 화자(저자) 자신의 연구 결과와 해석을 독자들에게 인정받는 것

27 Herrick, *The History and Theory of Rhetoric*, p. 220.

28 Keith and Lundberg, *The Essential Guide to Rhetoric*, pp. 28~29.

을 목표로 한다. 이때 논문의 성격은 관련 분야에서 해결될 필요가 있다고 인식된 주제를 다루는 경우도 있고 당면한 문제와는 무관한 주제이지만 연구할 가치가 있는 주제를 잡아 관련 분야 동료들의 관심의 주목을 얻고자 하는 경우도 있다. 전자의 경우는 비처가 말한 대로 청중이 이미 사태를 인식하고 있는 것에 해당한다. 반면에 후자는 관련 분야의 과학자들이 필요를 인식하지 않은 주제에 대하여 문제를 제기하면서 그 문제의 해결까지 함께 제시하는 형식이 된다. 이럴 경우에 속박이 달라진다. 전자의 경우에서 필요를 공감하는 독자는 저자의 실험 결과나 이론적 논의가 사태(문제)의 해결에 실질적 기여를 하고 있는지에 대한 판단 기준을 요구하는데 이것이 속박이 된다. 그 기준에는 실험 절차의 타당성과 신뢰성, 실험의 재현성, 실험의 적절성, 이론의 논리성, 이론적 가정의 타당성, 이론의 직질성, 서사의 명판도, 저자와의 친분 등이 해당된다. 독자는 자신의 마음속에 내재하는 나름의 우선순위에 따라 기준을 적용하여 논문의 가치를 평가하게 된다. 그리하여 논문의 내용이 기준들의 일정 항목 이상을 일정 정도 이상 충족시켰을 때 개인적으로 논문의 결론을 수용한다. 이 과정이 동료들과의 토론을 거쳐 일어나는 것이 일반적인데 관련 분야의 결정적 권위자의 판단이 큰 영향력을 발휘하게 된다.

후자의 경우에는 속박에 해당하는 기준은 크게 다를 것이 없지만 기준 사이의 우선순위와 중요도가 전자의 경우와 달라진다. 늘 관심을 갖던 당면한 문제가 아닌 문제를 다룬 논문에 대하여 전자에선 고려한 적 없는 연구 주제의 가치부터 먼저 판단할 것이고 저자의 평판이 매우 중요한 기준으로 부각될 것이다. 뢴트겐(Wilhelm Röntgen, 1845~1923)의

엑스선의 발견 보고 논문은 후자의 실례로서 실험 결과로 보고된 새로운 현상이 갖는 비범한 함축이 논문의 지대한 가치를 판단하는 근거가 되었다.

비처의 수사학적 상황의 개념을 확장시킨 수사학자 중에 맥기(Michael Calvin McGee, 1943~2002)가 있다. 맥기는 비처의 수사학적 상황의 정의가 설득 상황을 구성하는 모든 요소를 포함하도록 확장되어야 한다고 보았다. 그는 누가 말하는가, 누가 듣는가, 화자가 무엇을 말하는가뿐 아니라 화자가 무엇을 하는가, 언제 어디서 그것이 이루어지기를 원하는가, 어떤 이유에서 그것을 원하는가도 주목해야 한다고 했다. 더 나아가서 맥기는 수사학적 상황을 온전히 이해하려면 수사학이 이뤄지는 문화를 이해할 필요가 있다고 주장하였다. 그는 연설을 뛰어넘어서 청중과 메시지들을 만들어내는 문화적, 이데올로기적, 정치적 선호를 포함하는 설득 과정을 추적하였다.[29] 이리하여 맥기의 이론은 수사 비평을 하나의 대상이 아니라 과정으로 보았다.

하버마스(Jürgen Habermas, 1929~)는 모더니즘의 기조에서 의사소통의 일반 이론을 제시하였고, 그것은 현대적인 수사학 이론에 큰 영향을 미쳤다. 하버마스는 마르크스와 프로이트의 영향을 크게 받았으며 그의 사회 진화론은 역사적 유물론의 재건에 해당했다. 그는 기본적인 사회경제적 개념과 기초적인 심리학적 개념을 통합하고자 하였다. 그리하여 하버마스는 인성 구조와 사회 구조가 상호 의존성을 갖는다고 보았다.[30] 그는 의사소통 능력(communicative competence)은 언

29 Keith and Lundberg, *The Essential Guide to Rhetoric*, pp. 29~30.

30 Herrick, *The History and Theory of Rhetoric*, p. 236.

어 능력(linguistic competence)만큼 보편적인 핵(core)을 갖는다고 주장하였다. 그는 뛰어난 화자는 문법적인 문장을 생산하고 이해하는 능력뿐 아니라 의사소통의 방식(mode)을 확립하고 이해하는 능력을 가진 사람이라고 했다. 그는 의사소통의 성패에는 4개의 기본 차원이 존재한다고 보았다. 곧, 이해가능성, 진실, 적합성(rightness), 신뢰성(truthfulness)이 그것이다. 성공적인 의사소통은 인지된 규범적 배경에 따라 화자와 청자가 서로 일치에 이르는 것이다. 그러므로 규범적 배경은 의시소통에서 중심적인 역할을 한다. 이해에 도달한다는 것은 상호 인식할 수 있는 유효성 주장의 전제된 기저 위에서 일치를 가져오는 과정이다. 이해에 도달하지 못하면 의사소통 행위가 지속될 수 없다. 그러므로 화자가 제기한 유효성 주장을 청자가 수용할 때 청자는 화자가 제시한 발언의 상징적 구조의 유효성을 인정하는 것이다. 그리하여 하버마스는 성공적인 의사소통 방법을 수립하기 위하여 말의 보편적인 유효성 기저를 재건하는 데 목표를 두었다.

한편, 페미니스트의 연구 성과가 수사학에 영향을 미치면서 권력을 형성하는 데 언어가 미치는 힘에 대한 인식이 이루어지기 시작했다. 페미니스트들의 연구는 푸코(Michel Foucault, 1926~1984)의 연구에서 많은 영향을 받았다. 푸코가 말한 대로 담론의 형성이 권력 형성의 선행 요건으로 작용하여 남성적 담론은 여성적 담론을 잠식시켰고 남성 지배의 권력이 널리 퍼져나갔다는 것이 페미니스트들이 주목한 사실이었다. 그들은 침묵된 여성적 담론을 역사적으로 발굴해 낼 뿐 아니라 여성의 관점을 반영하는 여성적 담론의 형성을 주도해 나가려고 했다. 페미니스트들의 노력은 담론을 문화 형성과 권력 분배에 사용하는 데 관심 있는 사람들에게 영향을 미쳤다.

특히 퀴어 이론(queer theory)은 레즈비언과 게이를 연구하는 대학 학과가 출현한 것과 관련이 깊은데, 성별(gender), 성(sex), 욕구(desire) 사이의 불일치에 초점을 맞춘다. 성별을 상징적 상호작용의 산물로 보는 것이 이론적 근간을 이룬다.[31] 대상에 대해 어떻게 말하고 어떻게 생각하느냐가 대상의 실체를 결정하고 변화시킨다고 보는 것이다. 이는 실재(reality)가 개관적으로 존재하는 것이 아니라 말에 의해 형성된다는 관점을 옹호함으로써 과학의 대상이 되었던 자연적 실재조차도 말에 의해 형성된다는 관점에 힘을 더하였다.

1960년대에 출현한 포스트모더니즘은 18, 19세기의 계몽주의 가치와 목표에 대한 반작용으로 일어났다. 20세기에 계속 이어진 이성과 진보에 대한 확신은 인간 문제를 풀고 도덕적 딜레마를 해결할 수단으로 여겨졌다. 곧 이성에 대한 절대 신뢰, 상징의 고정된 의미에 대한 믿음, 감각 지각과 직접 관찰에 대한 확신, 진리를 추구하는 개별 인간 주체의 신뢰성이 널리 공유되었지만 포스트모더니즘이 이에 대하여 비판함으로써 모더니즘의 기초가 흔들리게 되었다. 리오타르(Jean-François Lyotard, 1924~1998)는 자율적 주체로서 자기를 거부하고 실재, 도덕성, 진리를 받아들이지 말라고 경고했다. 푸코는 지식과 권력에 대한 재고를 통해 모든 학자들의 연구의 기저를 바꾸어 놓을 정도로 큰 영향력을 미쳤다. 그는 권력이 언어 실천의 복잡한 과정에서 발생하는 것으로 보았다. 그에게 권력이란 위에서 부과되는 것이 아니라

31 Hauser, *Introduction to Rhetorical Theory*, p. 252.

담론으로부터 흐르는 것이다.[32] 푸코는 지식이 인간 자유를 억제하는 방식을 드러내려 하였고 독자에게 이 억제에서 벗어나는 데 필요한 지적 원천을 제공하기를 희망하였다. 푸코의 고고학적 연구란 특정한 문화와 시대의 말하는 형식과 한계를 정의하는 규칙들을 탐구하는 것으로서 담론적 실천의 총체인 에피스테메(episteme)를 찾는 것이었다.

데리다(Jacques Derrida, 1930~2004)는 해체주의를 제시함으로써 현대 수사학 이론에 막대한 충격을 안겼다. 수사학적 전통에서는 저자가 텍스트를 통제할 수 있고, 그에 따라서 독자도 원하는 대로 움직일 수 있다는 것을 전제하지만 데리다는 저자에게 그럴 능력이 있음을 부인한다. 언어가 그것을 양산한 문화에 내재하는 편향(bias)에서 탈출할 수 없다고 보기 때문이다. 데리다에게는 그 동안 논증의 객관적인 기초로 여겨졌던 안정한 의미, 이성에의 호소, 원칙의 분명함이 수사학적 상호작용의 결과였다.[33] 데리다는 언어를 의미를 갖는 단어들의 체계가 아니라 계속 정의되어야 하는 관계의 체계라고 보았다. 그러므로 의미는 고정된 것이 아니라 사회적 현상의 과정으로서 순간순간 수립되는 것이다. 그리하여 데리다는 대학 교육과 철학의 파괴자로 비판을 받기도 한다.

현대 수사학은 인간을 근본적으로 이야기를 하는 동물로 가정하기 시작했다. 인간은 누구나 이야기를 통해 사물의 특성을 파악하고자 한다. 이야기는 우리 주변에 의미를 부여하는 기본적인 인간의 인지 방식이다. 인간은 자신의 삶 자체를 내러티브 구조를 가지고 있는 것으

32 Herrick, *The History and Theory of Rhetoric*, p. 247.

33 Hauser, *Introduction to Rhetorical Theory*, p. 258.

로 인식한다. 심리학자 브루너(Jerome Brunner, 1915~)는 우리가 누구이고 무엇을 하는지를 의미하는 이야기로 우리가 삶을 산다고 말한다. 그러므로 우리 개인의 삶의 기억은 우리가 원하는 우리를 위한 이야기인 것이다. 내러티브의 핵심은 시간에 따른 사건의 연쇄인데 이때 사용되는 시간은 달력의 시간, 즉 물리적인 시간이 아니라 우리가 살아온 시간(lived time), 즉 주관적인 시간이다. 우리의 삶은 여러 사건들을 에피소드로 구성한 인지적 성취물이며 기억 회상의 선택적 성취물인 것이다. 누구나 자신의 삶을 아름다운 이야기로 만들고 싶어 한다. 아무리 현재까지 실패로 얼룩진 삶을 살아왔다 하더라도 최종적인 결론은 의미 있는 이야기로 구성하기를 원한다. 인간은 자신의 삶에 대한 기본적인 스토리라인 위에서 개별적인 경험을 해석한다. 어떤 경험이 이러한 스토리라인과 일치하지 않으면 인지적 재조정을 거쳐야 한다. 사건을 재프레임화하여 기본적인 스토리라인과 일치하도록 만드는 것이다.

매킨타이어(Alasdair McIntyre, 1929~)는 일상생활에서 판단과 행위라는 가장 기본적인 수준까지 내러티브를 가져오는 데 기여했다. 그는 "나는 무슨 이야기의 일부가 될 것인가?"에 답할 수 있다면 "나는 무엇을 할 것인가?"에 답할 수 있다고 한다. 그는 이와 같은 내러티브 추론과 수사학의 관계에 관심을 갖는다. 내러티브는 진공에서 영향력을 발휘하지 않는다. 그것은 공동체의 맥락에서 힘을 발휘한다. 가족, 종교, 국가, 직업, 종족, 언어, 교육, 성적 취향, 성별, 조직 등이 공동체로서 고유한 내러티브를 가지고 있다. 그러므로 개인의 삶의 이야기는 개인이 속한 공동체의 이야기의 일부인 것이다. 그러므로 특정한 공동체에 소속된 청중에게 수사적 호소력을 갖는 이야기를 개발하는 것이 성공적인 설득 전략이 된다.

피셔(Walter Fisher, 1931~)는 내러티브와 관계가 있는 또 하나의 이론 모형으로 서사적 패러다임(narrative paradigm)을 제안했다.[34] 피셔는 인간이 추론하는 존재일 뿐 아니라 가치를 부여하는 존재라는 점에 주목한다. 인간은 다양한 공동체의 일원으로서 공동체 형성의 역사에 참여하고 공동의 목표를 추구하며 다른 공동체나 문화와 상호작용을 하게 된다. 이 모든 과정을 통하여 인간은 공동체의 공적 기억(public memory)에 참여한다. 이것은 인간의 정체성의 일부를 이루는 수사학적 발견(inventio)의 강력한 원천이다. 이야기는 가치의 저장소로서 공적 행동의 정당성을 제공한다. 공적 기억은 사회 권력 구조에 대해 말해주고 정체성과 기원에 대한 이야기를 포함한다.

피셔는 어떤 내러티브를 청자들의 관심을 끄는 수사학적인 목적을 위하여 쓰려면 그 내러티브는 두 가지 조건을 갖추어야 한다고 한다.[35] 첫째는 서사적 개연성(narrative probability)이다. 이를 위하여 전달하는 이야기는 논변의 일관성과 구조적 일관성을 구비해야 한다. 또한 사용하는 자료가 중요한 사실을 누락하지 않고 정확한 사실에 근거해 있으며 관련 문제를 무시하지 않아야 한다. 또한 이야기가 단일한 이야기로서 일관성 있게 전개되어야 한다. 그래야 미래 행동 예측이 가능해진다. 둘째는 서사적 신뢰성(narrative fidelity)이다. 이것은 특정한 내러

34 Walter R. Fisher, *Human Communication as Narration: Toward a Philosophy of Reason, Value, and Action* (University of South Carolina, 1989), pp. 62~69.

35 Hauser, *Introduction to Rhetorical Theory*, p. 195.

티브가 청중의 구성원이 평생 사실일 것이라고 믿어왔던 것과 일치하는 것이다. 이것은 화자의 이야기가 담고 있는 경험이 듣는 사람의 경험과 유사한 정도가 클수록 커진다. 그렇다고 해서 화자의 이야기가 청자의 기대에 가능한 한 부합하기만 하면 성과가 극대화되는 것은 아니다. 때로는 아이러니, 은유 등을 써서 청자의 기대를 위반할 때 관심이 쏠리고 청자에게 재미를 줌으로써 더욱 내러티브의 힘이 커지는 것이다.

내러티브 구조의 핵심은 플롯(plot)이다. 플롯이란 어떤 설명에 포함된 사건들이 통합된 전체의 일부로 인지됨으로써 의미를 부여받는 관계의 구조이다. 플롯은 사건과 사건의 연속에 의미를 부여하여 결론에 도달한다. 플롯은 우리 경험을 설명하기 위해 구성할 이야기의 본질적 성분으로 흩어져 있던 에피소드들을 의미 있는 전체로 결합한다.[36]

일상적인 판단을 할 때에도 우리는 이야기를 구성하여 미래를 상상하고 현재의 행동을 결정한다. 우리가 흩어진 에피소드를 모아 일관성을 갖추려고 노력하는 것을 내러티브 추구(narrative quest)라고 한다. 상대방을 설득하기 위해서 이야기를 서술함으로써 그 이야기의 일부로 상대방을 끌어들임으로써 상대방의 행동이 그 이야기를 완성시키도록 한다. 결국 설득 과정이란 화자가 제시한 이야기 속에서 청자를 끌어들여 역할을 부여하여 이야기를 주제에 맞게 완성시키도록 초대하는 것이다.

과학은 인간이 자연에 관한 지식을 구성한 것이지만 인간은 가능하

36 Hauser, *Introduction to Rhetorical Theory*, p. 192.

면 그것을 이야기로 구성하고자 하는 욕구가 강력하다. 진화론도 그렇고, 빅뱅 이론도 그렇고, "왜?"라는 질문에 답하기 위해서 인간이 취한 가장 믿을 만하고 설득력 있는 설명은 시간의 차원에서 사건들이 연쇄된 이야기인 것이다. 실제로 이전의 과학 논문이나 저술은 과학자 자신의 발견과 연구의 역사가 이야기로 서술되었다. 실험 보고서는 지금도 그러한 형식을 일부 채용한다. 실험 보고서는 어떤 분야사의 맥락에서 어떤 실험 연구가 어떻게 기획되고 어떻게 준비되어 어떻게 실행되었는지 과정을 드러내고 어떠한 결과에 도달해서 어떤 결론에 이르게 되었는지를 서술한다. 이러한 보고서를 다 읽고 나면 그것이 하나의 이야기 구조를 가지고 있음을 확인할 수 있다. 또한 모든 과학 저술이나 논문에서 서론으로 제시되는 이야기는 그 과학 분야의 공동체의 이야기를 재확인하거나 발명하는 과정으로 수사학적 성취물이라고 말할 수 있다. 과학 저술의 개정판에서 개정이 왜 필요했는지를 서술한 것을 이러한 수사학적 성취물로 바라볼 때 개정 작업에 참여한 사람들의 의도를 읽어낼 수 있다. 이렇게 과학 저술에는 공적 기억이 반영되어 있으므로 그것을 분석함으로써 과학자들의 가치와 신념(commitment)을 파악할 수 있다.

고전 수사학은 설득이 중심이었지만 현대 수사학자들은 수사학의 초점을 설득에서 동일시(identification)로 옮겼다. 동일시를 위해서는 상징의 사용이 주효하다. 인간은 상징을 사용하는 존재이며 상징은 부여된 의미를 갖는 것이 기본적인 특징이다. 수사학에서 다루는 상징은 글과 연설을 뛰어넘어 춤, 그림, 음악, 건물, 제품 등 온갖 인공물들을 포함한다. 상징은 해당하는 인공물의 물리적 특성을 뛰어넘게 한다.

상징적으로 창조된 의미는 물리적 특성으로 환원될 수 없다. 동일시를 위해서는 상징 수단을 사용해야 하는데 이때 사용되는 상징 수단은 옷, 취향, 언어, 이데올로기, 규칙, 대의(cause) 등 무척 다양하다. 버크(Kenneth Burke)는 설득이 논변에 의해 일어나는 것으로 본 아리스토텔레스의 합리적 모형과 달리 동일시를 설득의 기본 요소로 보았다.[37] 사람은 다른 사람의 말을 들을 때 그 사람이 얼마나 자신과 비슷한지 가늠한다. "이 사람의 말에 나타나는 세계가 나의 세계와 같은가?"라고 묻는다. "예"로 답을 하면 우리는 화자와 동일시한다. 그러면 화자의 세계 묘사를 받아들이는 범위까지 동반하는 결론과 함축을 받아들이도록 감화를 받는다. 동일시의 대척적 용어로는 분리(division)가 있다. 그러므로 동일시는 분리되어 있다고 생각되는 것을 합치는 효과를 발휘하는 상징의 사용이다. 화자가 자신의 방식이 청자의 방식과 같다는 것을 보이는 것이 동일시인 것이다. 화자와 청자를 융합시키는 수사학은 분리를 극복하거나 분리를 보상한다. 동질성(consubstantiality)은 본질적으로 동일한 특성이 있다는 것으로 동일시를 지탱하고 진전시키는 특성이다.[38] 그러므로 수사학은 소외와 경쟁으로 분열된 개인을 뭉치게 하는 것이 목적이고, 따라서 동질성을 가능한 한 많이 발견하도록 돕는 방향으로 전개되어야 한다.

현대 수사학에서 관심을 갖는 또 하나의 대상은 의미이다. 현대에 들어와 단어에는 의미론적 내용이 있다는 고유 의미 이론(proper meaning theory)을 비판하고 단어는 맥락적 의미만을 갖는다는 주장이

37 Herrick, *The History and Theory of Rhetoric,* p. 223.

38 Hauser, *Introduction to Rhetorical Theory,* p. 215.

힘을 얻었다. 기능주의 심리학자 말리노프스키(Bronisław Malinowski, 1884~1942)는 문화가 행위와 인공물로 구성되어 있다고 생각했다. 즉, 행위와 인공물에 나타나는 과정이 문화라는 것이다. 그러므로 언어는 맥락에서만 의미를 가지며, 문화를 연구하려면 실제 실행에서 언어가 어떻게 사용되는지에 초점을 맞추어야 한다. 의미는 행위 속에 담겨 있고 행위는 사용되는 언어와 얽혀 있다. 가령, "다음에 한 번 식사 같이 하시죠."라는 말은 '작별 인사'라는 행위와 얽혀 있을 수 있고 그 말은 그 행위가 이루어진 맥락 속에서 의미를 부여받는다. 맥락상 진짜 만나서 밥을 먹자는 말일 수도 있고, 그냥 헤어지는 인사일 수도 있다.

말리노프스키에 따르면 언어의 의미는 맥락 안에서 상징들의 상호작용을 통해 발전한다. 그러므로 다변화한 사회 속에서 상징의 다면성도 증가한다. 수사학에서는 의미에 관련하여 4명제를 선언한다. 첫째, 언어 사용은 경험에 토대를 둔다. 둘째, 인지적 양상은 경험 맥락에서 나온다. 여기에서 인지(perception)란 지시대상에 대한 해석적 앎(interpretive awareness)을 말한다. 셋째, 언어 사용은 우리가 경험하는 것을 개념화하기 위해 내재적인 틀을 갖고 있다. 이 틀을 스키마(schema)라고 부르는데 스키마는 과거 경험에서 유래한 정신적 모형이다. 넷째, 의미는 사용 맥락 속에서 상징들 간의 상호작용에서 출현한다.[39] 그런 점에서 언어는 다른 상징 및 그 맥락과의 상호작용에서 역동적이다.

언어의 의미가 맥락의 산물이라는 사실은 전의(trope)를 만드는 것을

39 Hauser, *Introduction to Rhetorical Theory*, p. 235.

통해 나타나기도 한다. 오랫동안 전의는 수사학에서 문체를 구성하는 장식적 요소로 관심을 끌어왔다. 전의를 통해서 단어의 의미가 맥락에 따라 변형되고 조정된다. 그 중에서 은유(metaphor)가 단연 중심적인 역할을 해왔다. 아리스토텔레스는 은유를 만드는 기술이 천재성의 표지라고 말할 정도로 그 독창적 가치를 고전 수사학에서는 인정해 왔다. 리차즈(I. A. Richards)는 은유가 문체상의 장치 이상이라고 주장하였다. 은유는 문자적 의미를 이탈하여 하나를 다른 하나라고 말함으로써 의미를 만들어 내는 방식으로 우리의 일상적인 언어에 깊이 뿌리내려 있다. "외국어 공부는 기초를 튼튼히 해야 빠르게 진보한다."라고 말하는 것은 공부를 건축으로 말하는 은유를 쓴 것이다. 이렇게 은유를 쓰면 건축이 가진 속성이 공부에 부여되면서 새로운 의미가 창출된다. 공부에서 기본이 되는 것을 분별하여 그것을 먼저 확실하게 익히는 것이 중요하다는 것을 건축의 기초 공사의 이미지에서 따올 수 있다. 또한 "공부는 엉덩이 싸움이다."라는 표현을 쓰면 공부를 싸움으로 말하는 은유를 쓴 것이다. 공부를 잘 하려면 몸이 힘든 것을 극복하기 위해 자신과 싸워야 하는 힘든 과정을 거쳐야 한다는 것을 싸움의 이미지에서 따온 것이다. 이러한 표현들은 건축이나 싸움이라는 청자에게 친숙한 경험을 화자가 공유하면서 그러한 공유의 확인을 통해 동일시를 심화시키고 청자의 관심을 더욱 환기시키는 효과가 있다.

블랙(Max Black)은 은유를 써서 의미를 창출하는 과정을 설명했다.[40] 그에 따르면 "공부는 엉덩이 싸움이다."라는 문장에서 "엉덩이 싸움"

---

40 Hauser, *Introduction to Rhetorical Theory*, p. 238.

을 은유의 초점(focus)이라고 하고, 나머지 문장을 틀(frame)이라고 한다. 초점과 틀이 상호작용하여 독특한 의미를 창출한다. 틀이 바뀌면, 틀-초점 상호작용에 변화가 생기고 새로운 은유가 창출된다. 은유에는 원관념과 보조관념이 사용된다. 원관념은 나타내고 싶은 원래의 관념이고 보조관념은 원관념을 나타내기 위해 이미 화자와 청자에게 친숙한 대상에서 빌어온 관념을 지칭한다. "사랑은 전쟁이다."에서 원관념은 사랑이고 보조관념은 전쟁이다.

은유를 사용하면 이전에 표현한 적이 없는 개념을 이전에 있던 말로 표현할 수 있다. 기호와 기호 사용자 사이의 상호작용에서 의미가 생기는데 여기서 청자의 창조적 이해가 두드러진다. 은유가 어떤 의미를 갖느냐는 청자의 적극적인 역할에 의해 결정된다. 새로운 은유를 사용할 때의 특성 2가지가 지적된다. 하나는 강조(emphasis)이고 다른 하나는 공명(resonance)이다. 강조란 초점이 은유의 의미에 본질적인 정도를 말한다. 강조적인 은유는 초점을 다른 단어로 대체하는 것을 허용하지 않는다. 공명은 원관념과 보조관념 사이에서 끌어낼 수 있는 함축의 수를 지칭한다. 공명이 많은 은유는 공명적(resonant)이라고 말한다.

은유와 실재의 관계를 생각해 보자. 은유는 실재를 재구조화한다. 은유는 초점-틀 상호작용을 통해 새로운 사고를 만들어낸다. 동일성과 차별성의 본질적 긴장이 정상적인 용어의 의미를 위반함으로써 생겨난다. 은유의 위력을 한마디로 표현하면 인간세계는 담론 안에서 담론을 통해서 전개되는 해석의 산물이다. 청자는 스스로의 견해를 가질 뿐 아니라 선호를 가지고 있기 때문에 성공적인 수사학은 설득을 요구한다. 그래서 수사학은 상황 의존적이다. 다시 말해서 수사학적 행위의 결과는 청자의 반응에 의존한다. 청자의 반응에 묶여 있다는 점에서 수사학은 전략적이다. 화자는 청자에게서 긍정적 반응을 이끌어내는 메시지를 어떻게 전할지 알아내야 한다.

버크(Kenneth Burke, 1897~1993)는 고전 수사학의 연설 중심의 논의를 벗어나 수사학을 인간 사회 생활의 우선적인 힘으로 이해하였다. 버크에 따르면 우리는 다른 사람과 하는 모든 일을 수사학을 통해 한다. 사회적 존재인 인간은 서로에게 묶여 있고 언어와 수사학에 의해 동기 부여된다. 이때 수사학은 일상 언어의 기능들에 추가된 것이 아니라 보통의 의사소통 실행 속에서 구체화되는 것이다. 다시 말해서 수사학은 언어 자체의 본질적 기능에 뿌리내려 있다. 본성상 상징에 반응하는 존재인 인간 안에서 협력을 유도하는 상징적 수단으로서 언어는 완전히 현실적이고 연속적으로 새롭게 태어난다.

버크의 드라마티즘은 사람이 어떻게 말로 행위하는지를 드러내었다. 버크는 사람들이 언어 또는 상징 행위의 사용으로 사회적 상황을 관리한다고 했다. 상징의 관리는 우리가 사회적 행위를 조절하는 으뜸 수단이다. 상징을 사용할 때 우리는 무대 위의 공연자를 닮아 있다. 사회적 삶을 조정하려면 상징을 통해 사회적 실재를 구성해야 한다.

버크는 상징을 사용하는 인간의 속성을 5가지로 제시했다. 첫째, 인간은 상징을 사용하는 동물이다. 우리는 상징을 사용할 수 있고 상징에 대하여 숙고할 수 있으므로 우리는 상징으로 사회적 실재를 만드는 창조적 활동에 종사할 수 있다. 인간은 경험을 추상화하여 은유를 써서 이름 붙인다. 그러므로 인간은 상징을 쓸 뿐 아니라 상징을 창조하기도 하는데 그것을 오용함으로써 혼동을 유발하기도 한다. 둘째, 인간은 '부정 명제'(negative)를 만들기도 하고 그것에 의해 만들어지기도 한다. 언어나 상징체계는 말과 사물 사이에 1:1 대응이 성립하지 않는다. 인간은 상징으로 존재하지 않는 사물을 창조해 낸다. 유니콘이나 만화 주인공 같은 하찮은 것에서 사람들이 목표로 하지만 이루지 못하는 유토피아 세계 같이 중요한 것도 있다. 금지 규정도 하지 않은 것을 상상해서 만들어 낼 때 가능하다. 사람은 기초적인 도덕적 코드를 유아에게 가르치고 그것을 내면화시키므로 어머니의 금지 명령이 우리를 발명한다고 말하는 것이 불합리하지 않다. 비판과 격려의 상징적 행위를 통해서 발달한 정체성을 인간은 소유한다. '하라–하지 마라'의 명령을 통해 우리는 도덕성을 갖추게 되고 그것은 상징을 사용하는 우리의 능력에 기초한다. 셋째, 인간은 자신이 만든 도구에 의해 자연적 조건과 분리된 존재이다. 자연적 조건이란 욕망과 감정에 통제되는 동물적 상태를 지칭하고 인간이 만든 도구란 언어와 상징을 지칭한다. 이를 통해 인간은 생각하고 결정할 수 있게 되었다. 인간이 만들어 낸 도덕적 상징에 의해서 인간은 기본적인 욕구에서 멀어져 원시적인 상태에서 벗어나 새로운 가능성을 창출하였다. 도구로서 언어는 고급의 추상적 필요를 충족시키기 위해서 인간이 살 수 있게 해주었다. 넷째, 인간은 위계로 인도된다. 언어는 위계에 기반하여 상징을 지적으로 사용하기 위한 조직화를 실행한다. 인간의 언어는 근본적으로 가치 부여를 포함하고 있기 때문에 다소와 선악과 같은 진술을 통해 위계적 질서를 함축한다. 어떤 범주의 안과 밖이 구분되면 위계가 생긴다. 이러한 위계는 대부분이 우리의 언어에 파묻혀 있다. 사람들은 자신을 높은 위계에 놓기를 원한다. 스스로가 더 낫게 인식되도록 하기 위해 수사학을 동원한다. 이러한 위계화가 때때로 사회적 신비화에 이르며 숭배 행위까지 도달하게 된다. 다섯째, 인간은 완벽을 탐닉한다. 사람은 무엇에 어떤 특성을 부여하면 그것이 완벽하게 갖추어진 것으로 생각한다. 인간은 상징을 사용하면서 그것으로 구현하는 논리를 완벽하게 만들기를 추구한다. 우리가 어떤 원리의 논리적 확장을 추구할 때 완벽의 정신에 우리는 사로잡혀 있다.

버크가 상징을 사용하는 인간의 속성을 이렇게 제시하고, 인간의 의사소통의 재현적 성격을 특정한 상황적 맥락(situated context)에서 유래하는 것으로 제시하였다. 그리하여 그가 하나의 모델로 제시하게 된 것이 드라마티즘이었다. 그는 우리의 일상생활이 드라마에서 연기자들이 연기하는 것처럼 우리가 언어를 사용하는 방식을 조사하였다. 그는 사회 조화를 위해서 사람들이 어떻게 상징을 관리하는지에 대하여 통찰력을 얻었다. 그리하여 버크는 사람들을 행위하게 만드는 동인을 알기 위해 5항목을 제시하였다. 그것은 행위(act), 장면(scene), 행위자(agent), 수단(agency), 목적(purpose)이다. 이러한 다섯 항목의 분석을 통해서 버크는 행위자의 동기를 밝혀낼 수 있다고 보았다.

독자가 우발성(contingency)에 묶여 있으므로 수사학은 전략적이어야 한다. 긍정적 반응을 이끌 메시지를 어떻게 전달할지 알아내야 한다. 독자 중에서도 권력을 쥔 주력 독자를 파악하여 그들을 대상으로 설득 전략을 구사해야 한다. 주력 독자가 학생, 관련 분야 종사자, 해당 분야 전문가, 무관한 지식 대중인지에 따라 다른 설득 전략을 구사해야 한다. 청중은 무력하다는 고르기아스(Gorgias, 483~375 B.C.)의 주장을 아리스토텔레스는 부인하였는데 블랙(Edwin Black), 비처, 맥기는 아리스토텔레스의 견해를 확장시켰다. 현대적 이론에서는 특정 청중에게 특정한 상황에서 작동했던 것이 다른 청중에게 같은 상황에서는 작동하지 않는다. 그러므로 성공적인 수사학은 청중, 상황, 메시지의 최적 조합 위에서 가능하다. 거기에 하나를 더 추가하자면 타이밍(kairos)이 있다. 설득의 적기를 판단하는 기술이 필요하다.

블랙은 청중이 만들어진다는 획기적인 주장을 했다. 그는 청중의 설득이 우발적이라는 생각을 발전시켜 화자가 설득적 정황으로 청자를 움직이거나 조종하는 일이 가능하다고 보았다. 화자(저자)는 어떤 이미지를 청자에게 던지는데 거기에는 1인칭 페르소나와 2인칭 페르소나가 있다. 1인칭 페르소나는 이미 고대에 논의된 바 화자(저자)의 에토스이다. 여기에 블랙이 추가한 것이 화자가 청자에게 덮어씌우는 가면인 2인칭 페르소나이다. 여기에서 청중은 화자에 독립적으로 존재하지만 화자에 반응하여 만들어진다고 생각된다. 말을 거는 쪽이 상대방을 "소비자"라고 부르면 청중은 스스로를 소비자로 인식한다. "시민"이라고 부르면 청중은 스스로를 시민이라고 인식한다.[41]

현대의 수사학은 현대세계를 이해하는 데 통찰력을 제공하는 데까지 영역이 확장되고 있다. 어떤 학자들은 정체성과 권력의 형성에서 언어가 차지하는 중심적 기능에 주목한다. 사람이 자신의 공적 페르소나를 형성하는 것은 상징을 사용하여 자기 자신을 제시하는 방식에 의존한다. 자신의 정체성 범주는 정치적 권력과 사회적 지위와 관련되며 자신이 어떤 취급을 받느냐와 연관된다. 그러므로 정체성은 권력에 연

41 Keith and Lundberg, *The Essential Guide to Rhetoric*, p. 14.

결된다. 이러한 정체성과 권력의 형성에 상징과 담론이 기여하는 부분이 상당하다. 푸코는 담론이 어떻게 권력을 형성하는지를 역사적 탐구를 통해 보여주었다.[42]

현대는 수사학의 중흥기이다. 르네상스 시대까지 수사학은 서양의 교양교육에서 중심 과목으로 확고한 위상을 가지고 있었다. 그러나 17세기 과학혁명기와 18세기 계몽시대를 거치면서 수사학의 가치는 폄하되었다. 인간에게 합리적인 지식의 구축과 전달을 방해하는 온갖 부정적인 것이 수사학에 포함되어 있다는 부정적 평가로 수사학의 위상은 축소되었다. 수사학이 이러한 위기에서 20세기 중반에 회생한 것은 이성 중심, 과학의 절대적 확실성을 모토로 하는 모더니즘의 문명적 위기가 감지되면서였다. 말의 힘과 가치와 중요성에 대한 재인식이 이루어지고 논리와 논변에 대한 재평가가 이루어지면서 고전 수사학에 대한 재고와 신수사학의 혁명이 병행하여 이루어졌다.

4. 과학 수사학의 길

과학 수사학은 이론적 연구와 실천적 연구를 모두 포함한다. 이론적 연구는 법칙적 발견을 목적으로 하고 실천적 연구는 규범적 제시를 목적으로 한다. 원래 과학은 수사학적 분석이 부적절한 인간 활동의 한 영역으로 치부되었다. 인간의 동기와 설득 능력이 침투하지 못하는 영

42 Golinski, *Making Natural Knowledge,* pp. 69~71; Herrick, *The History and Theory of Rhetoric: An Introduction,* pp. 247~250.

역이 과학이라는 인식이 18세기에 수립되었다. 역사적으로 과학적 담론은 수사학적 유혹에 무관한, 말보다 사물에 관계된 것으로 묘사되었다. 그렇지만 최근에는 과학자들도 과학이 몇몇 중요한 측면에서 수사학적이라는 것을 인정하기에 이르렀다. 그들은 자신의 전문분야가 어떻게 작동되는지 이해하는 수단으로서 수사학에 관심을 표명한다.[43] 인간의 동기가 과학의 데이터를 해석하고, 과학이 실행될 제도적 배치를 창출하며 자금을 연구에 할당하고, 이론을 구성하는 과정에 이르기까지 큰 역할을 한다는 것이 드러났다. 경제학, 천문학, 심리학, 생물학, 수학 등에서 학자들은 자신의 전문가적 삶에서 수사학이 중심적인 역할을 한다는 것을 시인하기에 이르렀다.[44] 과학의 행위가 불합리하게 인간의 편견에 오염되어 있어서 과학의 수사학적 이해는 우리 시대의 가장 강력한 지적 협업에 대한 새로운 관점을 제공하고 있다. 툴민과 페렐만이 지적하였듯이 일상적인 삶의 논변의 구조와 그 삶에서 가치의 위치에 대한 이해가 현대 사회에서 담론의 실천을 개선하고 인간의 사회생활의 질을 개선하는 데 도움을 준다는 주장이 과학자들의 삶에도 그대로 적용되는 것이다.

과학 수사학에서는 과학 텍스트의 절대적 합리성에 도전한다. 옹호(advocacy)라는 것이 과학 활동에서는 별로 보이지 않는 것으로 여겨졌으나 탐구(inquiry) 자체에 옹호라는 것이 들어갈 수밖에 없다는 것을 수사학자들은 드러낸다. 과학자들이 탐구할 문제를 선택할 때 그 문제의 연구가 지원을 이끌어낼 수 있는가에 대한 고려가 들어가게 된다.

43 Herrick, *The History and Theory of Rhetoric*, p. 208.

44 Herrick, *The History and Theory of Rhetoric*, p. 199.

이를 포함하여 과학 활동은 의사소통이 고도로 전문화된 네트워크 안에서 유지되는 집단적인 노력이기 때문에 수사학적일 수밖에 없다. 과학 담론도 공공 담론의 일부로서 정치적 논의, 종교적 논의, 교육적 논의, 경제적 논의의 일부로서 과학적 논의가 전개되는 것이다.[45] 그러므로 현대 과학이 수사학의 핵심인 설득을 포함하게 된다. 설득을 위하여 과학도 권력에의 호소, 미에의 호소, 감정에의 호소, 무신론에의 호소(역시 종교적)를 포함한다.

과학의 역사에서 수사학을 추구해 온 많은 연구를 통해 과학 수사학이 풍부해졌다. 존 캠벨(John Campbell)의 다윈의 수사학에 대한 연구는 유명하다. 캠벨은 자연 과학에 적용된 논증의 대표적인 사례로 다윈의 진화론을 들었다. 다윈이 자연 선택 이론을 제시한 것에 대하여 캠벨은 수사학적 분석을 수행했다. 19세기 중반에 과학계도 일반 대중도 진화론을 받아들일 준비가 되어 있지 않았다. 두 종류의 이질적 청중을 설득하기 위하여 다윈은 자연 선택이라는 수사학적 발명품을 내놓았다. 다윈은 맬서스의 『인구론』의 우울한 미래 예측에 변이와 유전의 개념을 추가하여 분화적 재생산(differential reproduction)의 개념을 제시하였다. 무제한의 시간에 무제한으로 다양하게 변화하는 환경에서 분화적 재생산이 계속되면 유기적 변화 곧 진화가 일어난다. 그러므로 다윈의 이론에서 진화는 무작위적이고 방향성이 없는 진화였는데 이런 생각이 당시에는 받아들여질 만하지 못했다. 그리하여 심각한 수사학적 문제가 야기되었다. 다윈은 스스로의 이론이 정확하다고 확신

45 Herrick, *The History and Theory of Rhetoric*, p. 209.

했지만 그가 과학계와 일반 대중을 설득하지 못하면 진화는 단지 지적 호기심에 머물 뿐이었다. 다윈의 전략 중 하나는 종교적인 청중에게 종교적인 토대 위에서 논증하는 것이었다. 그는 자연 선택을 통한 진화를 우호적으로 보이도록 포장했다. 어떤 결정적으로 불쾌한 자연 상태는 신의 작품이 아니므로 다윈은 자연의 독창적인 적응을 여럿 제시하여 신의 선함에 대한 관습적인 믿음이 야기하는 당황을 줄이려고 하였다. 가령, 뻐꾸기 새끼가 양어머니의 새끼를 죽이는 행위는 창조된 본성이라기보다는 모든 유기체의 진보를 이끌어내는 일반적인 법칙의 작은 결과로 보도록 했다. 다시 말해 신이 특별히 뻐꾸기의 그런 습성을 설계한 것이 아니라 그러한 잔인함이 방대한 진화 과정에서 필요한 것이어서 허락된 것이다. 결과적으로 더 진보된 생명 형태가 출현하게 될 것이기 때문이다.[46] 이러한 논의가 사실에서 주론된 이론이 아니라 독자가 목격한 사실이라고 확신시키기 위해 다윈은 사실과 관찰 사례를 강조하고 이론을 최소화하면서 진화 이야기에서 내레이터와 해석자를 제거하는 전략을 구사하였다. 그리고 자연 선택의 무방향성이라는 자연과정의 은유로 동물 육종(breeding)이라는 의도적인 작업을 제시하였다. 그런 점에서 캠벨은 다윈의 은유가 오해를 불러일으키며 부정확하다고 진술하였다. 이렇게 캠벨은 유명하고 영향력 있는 과학자가 능숙하고 매우 성공적인 수사학자로 행동함을 보여주었다. 이로써 그는 과학 자체가 본유적으로 수사학적이라는 것을 드러내었다.

뉴턴(Isaac Newton)이 과학을 수행할 때에도 청중의 반응에 따라 자

46 Herrick, *The History and Theory of Rhetoric*, p. 214.

신의 이론의 수용 여부가 결정되는 것을 의식하여 논의 방식을 바꾸었다는 점은 과학 활동이 수사학적임을 드러낸다. 뉴턴은 『광학』(*Opticks*)을 집필할 때 빛의 본성을 어떻게 제시할지에 대하여 고심하였다. 앞부분에서 뉴턴은 회의적인 과학자들을 대상으로 빛을 마치(as if) 빛이 작은 입자로 구성된 것처럼 행동한다고 정의하면서 빛에 대한 자신의 분석이 참임을 설득하고자 했다. 반면 저술의 뒤로 가서는 빛이 실제로(actually) 작은 입자로 구성되어 있을 것(may)이라면서 가설(hypothesis)로 빛을 정의한다. 회의적 과학자들 앞에서는 더 부드러운 어조로 빛의 입자성을 주장하는 반면에 뒤에 가서는 같은 과학자가 원자론을 과학적 가설로 진지하게 받아들이기를 희망하였다.[47]

뉴턴은 데카르트의 광학 이론에 대립하여 빛이 프리즘을 통과할 때 변환되는 것이 아니라 분해된다는 개념을 제시하는 논문을 썼지만 데카르트 추종자들과의 논쟁에서 고초를 겪었다. 뉴턴은 이후 30년 동안 광학에 관한 연구를 발표하지 않다가 1704년에 『광학』을 출간하였는데 이번에는 설득을 위하여 다른 전략을 구사했다. 초기 논문들에서는 인식론과 설명의 독창성을 분명하게 드러내는 투명한 수사학을 취했으나 이번에는 자신의 저작과 옛 광학과 과학 사이의 연속성을 드러내는 수사학을 사용함으로써 그의 이론의 급진성을 완화하고자 하였다. 그는 솔직성을 희생하여 신뢰를 얻고자 했다. 그는 독자에게 새 이론을 옹호하는 것이 옛 이론을 거부하는 것은 아니라는 것을 믿게 하

47 Alan G. Gross, *Starring the Text: The Place of Rhetoric in Science Studies* (Carbondale: Southern Illinois University Press, 2006), p. 24.

고자 했고 이 전략은 성공을 거두었다.[48]

과학은 용어와 어법에 따라 특정 전문 분야에서 사용되는 언어가 제한되기도 한다. 과학이 과학 외부의 영역과 상호작용을 할 때에도 마찬가지이다. 같은 단어를 사용하더라도 그 의미하는 바가 다르기도 하고 한정하는 범위가 다르기도 하다. 그러므로 상이한 언어와 문화를 가진 두 집단이 물품을 교역하기 위해 마주하는 문제를 어떻게 풀어가는가에 대한 인류학적 연구가 과학 수사학에 원용될 수 있다. 과학사학자 갤리슨(Peter Galison)은 언어 요소가 분리된 의미 영역의 경계선을 가로질러 교환되는 과정을 묘사하기 위해 '교역 지대'(trading zone)라는 개념을 도입하였고 거래되는 것의 의미를 다르게 이해하는 두 공동체가 어떤 방식으로 교류하는지를 현대 물리학의 연구 집단 간의 교류를 통해 밝혔다. 갤리스에 따르면, "두 집단은 교환되는 물품에 전혀 다른 의미를 부여하더라도 교환의 규칙에 동의할 수 있다. 그들은 교환과정 자체의 의미에 대해 의견의 일치가 없을 수도 있다. 그럼에도 교역 상대는 큰 차이에도 불구하고 국소적 조화를 끌어낼 수 있다. 상호작용하는 문화들은 종종 훨씬 더 정교한 방식으로 접촉 언어를 만들어낸다. 그것들은 다양한 담론 체계로서 반-특수의 피진으로부터 완숙한 크레올에 이르기까지 기능에 특화된 전문 용어들이니 시나 메타 언어적 사고처럼 복잡한 활동을 지원하기에 충분히 풍부하다."[49]

과학사학자 섀핀(Steven Shapin)은 보일의 진공 펌프를 사용한 실험

---

48 그로스, 『과학의 수사학』, pp. 177~201.

49 Peter Galison, *Image and Logic: A Material Culture of Microphysics* (Chicago: University of Chicago Press, 1997), p. 783.

연구를 통해 과학적 설득력을 강화하기 위하여 그가 사용한 전략, 즉 실험 상황에 대한 상세한 묘사, 장치에 대한 자연스러운 그림 등은 독자들에게 그의 설명의 사실적 지위를 확정받기 위한 것임을 보였다. 보일은 실패에 대한 솔직한 보고와 견해를 제시할 때의 겸손, 논쟁에 휘말리기를 꺼려하는 태도 등을 통해 저자의 도덕성을 강조함으로써 저자의 '에토스'를 전달하고자 했다. 이를 통해 보일은 실험 과학의 틀을 창조해 나간 것이다.[50]

17세기의 대화체의 과학 저술 전통에 대한 수사학적 분석도 있었다. 보일이 『회의적 화학자』(*The Sceptical Chymist*, 1661)를 대화체로 쓴 것은 사실에 대한 고상한 논의를 통해 어떻게 사실에 도달하는지를 보이기 위한 것이었고[51] 갈릴레오(Galileo Galilei, 1564~1642)는 그의 『두 가지 주된 우주 체제에 대한 대화』에서 코페르니쿠스 이론에 대한 옹호를 금지 당한 상태에서 태양 중심설의 장점을 논의하기 위하여 대화체를 도입하여 텍스트와 저자의 거리두기(distancing)를 도모한 것이다.[52]

과학적 담론의 수사학적 구성에 대한 분석이 과학사적 연구의 일환으로 이루어졌다. 골린스키(Jan Golinski)는 라부아지에(Antoine Lavoisier, 1743~1794)의 새로운 화학 체계에 대한 영국 화학자들의 거부 반응을 다루면서 새로운 명명법의 도입에 대한 대립되는 견해를

50 Steven Shapin, "Pump and Circumstances: Robert Boyle's Literary Technology," *Social Studies of Science* 14 (1984), pp. 481~520.

51 Shapin, "Pump and Circumstances," pp. 503~504.

52 G. N. Cantor, "The Rhetoric of Experiment," in David Gooding, Trevor Pinch, and Simon Schaffer, eds, *The Uses of Experiment: Studies in the Natural Sciences* (Cambridge: Cambridge University Press, 1989), pp. 167~173.

보여주었다. 라부아지에는 언어 철학자인 콩디악(E. B. de Condillac, 1714~1780)의 영향을 받아 언어는 일종의 "도구"라는 생각으로 자신의 체계에 합당한 용어들을 도입하여 쓰고자 했다. 그렇지만 그와 경쟁 관계에 있었던 영국의 화학자인 프리스틀리(Joseph Priestley, 1733~1804)와 케어(James Keir, 1735~1820)는 그러한 관점을 받아들이지 않았다. 특정한 체계에 의해 형성된 언어를 부과하는 것은 신뢰의 결탁을 무너뜨려 과학자 간의 공정한 의사소통을 교란시킨다고 보았다.[53] 이것은 수사학적 분석이 저자와 독자의 양쪽에서 이루어지는 해석의 행위를 포함하게 된다는 것을 보여준다.

과학은 언어와 떼려야 뗄 수 없는 관계에 있다. 과학 활동 자체가 언어를 매개로 하여 이루어진다. 과학 연구 단계에서부터 과학 연구를 발표하고 인정을 받는 과정까지 모든 과학 활동은 언어를 매개로 하여 이루어진다. 과학자들은 흔히 새로운 용어를 만들어 내고 새로운 개념을 제시하면서 이전까지 논의된 적이 없는 자연의 측면에 대하여 논의하기 시작한다. 그러면 그러한 용어와 개념을 중심으로 새로운 연구가 진척되고 심지어 새로운 분야가 생겨나기도 한다. 그러므로 말리노프스키가 말한 상징 행위로서 언어 사용은 과학 활동에서 중심적인 역할을 한다. 과학자 사회 내에서의 의사소통은 매우 중요하지만 과학 개념을 두고 이루어지는 의사소통에 문제가 발생하는 일은 과학계 내에서도 다반사이다. 새로운 개념들을 늘 만들어내는 과학자들의 입장에서는 다른 과학자가 발표한 논문이나 저술을 이해하지 못하는 일이 종

53 Jan Golinski, "The Chemical Revolution and the Politics of Language," *The Eighteenth Century: Theory and Interpretation* 33 (1992), pp. 238~251.

종 발생한다. 소수의 전문가가 이해를 못한다면 문제가 발생하지 않겠지만 다수의 해당 분야 전문가가 이해를 못한다면 문제가 발생한다.

수사학이 시민 참여를 통해 활동적인 삶을 사는 데 중심적인 역할을 한다는 개념을 과학 수사학에 적용해 보면 과학 지식의 대중적 의사소통이라는 중요한 과업이 도출된다. 18세기부터 수사학은 지식인으로부터 지식을 일반 대중에게 전달하는 수단으로 여겨졌다. 공공의 생활의 중요한 기술로 수사학이 자리를 잡게 되었다.[54] 과학 활동하는 데 수사학이 필요하다면 지원을 끌어내고 자신의 업적에 대한 소통을 위해 자신들의 지식을 효과적으로 세상에 전달할 방안을 연구해야 한다. 과학 활동은 단순히 지식 생산에 그쳐서는 안 되며 효과적인 의사소통을 위해 도구들을 개발해야 한다. 비유, 순서도, 그림, 도해, 표 등을 사용하여 논문이나 책에서 정보 전달의 효율성을 높이기 위해 고심해야 한다. 그런 점에서 19세기부터 미국의 과학 대중화 노력은 두드러진다. 1872년에 창간된 『월간 대중 과학』(*Popular Science Monthly*)은 현재까지 출간되는 대표적인 대중 과학 잡지이다. 이 잡지는 초기에 영국의 과학 학술지의 내용을 소개하는 데 치중했지만 서서히 미국의 과학 업적을 소개하는 내용으로 바뀌어갔다. 19세기 내내 미국의 열악한 과학의 수준을 감안할 때 유럽의 앞선 과학을 소통시키려는 노력이 미국 과학의 저변 확대에 크게 기여한 것으로 보인다. 화가를 고용해서 그림을 그리게 하고 동판화를 써서 비싼 그림을 만들어냈다. 이러한 미국 과학 대중화의 노력은 음향학 부문에서도 두드러진다. 사람들이 쉽

54 Herrick, *The History and Theory of Rhetoric*, pp. 179~180.

게 만들어 수행할 수 있는 음향학 실험을 개발하여 소개하는 일은 과학이 뿌리내리도록 돕는 데 중요한 역할을 하였다.[55] 그러므로 과학 수사학은 이러한 대중을 향한 의사소통 전략으로서 수사학의 구사가 어떻게 이루어졌는가를 분석하는 것을 중요한 분야 중 하나로 간주하는 것이 타당하다.

과학 논문은 과학자 사회 구성원을 대상으로 하므로 그 분야에서 논의되는 이슈에 대한 맥락을 알고 있는 이들에게 말하는 것으로 간주하고 집필된다. 그러므로 의미가 잘 통하지 않는 사람이 있다면 그 맥락을 잘 알지 못하는 것이다. 그렇지만 이런 상황이 반드시 독자의 잘못으로 발생한다고 말할 수는 없다. 저자가 이 정도의 맥락은 설명하지 않아도 모두가 알 것이라고 간주하고 언급 없이 진행하는 부분이 있는데 그에 대해 대다수의 논문 독자들이 그 분야의 전문가들임에도 불구하고 그것을 이해할 수 없는 일이 생기기도 한다. 아인슈타인이 일반 상대성 이론을 처음 제시하면서, 당시 물리학자들에게 생소한 텐서 분석을 도입했을 때 다른 이론 물리학자들 그 내용을 따라가기 어려웠다. 사실상 아인슈타인도 그 수학적 방법에 익숙하지 않아서 동료 수학자인 그로스만(Marcel Grossmann, 1878~1936)의 도움을 받았다.[56] 또 하나의 사례는 프란츠 노이만(Franz Ernest Neumann, 1798~1895)이 사용한 수학과 수학 기호들이 낯설어서 다른 물리학자들이 잘 이해

55 A. M. Mayer, *Sound: A Series of Simple, Entertaining, Inexpensive Experiments in the Phenomena of Sound, For the Students of Every Age* (London: Macmillan, 1881).

56 융니켈, 맥코마크, 『자연에 대한 온전한 이해: 이론 물리학, 옴에서 아인슈타인까지』 (한국문화사, 2014-2015), 4권, pp. 229~230.

를 할 수 없었던 경우이다.[57] 아무리 훌륭한 내용이 있다 하더라도 독자가 이해할 수 있는 형태로 글을 써주지 않으면 의사소통이 이루어지기 어려운 것이다. 그러므로 과학자가 어떤 학술지에 자신의 논문을 게재하느냐는 자신의 과학적 업적이 당장 인정을 받느냐 그렇지 못하고 오래 감춰져 있다가 재발견되느냐와 관련이 깊다. 멘델(Gregor Mendel, 1822~1884)의 사례도 그러하다. 멘델이 유전에 관한 선구적인 실험 연구에 관하여 쓴 논문을 발표한 학술지는 생물학자들이 별로 읽지 않는 학술지였다. 그랬기 때문에 그의 업적은 수십 년간 사람들의 눈길을 받지 못하고 있다가 1900년에 체르막(Erich Tschermak, 1871~1962), 드프리스(Hugo Marie de Vries, 1748~1835), 코렌스(Carl Correns, 1864~1933)가 그의 유전 법칙을 재발견한 뒤에야 세상에 알려졌다.[58]

언어의 의미는 맥락의 산물이라는 점에 주목하면, 과학 용어가 어떤 의미를 띠는가는 맥락에서 주어지는 것이다. 용어가 가리키는 추상적인 개념이 다양한 의미를 띠는 것은 두말할 나위도 없고 용어가 어떤 물리적 대상을 가리키는 경우에도 그 지칭하는 바가 고정되어 있는 것은 아니다. 물리적 대상이 항상 과학 연구의 동일한 맥락에서 등장하여 동일한 모습과 구조로 사용되는 것이 아니라 다른 기능, 다른 형태를 띠게 되는데 그런 과정이 진척되다 보면 새로운 명칭을 부여받는 일이 생기게 되지만 그렇지 않고 어느 정도의 변형과 변용에서는 여전히 동일한 명칭이 사용된다. 이럴 경우에 그 단어가 지칭하는 바가 달

57 융니켈, 맥코마크, 『자연에 대한 온전한 이해』, 1권, pp. 96~97.

58 구자현, 『쉬운 과학사』(파주: 한국학술정보, 2009), p. 276.

라지게 된다. 어떤 이야기 속에서 그 용어가 등장하느냐에 따라 의미하는 바가 달라질 수 있다.

과학 활동에서 일찍부터 널리 활용되어 온 유비(analogy)는 수사학적 연구의 대상이 분명하다. 유비는 새로운 과학적 현상에 과학자들이 접했을 때 그러한 현상들을 해명해 나가는 데 자연스럽게 활용하는 수단이다. 이미 더 잘 알려져 있는 현상이나 지식으로부터 새롭게 감지된 현상을 해명하기를 추구하는 것이다. 빛과 소리의 유비는 고대부터 이미 긴밀한 연관성을 가지고 연구되었기에 입자설과 파동설을 놓고 비교와 차별화의 긴 길을 걸어 왔다. 또한 DNA가 아직 발견되기도 전에 유전 암호가 생물의 형질을 결정하리라는 슈뢰딩거(Erwin Schrödinger, 1887~1961)의 예견은 유비에 의한 것이었다. 암호가 어떤 정보를 한 사람에서 다른 사람에게 전달하는 것과 마찬가지로 유전 정보가 분자 수준에서 생체 내에서 암호화되고 해독되는 방식으로 전달되리라는 예측을 한 것이다. 1953년에 이르러 왓슨(James Watson, 1928~)과 크릭(Francis Crick, 1916~2004)이 DNA 구조를 발견할 때 그러한 암호 유비는 유용성이 분명하게 증명되었다.[59]

과학 저술에서는 특히 새로운 개념이 늘 필요한데 이때 과학자들은 은유를 활용하여 비슷한 다른 맥락에서 용어를 그대로 차용하거나 변형하여 사용한다. 그러므로 과학자들이 처음 쓰는 개념을 위하여 어떤 은유를 사용하는지를 보면 과학자의 사고의 흐름을 읽을 수 있다. 이렇게 부여되는 단어의 새로운 의미는 공동체에서 공유되는 표준적인

59 그로스, 『과학의 수사학』, pp. 52~53.

믿음을 반영한다. 그런 점에서 새로운 단어의 용법은 그 과학자 공동체에서 자라나온 것이라고 말할 수 있다. 버크에 따르면 인간은 존재하지 않는 사물의 상징을 만들어 내는 존재인데 과학에서는 이전에 알려지지 않은 새로운 개념과 실체를 발명해 낸다. 이때 개념과 실체는 과학 용어로 표현되는 상징이다. 원자, 분자, 끈 등이 처음 과학 용어로 쓰였을 때 그 대상의 실체성은 경험적으로 확증되지 않았다. 과학자들은 가설을 만들고 자연적 실체를 반영하는 모형을 만들기도 하지만 자연적 실체의 일부만을 반영하는 모형을 만들어 내기도 한다. 패러데이(Michael Faraday)가 처음 제안하고 맥스웰(James Clerk Maxwell)이 수학화한 개념인 장(field)은 처음에 기계적인 실체를 갖는 것으로 설정되었다. 그러다가 수학적 이론의 수립이 널리 받아들여지자 기계적 모형과는 관계없이 전자기적 실체를 인정받게 되었다. 그렇게 과학에서는 언어가 실체를 만들어 간다.

일반적으로 수사학은 일치에 이르고자 하는 목적으로 행해지는 담론의 방식을 말한다. 여기에서 일치는 가치와 의견과 행동 등 다양한 차원의 일치를 모두 포함한다. 이러한 일치를 이끌어 내는 모든 활동을 '설득'이라는 표현으로 대신할 수 있다. 이렇게 수사학을 설득을 목적으로 한다고 했을 때 과학 수사학은 누구를 설득하기 위한 것인가? 과학자들이 생산하는 여러 종류의 글들이 어떤 대상을 설득하기 위해 집필되는지 살펴볼 필요가 있다. 과학 논문이나 과학 저서는 동료 과학자를 설득하여 자신의 명성을 얻기 위한 것이고 과학 교과서를 쓰는 것은 초보자들에게 과학 지식을 체계적으로 가르쳐서 과학 전문가를 양성하고, 자신의 분야의 지식을 필요로 하는 인접 분야 전공자들을 섬기기 위해서라는 표면적인 이유가 있다. 과학 대중화를 위한 글을 쓰는 것은 무지한 대중을 설득하여 과학 정책을 입안하여 과학 연구를 지원하는 정책을 유도하기 위한 것으로 보인다. 그런 점에서 수사학의 효용을 논의하는 것이 과학 수사학의 한 방향이다.

그렇지만 과학 수사학이 과학과 관련된 사람들을 설득하는 효율을 높이기 위한 전략을 구사하거나 연구하는 것만을 목적으로 하는 활동으로 한정할 수는 없다. 과학적 글쓰기라고 할지라도 그 글을 통하여 지배자들에게 힘을 실어주고 지배자들의 효율적 지배를 원활하게 하는 역할을 하고 있는 것으로 볼 수 있다. 과학자들은 출신 신분에 따라서 계급적 이데올로기를 봉사하기 위하여 과학을 이용할 수 있다. 오늘과 과학 기술은 결국 가진 자들의 부를 더욱 확장시키는 일을 위하여 봉사하고 있는 것으로 볼 수도 있기 때문이다. 그렇다면 과학기술에 봉사한 결과는 더한 빈부 격차를 유도하는 일이 있을 수 있다. 가치중립적인 글쓰기로 보이던 과학적 글쓰기조차 이데올로기에서 자유로울 수 없다는 인식은 과학 수사학에서 매우 중요한 권력 분석의 측면을 드러내 준다.

문학도 계급적 이데올로기에 봉사할 수밖에 없는 글쓰기라면, 과학은 계급적 이데올로기에서 자유로운 지식이기를 보장한다고 볼 수는 없다. 더구나 부르주아 시대에 과학적 실행이 자본가들의 이익을 극대화하는 데 기여함으로써 사회적 가치를 인정받았다면 과학의 계급 정치화는 더욱 두드러지는 것이었다. 그러한 성향이 가장 두드러졌던 국가가 프랑스였고 18세기 말에 이미 프랑스에서는 과학자가 지배 이데올로기의 봉사자로서 확고한 엘리트 지위를 확보하였고 이에 대한 계급적 반동은 공포 정치 시기에 대학과 파리 과학 아카데미의 폐쇄로 나타났다. 과학이 부르주아에게 봉사하였다는 혐의는 구체적으로 노동 계급과 숙련 기술자들의 생업 활동을 과학적 실행을 통해 대체하려는 시도로 구체화되었다. 유기적 자연관과 몸을 써서 하는 작업을 표준으로 삼음으로써 자연과 조화를 이루는 숙련 기술의 지배에 도전한 것은 기계적 자연관과 이를 법칙적으로 설명하는 과학의 약진이었다. 그런 점에서 과학 수사학은 과학적 글쓰기의 이면에 숨어 있는 권력을 분석하는 일을 주된 임무로 여기고 텍스트를 분석할 수 있다.

5. 맺음말

수사학이 고대에 출현한 이후 현대에 이르기까지 수사학의 내용과 범위는 계속 변해 왔다. 수사학은 고대에 시작되었을 때에는 공적으로 말을 잘 하기 위한 기술이었다. 자신의 이익을 위하여 논리를 주장하거나 자신이 원하는 정책을 실현시키거나 죽은 사람을 칭송하는 등의 공적 발언의 기술을 가르치는 것이 수사학이었다. 그러므로 수사학은 교묘한 말로 사람들을 속인다는 혐의를 플라톤 같은 사람에게 일찍부터 받았다. 아리스토텔레스는 설득을 위한 세 가지 방안으로 메시지, 화자, 청자를 겨냥하여 기술적 논거로서 로고스, 에토스, 파토스를 주장하였다. 키케로는 상황과 목적에 따라 연설이 갖추어야 할 구조를 정립하였다.

중세 초기 교부들은 종교적인 목적에서 수사학을 요청하였고 중세

내내 수사학은 설교자들에게 설교를 잘 하기 위한 기술을 제공하였다. 르네상스 시대에 들어와 수사학에서 논변을 제거하려는 시도가 있었고 17세기에 들어와 논리적인 측면은 철학이나 변증학으로 넘기고 수사학은 미사여구를 통한 말하기 기술로 여기지는 경향이 일반적이었다. 18세기에는 수사학에서 논변을 핵심적인 요소로 정립시키려는 노력과 순문학 운동과 같이 아름다운 문장을 만들어 내는 것을 수사학의 목적으로 생각하는 움직임이 함께 일어났다.

20세기에 들어와 수사학은 전통적인 목적을 이어가면서 현대적인 관점을 추가하는 한편 언어가 인간의 인식과 사회에 미치는 영향을 폭넓게 연구하는 학문 분야로 그 범위가 확장되기에 이르렀다. 상징으로서 언어가 가질 수 있는 다양한 특성과 이야기의 구성을 통해 주변과 세계를 인식하는 인간의 본성을 논의하였고 화자와 마찬가지로 메시지의 설득력에 영향을 미치는 청자의 역할을 새롭게 조명하였다. 또한 수사학적 상황이 메시지의 의미와 설득력에 미치는 영향이 체계적으로 고려되었다. 언어가 어떻게 권력을 구성하며 어떻게 정체성을 반영하고 형성하는지를 분석하는 것이 수사학의 활동에 포함되었다.

과학적 담론은 합리적 영역에 있으며 추론의 엄한 규칙이 지배하고 고도로 훈련 받은 전문가의 매와 같은 눈초리를 받으며 작동된다는 생각이 과학 수사학을 통해 재고되고 있다. 과학자들도 수사학적 영향이 과학을 어느 정도 형성함을 시인하게 되었다. 이로써 과학 수사학이 과학 활동에 대한 이해를 새로운 방향에서 심화시키고 있다. 과학의 담론에 대한 분석은 다른 수사학의 분야들의 연구에 비해서 그 연구의 폭이나 깊이가 일천하지만 지속적인 연구에 의해 그 영역이 빠르게 확장되고 있다. 이러한 변화 과정에서 과학도 언어로 이루어져 있고 언어는 사물을 다루기에 앞서 상징을 표상하기 위하여 만들어진 것이므로 사회의 구조와 문화를 반영하게 되어 있음이 자명해졌다. 과학은 다른 분야와 달리 타당성을 얻는 합리적인 방법론을 보장 받았다는 근대적인 사고는 언어에 대한 포스트모던적 재고를 통해 과학적 담론도 사회 권력을 반영하며 설득과 옹호를 통해 수용과 검증이 진척되는 과정을 밟는다는 것이 새롭게 드러나고 있다.

뉴턴, 갈릴레오, 다윈과 같은 굴지의 과학자들도 그들의 연구 성과를 인정받기 위하여 수사학적 전략을 능숙하게 구사하였다는 것이 여러 수사학적 역사 연구자들의 연구에 의해 드러났다. 과학이 다른 동료나 후원자들에게 인정을 받기 위해서는 시대적 문화적 특수성을 반영하는 전략이 요구된다. 위대한 과학자라도 때로는 혁신적 사고를 전통적인 사고 속에 숨기고, 독자들의 가치에 따라 서술의 방법과 방향을 수정하기도 하며, 독자가 인식하지 못하는 우회적인 방식으로 자신의 논지를 펼침으로써 위기를 모면하기를 추구하기도 한다. 이 모든 노력들은 과학의 전통적인 이미지와 걸맞지 않는 것으로 어느 정도의 구성주의적 요소가 과학적 논설에도 포함될 수 있음을 보여준다. 앞으로 과학 수사학은 수사학 일반에서 이루어진 발전을 반영하여 과학의 다양한 측면에 대한 수사학적 연구를 발전시켜 나갈 것이다.

3장

골딩햄의 음속 측정: 다양한 자원의 활용

3장

골딩햄의 음속 측정: 다양한 자원의 활용

1. 도입

과학자의 연구 활동은 경험적 관찰을 통해 데이터를 수집하고, 그것을 바탕으로 이론을 구축하는 귀납적인 방법을 채택하거나, 보편적 원리를 가설로 설정한 후에 논리적 연역을 통해(많은 경우에 수학적 연역이 동원된다) 다양한 구체적인 명제들을 유도해 냄으로써 기존의 관찰 데이터를 해명하거나 예측을 제시하고 그러한 예측이 사실임을 확인함으로써 최초의 가설을 지지하는, 이른바 가설 연역적 방법을 택한다. 과학자의 활동은 이러한 자연 지식의 구축 과정의 일부에 국한되는 경우가 대부분이므로 과학의 지식 구축 과정은 개인적 작업이 아니라 협업을 통해 이루어지는 과학 공동체(scientific community)의 활동이다.

근대 과학이 믿을 만한 지식으로서의 지위를 획득하는 과정에서는 경험적 지식에 대한 강조가 핵심적인 역할을 하였다. 고대와 중세의 과학이 지나치게 이성에 치중하고 경험의 측면을 간과하는 그리스적 합리주의(Greek rationalism)의 지향을 가졌을 때 지식의 기초는 굳건한 듯하였지만 실재하는 자연 세계를 근접하게 설명하는 제대로 된 과학을 구축하지는 못하였다. 르네상스 시대를 거치면서 인문주의의 기치 아래 고대에 출현했지만 무시되었던 새로운 사상들이 대거 발굴되었다. 또한 기술자들의 지위가 상승함과 동시에 기계 혁명을 통한 경험적 방법론의 가치가 새롭게 부상하면서 경험주의가 크게 진작되었고 과학 활동에서도 관찰과 실험에 전례 없는 가치 부여가 이루어지면서 17세기에 과학은 급속도로 발전하였다. 고대 과학의 오류를 바로 잡고 새로운 경험적 지식의 축적을 통하여 지식의 새로운 토대가 마련되었을 뿐 아니라 과학이 발전할 수 있는 사회적 토대로서 과학 단체를 중심으로 한 교류와 검증 시스템이 새롭게 마련되었다.

17세기를 거치면서 나타난 제도적 장치인 과학 단체는 과학 활동의 중심지로서 핵심적인 역할을 담당하게 된다. 초기 과학 단체의 성립은 베이컨주의를 모토로 내걸고 공익을 도모하는 지식으로서 자연 탐구에 의미를 부여하였으니 과학 단체가 공익 기관으로서 인정을 받고 국가 차원의 지원 또는 용인 하에 활동이 보장되었다. 현존하는 최고의 과학 단체라고 할 수 있는 런던 왕립학회(Royal Society of London)는 1660년에 설립된 이래로 과학 단체의 모범이 되었다. 과학자들이 정보를 교류할 뿐 아니라 연구의 선취권을 보장받을 수 있는 공식적인 기관이 되었으며 『철학회보』(*Philosophical Transactions*)라는 학회 공식 학술지를 출간함으로써 과학 출판의 새로운 방식을 제시하였다. 그리하여 이후의 과학 활동이란 동료 과학자들에게 자신의 업적을 인정받는 일이 매우 중요한 일이었고 학술지에 공식적으로 자신의 연구 결과를 발표함으로써 과학자로서의 수월성을 인정받는 일이 과학자로서의 명성과 지위를 확고하게 하는 확실한 길이었다. 1666년에 설립된 파리 과학 아카데미(Academie des sciences)는 성공적이면서 또 다른 측면에서 과학의 활동의 성격을 부여하는 데 중요한 기여를 했다. 런던 왕립학회가 가졌던 정보 교류와 우선권의 보장, 학술지의 발행을 통한 과학 지식의 유통과 저변 확산 등의 일을 담당할 뿐 아니라 국가 기관으로서 공식적인 업무를 수행했다는 점에서 파리 과학 아카데미는 차별화되었다. 국가의 이익을 극대화하기 위한 과학과 기술의 진작을 위하여 특허 심사와 국가적 과학 프로젝트를 수행하고 그에 대한 대가를 국가로부터 지급받는 공무원의 지위를 아카데미 회원들은 갖게 된 것이다. 왕립학회가 아마추어 과학자들을 회원으로 영입한 반면에 아카데미는 엄정한 심사를 통해 소수의 아카데미 회원들을 위촉했으므로 그 위상은 드높았고 여기에서 과학 엘리트의 개념이 출현하였다.

런던 왕립학회와 파리 과학 아카데미는 그 과학적 명성으로 다른 지역에 유사한 과학 단체들이 여럿 출현하여 유사한 스타일의 과학 활동을 하게 됨으로써 이후 과학 활동의 성격이 이 단체들의 성격으로부터 유래하는 계기가 된다. 그러므로 과학 활동은 과학 단체에서 동료 과학자들로부터 인정을 받느냐 받지 못하느냐에 따라 연구 활동의 인정과 금전적 지원, 연구자로서 고용 여부가 달라졌기 때문에 과학의 흐름이 어떻게 확정되느냐는 당대의 과학 공동체 내에서 어떻게 평가를 내리느냐에 달려 있게 되었다. 이후 과학 단체는 분야별로 세분화·전문화되면서 유사한 연구 주제를 연구하는 과학자들 사이로 소통의 폭이 좁아지면서 연구 성과의 인정 범위도 축소되었지만 과학 단체의 기본적인 성격에는 변함이 없다.

과학자들에게는 특허와 같은 심사 제도나 우선권 인정 제도가 만들어지지 않고 과학 단체 내에서 연구 성과를 인정받는 방식으로 연구 성과의 가치와 우선권의 인정이 이루어지게 되었는데 이를 위하여 과학자들은 학회 모임에서 발표하는 방식과 학술지에 논문을 출판하는 방식으로 연구의 수월성과 우선권을 인정받을 수 있는 통로를 갖게 된다. 그러므로 과학자들의 활동이 자연에 대한 호기심을 충족시키기 위한 동기에서 수행되는 진리 탐구라는 상식적 개념은 수정되어야 한다. 과학자들이 주변에서 자신의 지적 호기심을 발동시키는 모든 문제에 대해서 연구 노력을 집중하는 것은 아니다. 여기에서도 고전 수사학의 규범(canon)으로 제시된 발견(inventio)의 과정이 절실하게 요구된다. 어떤 주제가 과학 연구로서 동료 과학자들에게 용인될 수 있는가는 과학자의 연구 실행이 시작될 가치가 있는가, 없는가를 결정한다. 연구자가 연구 주제를 생각할 때에는 얼마든지 자유롭고 창의적인 주제를 착안할 수 있다. 그리고 그러한 주제에 대해서 가장 가까운 동료들과 대화를 하면서 그러한 연구가 가치가 있는지 연구 결과로 의미 있는 성과를 낼 수 있는지를 타진해 본다. 과학자들이 공식적으로 자신의 연구를 진척시켜서 논문 형태로 발표하거나 학술지 편집자에게 보내기 전에 연구의 시작 자체가 의미가 있는지에 대한 타진 과정은 자신의 이후의 노력이 시간 낭비가 될지 의미 있는 성과로 이어질지를 가늠할 수 있는 과정이다.

물론 때로는 독립적인 연구자가 있어서 그러한 동료 의견의 타진 과정을 거치지 않고 독자적으로 연구를 수행하여 독창적이면서도 혁명적인 연구 성과를 내는 일도 있다. 그러한 독립적 연구 성향으로 혁명적인 성과를 낸 대표적인 인물이 아인슈타인(Albert Einstein, 1879~1955)이다. 아인슈타인은 '기적의 해'라고 불리는 1905년에 세 편의 역사적인 논문을 출판했고 그 중 하나인 광전 효과에 대한 양자론적 해석으로 1921년에는 노벨상을 수상한다. 그렇지만 그에게 가장 큰 명성을 가져다 준 논문은 노벨상 수상과는 무관한 특수 상대성 이론을 담은 논문이다. 나머지 하나는 브라운 운동으로부터 분자의 존재를 입증하는 탁월성이 돋보이는 논문이다. 이러한 독창적인 세 편의 논문을 무명의 과학자, 그것도 대학이나 학회 활동과는 유리된, 특허국 직원으로 근무하는 평범해 보이는 과학자가 한꺼번에 발표했다는 것은 두고두고 과학사에서 회자되는 특이한 케이스이다. 그렇지만 아무리 아인슈타인이 동료 과학자로부터 유리된 채로 혁명적인 과학 성과를 내놓았다고 하지만 그에게도 베소(Michele Besso)라는 친구가 있었다.[1] 아인슈타인은 자신의 연구 아이디어에 대해서 수시로 친구에게 이야기하고 의견을 구했다. 이러한 결과로 아인슈타인은 자신의 생각을 발전시킬 가치가 있음을 확신했고 논의 방향 또한 잡아나갔다. 아인슈타인의 성공은 고립과 소통의 줄타기 속에서 이룩된 것으로 그가 어떤 학파나 사단(師團)에 들지 않고 독자적인 이론적 성취를 이룰 수 있었던 것은 그러한 독립적인 실행의 결과였다. 나중에 아인슈타인은 양자론의 확률적 해석을 근간으로 한 코펜하겐 해석에 동의하지 않고 보어

1 Einstein, Albert and Michele Besso, *Albert Einstein-Michele Besso 1903-1955* ed. P. Speziali (Paris: Hermann, 1972).

(Niels Bohr, 1885~1962)와 대립하였고 자신의 독자 노선을 외롭게 고수하였다.

과학자가 가장 가까운 동료들과의 연구 가치에 대한 타진이 긍정적으로 이루어지면 연구를 진척시키는 데 연구의 방향은 유사한 연구 주제로 연구하고 있는 동료들의 인정을 받을 수 있는 길을 의식하면서 정하게 된다. 소통을 고려하지 않고 독자적인 방법과 독자적인 주제로 수행된 연구는 몰이해로 사장되기 십상이다. 그러므로 연구 주제뿐 아니라 연구 방법의 선택은 소통과 설득을 고려하여 이루어진다. 연구 주제의 선별 과정에서는 자신의 연구 분야에서 동료들이 모두 관심을 갖고 있으나 해결되지 않는 문제들을 풀어낸다면 가장 좋은 반응을 불러일으킬 수 있다. 그런 분야는 이른바 첨단 분야라고 부를 만하다. 첨단 분야 또는 첨단 주제라고 하지 않더라도 관련 분야의 과학자들이 모두 관심을 갖는 주제는 그 분야의 연구자들이 누구나 관심을 가질 만한 기초적인 주제들을 포함한다. 이렇게 관련 분야의 동료들이 모두 관심을 가질 만한 주제가 아니더라도 관련된 분야의 방법상의 혁신을 가져올 연구는 환영받는다. 새로운 실험 기구나 실험 세팅을 통하여 밝혀지지 않았던 관련 현상을 찾아내거나 측정값을 향상시킴으로써 이전에 보이지 않던 현상을 차별화시켜서 분할하여 볼 수 있는 길을 열어주는 연구도 동료들의 주목을 받는다.

연구 방법의 선택에서는 관련 분야에서 널리 사용되고 있는 기존의 방법을 사용하여 새로운 현상을 찾아내는 것이 신뢰받을 수 있다는 점에서 수학적 도구, 이론적 개념, 실험 기구 등이 연구 방법의 가이드로서 기능을 하며 때로는 관련 연구 분야의 독특성을 규정해 주기도 한다. 그렇지만 때로는 같은 연구 주제를 다루면서 새로운 연구 방법론을 개척함으로써 동료들에게 환영받는 연구를 수행하는 경우도 있다. 연구 방법론의 변경은 새로운 지식을 얻는 길이 될 수 있다는 점에서 새로운 지식의 가치가 그 분야의 발전을 가져올 가능성에 따라 판단될 때 긍정적인 평가를 받는다면 방법론의 검증 과정을 거쳐서 향후 그 분야에서 널리 채용될 수 있는 방법인지 아닌지를 평가받게 된다.

이렇게 동료 과학자들의 평가가 과학자의 연구 성과의 성패를 가르는 결정적인 잣대가 된다는 점 때문에 자신의 연구 결과를 발표할 때에도 동료들을 잘 이해시키고 설득하여 자신의 연구의 가치를 인정받는 일은 매우 중요한 일이 되었다. 그렇다고 해서 이러한 과학의 수사학적 측면에 대해여 집중적인 교육을 받는 일은 드물다. 그럼에도 불구하고 성공적인 연구 사례들에서 동료들에게 빨리 인정받고 널리 인용되는 논문을 쓰기 위한 노력은 꾸준하게 이루어지고 있다. 그런 점에서 탁월한 연구인데도 당대에는 인정을 받지 못하다가 나중에야 그 탁월성이 인정받는 사례들도 많고, 별로 탁월한 연구라고 나중 세대들이 평가하게 되었지만 발표 당시에는 상당한 동료들의 인정을 받고 명성과 지위와 부를 거머쥐는 사례도 있다.

골딩햄(John Goldingham, 1767~1849)의 음속 측정 연구는 오늘날 물리학 교과서에는 좀처럼 언급되지 않지만 발표 당시에는 즉각적인 과학 동료들의 호의적인 반응을 불러일으키고 그로 인하여 관련 분야의 발전이 즉각적으로 이루어졌던 연구 성과이다. 이 장에서는 골딩햄의 음속 측정이 왜 당대에는 큰 환영을 불러올 수 있었던 반면에 오늘날에는 왜 별로 관심을 끌지 못하는 연구가 되었는지를 수사학적 측면에

그림 3-1 골딩햄

서 밝혀보고자 한다. 인도에 근거지를 둔 영국의 천문학자인 골딩햄은 자신이 가진 정밀 측정에 대한 전문적인 노하우를 활용하여 다양한 대기 상태에 따라 변하기 때문에 확정이 쉽지 않은 물리량인 음속을 측정하는 중요한 프로젝트에 도전하였다. 그는 자신의 연구 결과를 당시에 영국에서는 가장 높은 과학적 명성을 누리고 있었던 런던 왕립학회의 기관지인 『철학회보』에 출판하였고 이로써 연구 결과에 대한 공인과 그에 따른 과학적 명성을 얻게 되었다. 이러한 연구가 당시 동료 과학자들에게 어떠한 의미를 갖는 것이었는가를 살펴보면 골딩햄의 연구가 어떻게 유명 학술지에 출판되고 동료 과학자들에게 호의적인 반응을 불러일으켰는지를 알 수 있다.

다음으로 수사학적으로 관심을 가져야 할 부분은 이러한 연구 성과의 '탁월성'이라는 것이 수사학적으로 확보된다는 점이다. 그의 '성공적'인 연구 수행과 그에 대한 보고는 다양한 수사학적 자원의 동원을 통해 이루어졌다. 골딩햄이 작성한 연구 논문의 형식과 구성을 통해서 골딩햄이 자신의 연구 성과를 당시 최고의 과학 기관으로부터 인정받기 위해 어떠한 설득 자원들을 동원했는가를 살펴보는 것은 의미 있는 일이다. 연구 논문을 특정한 학술지에 출판하기 위해서는 당시 과학계 또는 그 학술지를 주도하는 과학자 그룹의 가치와 선호에 부합하는 가치와 선호를 드러내는 것이 중요한 일이다. 논문의 1차적 독자로서 논문 심사자들의 동의를 얻어내기 위하여 논문 집필자는 동일시의 전략을 구사할 줄 알아야 한다. 그런 점에서 골딩햄은 당시 영국 과학계의 가치와 선호를 잘 파악하였으며 그러한 측면이 잘 드러나도록 자신의 연구를 가공 또는 구성하여 연구 보고서를 작성하였다. 즉, 믿을 만한 측정 장치의 동원, 인력, 여건, 시간 등에서 대규모의 연구 프로젝트, 신뢰받는 공식 기관인 천문대의 제도적 지원, 자신의 천문 연구 경험에 대한 과학계의 평판, 다양한 변수를 고려한 음속 측정이라는 과학계의 요구 사항에 대한 반영 등이 그의 연구 보고서에는 잘 드러남으로써 심사자를 설득하는 데 효과적인 전략을 잘 구사하고 있음을 알 수 있다. 이 장에서는 이러한 논문 작성과 심사 과정에 개입하는 과학 수사학의 측면을 살펴봄으로써 과학에 어떻게 수사학이 개입하고 있는지를 탐구해 보고자 한다. 음속 측정 분야에서 골딩햄의 연구가 19세기 초 상황에서 어떠한 학술적 요구에 응하는 것이었는가는 음속의 측정과 이론적 측정에 관련된 약사를 이해할 필요를 제기한다.

2. 19세기 초의 측정 문화와 정밀성

19세기 초에 음속 측정은 과학이 정확한 관측에 의존한다는 생각이 크게 팽배하였던 시기의 시대적 요구에 부응하여 이루어진 것이다. 18세기 말부터 이미 정확한 측정에 대한 과학계의 요구가 두드러졌으며 다양한 물리량을 정확하게 측정하기 위한 노력들이 측정 기구의 개발과 개량과 더불어 이루어졌다. 이러한 측정에 대한 시대석 요구에 부응하여 이 시기에 유럽에서는 과학뿐 아니라 산업의 발전을 위해서도 측정을 위한 표준의 중요성이 대두하였다. 정확한 것은 좋은 것이라는 인식이 널리 과학자와 기술자에게 공유되었고 그것은 인접한 다른 분야에도 영향을 미쳤다.

측징의 표준화는 정확한 측정 기준의 보편적 제정에 대한 많은 요구를 낳았다. 18세기 말부터 19세기 초에 걸쳐서 정밀한 측정에 대한 과학계의 요구는 두드러졌고 이러한 요구에 부응하여 프랑스는 파리 과학 아카데미의 활동에 도움을 받아 보편적인 도량형으로 미터법(meter system)을 제정하였다. 이러한 성과는 정밀 측정이 과학 발전을 위해 꼭 필요하다는 과학계의 요구가 충실하게 반영된 것이었다. 가능한 한 정확하게 다양한 물리량을 측정하는 것이 자연에 대한 이해를 심화시키는 것으로 여겨졌기에 이러한 목적을 충실하게 달성하기 위하여 새로운 관찰 및 측정 기구들이 개발 및 개량되었다. 당시 모든 국가들에서는 길이나 무게, 넓이나 부피의 단위가 달라서 많은 혼란이 실생활에서 발생하고 있었다. 모든 상업적 교역에서 지역에 따라서 각기 다른 단위를 사용하는 것은 매우 큰 혼란을 야기했다. 이러한 문제를 해결하기를 선도적으로 도모하였던 곳은 프랑스의 혁명 정부였다. 이들은 과학자들이 혁명 정부를 위해서 해줄 수 있는 중요한 일로 표준적인 도량형을 제정하는 일이라고 생각하였다. 그리하여 위원회가 조직이 되어 파리 과학 아카데미의 구성원을 중심으로 도량형 개혁이 추진되었다. 양을 측정하는 단위는 일종의 사회적 약속이요, 관습으로 굳어진 것이므로 새로운 단위를 사용하는 데는 많은 저항이 따른다. 그렇지만 표준화된 단위는 공정한 거래와 조세의 형평성을 위해서도 필수적이다. 미터법 역시 새로운 정권이 들어서면서 국가적인 개혁으로 이뤄졌다.[2]

이와 마찬가지로 19세기 초에 독일에서는 여러 국가에서 도량형 개혁이 추진되었다. 뷔르템베르크(Württemberg)에서는 1806년에, 바이에른에서는 1809년에, 프로이센에서는 1816년에 도량형 개혁이 추진되었다. 프로이센에서는 그 수도에 1816년에 설립된 베를린 과학 아카데미(Akademie der Wissenschaft)가 이러한 개혁을 주도하였다. 수학자 베셀(Friedrich Wilhelm Bessel, 1784~1846)이나 기계공 바우만(Thomas Baumann)이 중심적인 역할을 하였다. 1830년대에는 독일의 물리학자들이 중심이 되어 도량형 개혁을 추진하는데 그 구심점은 1834년에 체결된 관세동맹(Zollverein)이었다. 이로써 지역적으로 다르게 결정되어 있는 도량형을 통일하고 정확성을 개선하는 작업이 시작되었다. 하노버 정부는 1836년에 가우스(Carl Friedrich Gauss, 1777~1855)에게 다른 지역에서 사용되는 무게 단위에 대하여 하노버 파운드의 값을 결정하기를 요청하였다. 1860년대까지 독일에서 도량형 표준이 확립되는

2 J. L. Heilbron, *Weighing Imponderables and Other Quantitative Science Around 1800* (Berkeley: University of California Press, 1993), pp. 243~277.

과정은 복잡한 사회적, 정치적, 경제적 과정이었다. 도량형 표준에 대한 일차적인 요구는 산업 분야에서 일어났지만 그에 대한 이해관계는 사회 전반에 걸쳐 있었기 때문에 다양한 논의가 계속하여 일어났다. 1860년대에 독일에서는 물리학자, 기술자, 도시공학자, 공무원 등 다양한 계층의 사람들이 도량형 위원회에 참여하였다.

이와 병행하여 표준화는 19세기의 과학과 산업의 가치로서 사회 내 여러 영역에서 그 가치를 실현하려는 다양한 움직임을 낳았다. 산업 기계를 더욱 정교화하여 생산성을 향상시키고, 실험 기구들을 정교하게 제작하여 여러 가지 상수를 정확하게 측정하는 일은 특히 중요했으며, 정확한 물리적 양들의 기준을 마련하는 일은 다양한 상업적 수요를 충족시키는 길이었다. 산업 제조의 효율성을 인간의 정신에 적용하려는 배비지(Charles Babbage, 1791~1871)와 허셜(John Hershel, 1792~1871)의 노력이 있었다.

이러한 정밀성과 표준화에 대한 가치를 절대적인 인간 사회의 가치로서 중시하였던 이들에 의해 음악에서도 표준화의 바람은 강하게 일어났다. 박자의 정확성을 확보하고 절대 음고를 정하려는 노력이 메트로놈의 발명과 표준 소리굽쇠의 제정으로 열매를 맺었다. 1813년에 멜첼(Johann N. Mälzel, 1772~1838)의 메트로놈이 음악의 박자를 정량화하는 기준을 제시하기 전에 유사한 발명품이 많았으나 그 모든 기구들은 상업화되지 못했다. 멜첼의 초기 크로노미터는 톱니바퀴와 그것에 연결된 레버로 구성되어 있었다. 톱니바퀴가 레버를 진동시키면 나무 모루(anvil)가 일정한 간격으로 소리를 내게 되어 있었다. 레버는 48회의 라르고부터 160회의 프레스토에 이르기까지 박자를 자유롭게 세팅할 수 있었다.[3] 멜첼은 유럽 각지를 다니면서 자신의 발명품을 선전하였는데 메트로놈은 네덜란드의 기구 제작자인 빙켈(D. N. Winkel, 1777~1826)을 만나 그가 발명한 장치를 모방하여 만들어진 것이었다. 멜첼은 빙켈의 장치의 메커니즘에 매혹되어 빙켈의 장치를 변형시켜 메트로놈을 만들었다. 멜첼은 1815년에 자신의 새로운 고안물을 프랑스 학사원에 제출하였고 런던에서도 특허를 받았다. 한편 독일의 크레펠트(Krefeld)의 실크제조업자였던 샤이블러(Johann Scheibler)는 1834년에 56개의 소리굽쇠를 이용하여 절대 음고를 잴 수 있는 측음계를 고안하였고, 이 장치를 사용하여 A'=440Hz라는 슈투트가르트 음고가 출현하였다.

측정 문화의 활동 중 하나로서 삼각 측량은 지도 제작 및 측지학적 목적에서 광범위하게 수행되었다. 이렇게 땅의 표면을 재는 활동은 전통적으로 하늘의 별과 천체를 정밀하게 관측해 온 천문학자들에게 맡겨졌다. 각도와 거리와 시간을 정확하게 재는 일은 기하학적 지식뿐 아니라 정밀한 관측 도구를 요구하는 전문적인 활동이었고 그런 점에서 천문학자들은 가장 탁월한 정밀 측정 활동을 일찍부터 전개해 왔다. 16세기에 이루어진 그레고리력의 제정에서는 정밀한 천문 관측 데이터를 바탕으로 1년의 길이를 정확하게 재는 일이 핵심적인 이론적 기초를 이루었다. 그 이후로 천문학자들은 국가 기관에서 고용되어 공익을 위해 봉사하는 활동으로 인정을 받아 왔다. 그러던 것이 지도 제작 활동으로 그 활동 범위를 넓히면서 천문대는 국가의 공적 지식을 생산하는 전문 기관으로서 입지를 확고히 하였다. 19세기의 음속 측정

3 Myles Jackson, *Harmonious Triads: Physicists, Musicians, and Instrument Makers in Nineteenth-Century Germany* (Cambridge, MA: MIT Press, 2006), pp. 185~197.

은 길이와 시간 측정 기술에 토대를 두고 이루어졌다.

이러한 공유된 인식은 과학 단체에서 과학자들의 연구를 평가할 때 주요한 기준으로 사용될 수 있는 것이었다. 측정을 중시하고 측정을 향상시키고 측정을 장려하는 그러한 연구는 가치를 인정받을 수 있음을 의미한다.

3. 음속 측정의 약사

음속이 일정하다는 생각은 고대의 연구자들에게도 있었다. 아리스토텔레스는 높은 음은 낮은 음보다 더 빨리 움직인다고 주장했다. 이러한 주장에 대한 비판으로 그의 제자였던 테오프라스토스(Theophrastos)는 높은 음이 낮은 음보다 빠르다면 멀리에서 듣는 곡은 음들이 뒤섞여서 원래의 곡으로 들리지 않을 것이라는 점을 지적하였다. 그는 경험을 바탕으로 아무리 멀리서 음악을 들어도 이런 일은 발생하지 않는 것으로부터 음속은 음고와 무관하게 일정하다는 주장을 제시하였다.[4]

음속을 제대로 측정하려는 노력은 17세기에 이르러 나타났다. 1635년에 가상디(Pierre Gassendi, 1592~1655)는 공기 중에서 음속을 측정했다.[5] 그는 빛의 속도가 무한대라고 가정하고 멀리서 대포를 쏘았을 때

4 F. V. Hunt, *Origins in Acoustics: The Science of Sound from Antiquity to the Age of Newton* (New York: Acoustical Society of America, 1992), pp. 14~16.

5 D. A. Bohn, "Environmental Effects on the Speed of Sound," *The Journal of Audio*

대포 소리와 대포의 불빛이 도달하는 시간의 차이를 측정하였다. 측정값은 초속 1,473파리 피트(478.4m/s)로 실제 값보다 상당히 컸다. 나중에 메르센(Marin Mersenne, 1588~1648)은 자신의 측정에 의해 그 값을 초속 1,380파리 피트(448.2m/s)라고 수정했다. 1656년(또는 1660)년에 이탈리아의 과학자인 보렐리(Giovanni Alfonso Borelli, 1608~1679)와 비비아니(Vincenzo Viviani, 1622~1703)는 음속으로 초속 1077파리 피트(349.8m/s)를 얻었다.[6]

이 측정값들은 온도, 습도, 바람의 속도와 방향에 대한 고려 없이 얻어졌다. 1738년에 파리 과학 아카데미는 음속에 대한 매우 정확한 측정을 수행하였다. 그 측정값은 섭씨 0도로 환산했을 때 332m/s였고 19세기에 얻어진 믿음만한 데이터와 비교하여 초속 몇 미터만큼 밖에 차이가 나지 않았다.[7] 18세기 초에 이르러 음속에 영향을 미치는 다양한 요인들이 고려되기 시작했다. 1708년에 더햄(William Derham, 1657~1735)은 바람이 소리의 방향과 일치하면 음속이 증가하고 방향이 반대이면 음속이 감소한다고 판단했다. 그는 비와 안개 속에서 음속은 감소한다고 판단했지만 이 견해는 나중에 틴들(John Tyndall, 1820~1893)에 의해 잘못된 것임이 드러났다. 더햄은 측정을 해보지도 않고 음속이 여름이나 겨울이나 같다고 판단했다. 1740년에 볼로냐 대학의 의학 교수였던 비안코니(Giovanni Ludovico Bianconi, 1717~1781)

Engineering Society 36 (1988), pp. 223~231.

6 A. Ben-Menahem, *Historical Encyclopedia of Natural and Mathematical Sciences* (New York: Springer, 2009), vol. 1, p. 1027.

7 R. B. Lindsay, "Historical Introduction," in J. W. S. Rayleigh, *The Theory of Sound* (Dover, New York: Dover, 1954), vol. 1, p. xviii.

는 온도에 따라 공기 중 음속이 커진다고 말했다.[8]

음속에 이론적 추정은 뉴턴(Isaac Newton)에게서 시작되었다. 『자연철학의 수학적 원리』(*Principia*)의 2권의 명제 50번에서 뉴턴은 중력 가속도에 균질한 것으로 가정된 대기의 두께를 곱하면 공기 중의 음속의 제곱이 얻어진다고 말한다. 이것은 환산하면 $\sqrt{p/\rho}$ (p: 대기압, ρ: 대기 밀도)로 표현된다. 이로부터 그는 공기 중 음속에 대한 최초의 추정을 제시하였다.[9] 뉴턴은 그의 유도된 값이 더햄이 측정한 값보다 1/6만큼 더 크다는 것을 인식하였지만 더 이상 그 차이에 대하여 논의하지 않았다. 실험값과 이론값의 차이에 대한 인식은 그 차이의 원인에 대한 다양한 탐구를 촉발시켰다. 그 중에서 가장 유명하고 현재에도 받아들여지는 설명은 라플라스(Pierre–Simon Laplace, 1749~1827)가 제시하였다. 그는 공기의 압축과 팽창의 반복은 너무 빨라서 열의 전도가 일어나지 않을 것이라고 했다. 그러므로 음파가 통과하는 동안 공기 덩어리의 상태의 변화는 등온 과정이 아니라 단열 과정이라는 근거에 따라 일정한 부피 상태에서 잰 공기의 비열에 대한 일정한 압력 상태에서 잰 공기의 비열의 비의 제곱근을 뉴턴이 유도한 값에 곱해야 한다고 했다.[10] 라로슈(F. de la Roche)와 브라르(J. E. Berard)는 두 종류의 비열을 측정함으로써 음속의 유도를 온전케 하려고 시도했고 1.4954를 얻었고 그것의 제곱근은 1.223이었다. 그리하여 음속의 새로운 추정값

8 T. D. Rossing, *Springer Handbook of Acoustics* (Springer, New York, 2007), p. 11.

9 D. R. Raichel, *The Science and Applications of Acoustics* (New York: Springer, 2006), p. 5.

10 P. C. Agarwal and S. K. Sinha, *Elements of Physics XI* (New Delhi: Rakeshi Kumar, 2008), pp. 10~72.

은 뉴턴의 유도값보다 22.3% 커졌다. 1819년에 클레망(Nicolas Clément, 1777~1838)과 데조름(Charles Desormes, 1777~1838)은 비열의 비로 1.35을 얻었고 이 값은 1825년에 라플라스의 『천체역학』(*Mecanique celeste*)에서 채택되었다. 1822년에 게이뤼삭(Joseph Louis Gay-Lussac, 1778~1850)과 벨터(J. J. Welter)는 비열비 1.3748을 얻었고 이것은 이론값과 실험값의 차이를 더 줄여 놓았다.[11]

이러한 배경 하에서 19세기 초에는 음속의 이론적 추정과 측정값 사이의 차이가 어느 쪽의 오류 때문에 발생하는지를 확정하기 위해서라도 음속에 대한 더 잘 통제된 측정 결과가 과학계에서 요청되었다. 이것은 이론 과학이 가진 위상이 실험 과학에 의해 뒷받침될 것인지 비판에 직면하게 될 것인지가 달린 문제였다. 그런 점에서 과학계에서는 누군가가 통제된 조건 하에서 제대로 된 음속을 측정해 줌으로써 뉴턴이 시작한 음속에 대한 이론적 추정을 온전한 형태로 완성시켜 주기를 요청하였다.

4. 골딩햄의 음속 측정

19세기 초에 공기 중 음속의 더 정확한 측정을 위한 많은 노력이 이루어졌다. 그 중에서 골딩햄의 음속 측정은 과학계의 많은 관심을 끌었다. 그의 연구 보고서는 1823년에 유명한 런던 왕립학회의 『철학회보』에 발표된 이래로 여러 책과 학술지와 백과사전에서 반복적으로 언

11 J. W. S. Rayleigh, *The Theory of Sound* (New York: Dover, 1945), vol. 2, p. 47.

급되었다.[12]

골딩햄은 자신의 측정이 음속 측정과 이론적 추정의 역사에서 갖는 중요성을 잘 알고 있었고 그러한 사실을 드러내는 데 기민했다. 그 당시에는 라플라스의 음속에 대한 수정된 이론이 제시되었지만 그 이론은 음속에 대한 충분한 설명이라고 널리 인식되지 않았다. 게다가 측정 중에 발견된 편차가 실험 오차에서 기인하는지, 측정에서 발생하는 다른 인자에서 기인하는지 아직 결정되지 않았다. 골딩햄은 충분히 많은 측정을 통해 음속에 영향을 미치는 다양한 인자를 분석하기를 시도한 최초의 연구자였다. 그는 1820년 말부터 이듬해까지 수행된 날마다의 측정의 실행의 결과를 정리하였다. 그렇게 오랜 기간에 걸쳐 그렇게 많은 수의 음속 측정을 수행한 사례는 이전에 없었다. 그는 기온, 기압, 습도, 바람의 세기, 바람의 방향을 음속 측정 때마다 기록했다. 공기의 다양한 상태가 음속에 영향을 미친다는 사실이 그 당시에 알려져 있었으나 각 요인이 얼마나 영향을 미치는가는 확정되어 있지 않았다.

실험 기획 단계에서부터 골딩햄의 음속 측정은 과학자 동료들을 설득하는 데 필요한 요인들을 고려하여 실험이 설계되었다. 골딩햄이 음속에 영향을 미치는 여러 인자들의 영향을 정량화하기 위해서는 두 종류의 장애물을 뛰어넘어야 했다. 하나는 그러한 인자들을 정량화하기 위한 측정 기구를 확보하는 것이었고 다른 하나는 실험을 위한 공기 조건을 통제하는 것이었다. 첫 번째 장애물과 관련하여 골딩햄은 온

12 John Goldingham, "Experiments for Ascertaining the Velocity of Sound at Madras in the East Indies," *Philosophical Transactions of the Royal Society* 113 (1823), pp. 98~139.

도계, 기압계, 습도계와 같은 측정 기구를 구입하기 위해 정부로부터 지원을 받을 좋은 위치에 있었다. 그는 1802년에 마드라스 천문대(Madras Observatory)의 공식 천문학자로 임명되었다. 같은 해에 그는 인도 표준시(Indian Standard Time)의 토대가 될 마드라스 표준시(Madras Time)를 정하였다. 그는 더 나은 측정 기구를 얻을 적법한 위치에 있었다.

두 번째 장애물과 관련하여 그는 음속을 측정하는 전통적인 방법, 곧 대포를 쏘았을 때 생기는 소리와 불꽃이 먼 거리에 도달할 때 생기는 시차를 측정하는 방법을 채용했을 때 대포에서 측정자까지의 대기의 상태를 마음대로 변경할 수는 없었다. 골딩햄은 이 문제를 해결하기 위하여 대기 상태가 자연적으로 변하는 것을 이용하였다. 다른 대기 샘플을 얻기 위하여 그는 1년 사계절을 통틀어 날마다 측정을 수행하는 방식을 채택하였다. 마드라스 지역에서는 기온, 기압, 습도, 풍향이 날마다 바뀌었다. 몬순 기후의 특성상 대기 조건이 점진적이면서 전형적인 변화를 보였다. 음속에 미치는 풍속의 효과를 검출하기 위하여 그는 2가지 다른 소리의 경로를 확보했다. 하나는 세인트 토머스 산(St. Thomas's Mount) 위의 대포에서 천문대까지의 경로이고 다른 하나는 세인트 조지 요새(Fort St. George) 위의 대포에서 천문대까지의 경로였다. 첫 번째 경로에서 소리는 북서쪽에서 남동쪽으로 향했고 두 번째 경로에서 소리는 남동쪽에서 북서쪽으로 향했다. 음원들과 관측 지점은 일직선상에 있지 않았고 첫 번째 음원은 두 번째 음원보다 거의 두 배 멀리 있었다(그림 3-2). 이러한 신중한 배열은 음속에 대한 풍향의 차별적 효과를 확대하였다.

골딩햄이 실험 기획에서부터 동료 과학자들을 설득하기 위해 고려

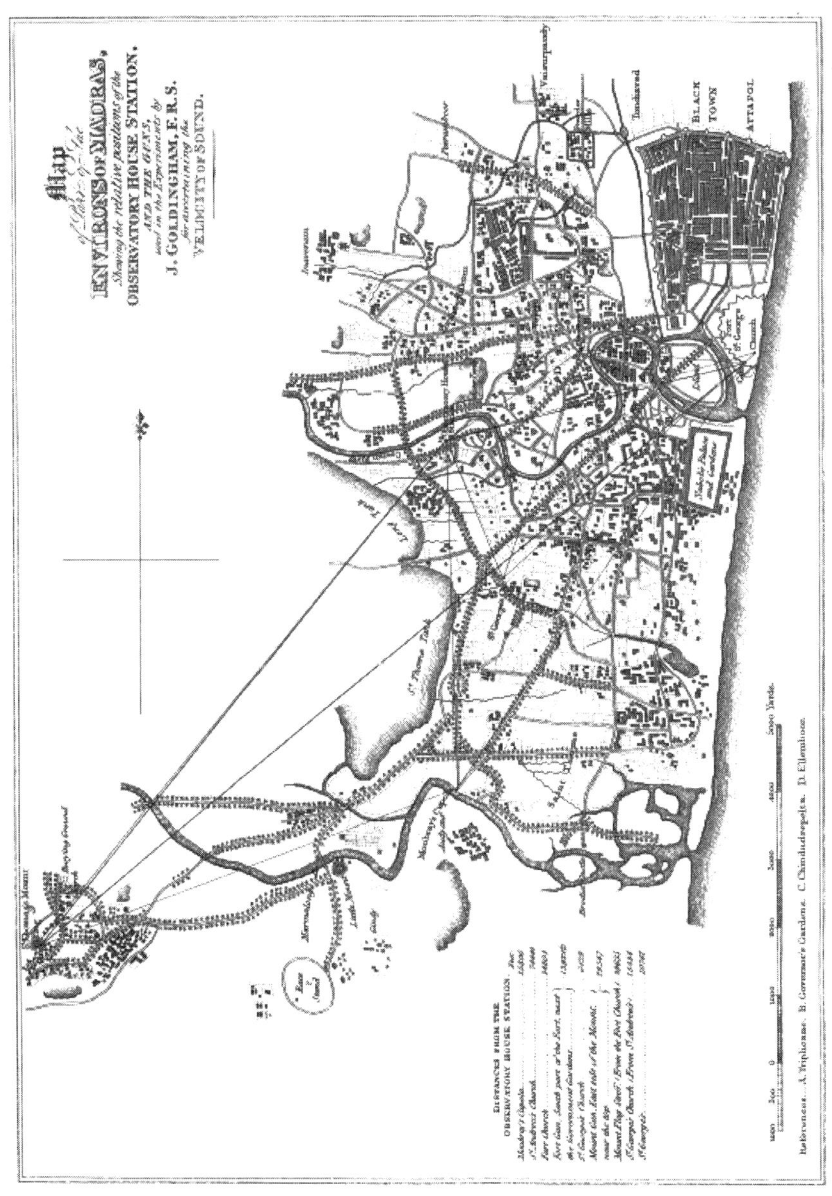

그림 3-2 골딩햄의 음속 측정의 음원과 관측 지점

출전: Goldingham, "*Experiments for Ascertaining the Velocity of Sound*", p. 104.

한 것은 결과의 정확성을 확보하는 것이었다. 그것은 믿을 만한 측정의 실행에 의해 보장될 수 있었다. 무엇보다도 거리의 측정이 정확하다는 인정을 받아야 했다. 당시 영국에서는 정확한 지도를 제작하기 위하여 삼각 측량술로 나라 전체를 측량하였다. 이러한 유사한 실행이 남아시아에서는 램브턴 대령(William Lambton, 1753~1823)이 주도한 인도 대삼각측량사업(Great Trigonometrical Survey of India)으로 실현되고 있었다.[13] 램브턴의 중요한 데이터는 골딩햄이 음속 측정을 성공적으로 수행하는 데 도움이 되었다. 처음에 골딩햄은 1793년부터 1796년까지 음속을 측정하려고 했다. 그는 존 아놀드(John Arnold, 1736~1799)가 만든 포켓 크로노미터를 준비했다. 그 시계는 그 당시에 상품화된 가장 정확한 시계 중 하나였다. 이 크로노미터는 2초에 5회 째깍거렸고 정확하게 0.4초 간격을 알려주었다. 그러나 골딩햄은 두 점 사이의 정확한 거리를 알지 못했기 때문에 만족스러운 결과를 낼 수 없었다. 그때 램브턴의 대삼각측량사업이 1802년에 마드라스 근처의 세인트 토머스 산의 기저선을 측정하였고 골딩햄은 믿을 만한 표준을 얻었다. 두 점 사이의 더 정확한 거리를 얻기 위해 골딩햄은 기저선의 길이를 두 번 측정하였고 기저선의 한쪽 끝에서 대상까지 연결하는 선과 기저선 사이의 각들을 대측량 사업에서 사용된 대원 기구(grand circular instrument)를 써서 6회 측정하였다. 그 다음에 그는 그의 결과를 램브턴이 얻은 결과와 비교하였다. 천문대와 세인트 토머스 산 위의 대포 사이의 거리는 12회 측정 결과로 29,547피트로 결정되었다. 천문대

13 M. H. Edney, *Mapping an Empire: The Geographical Construction of British India, 1765-1843* (Chicago: University of Chicago Press, 1997).

와 요새 위의 대포 사이의 거리는 6회 측정 결과로 13932.3피트로 결정되었다. 골딩햄은 그의 사위 레이크(E. Lake)의 감독 하에 측량 기사들이 만든 지도를 제시했다. 이 지도는 대포와 천문대의 위치를 보여주고 소리 전달 경로에 있는 지면 상태를 보여준다. 이것은 골딩햄이 음속에 영향을 미칠 수 있는 지리적 요인들을 고려했음을 보여준다. 이러한 민감한 고려가 실험의 신뢰도를 높이기 위한 노력의 일환이었다.

과학계에 널리 퍼진 정밀성의 정신을 배경으로 음속을 측정하는 골딩햄은 측정의 확실성을 확보하기를 희망했다. 이런 희망은 결과적으로 다른 과학자들에게 그의 음속 측정이 "잘 수행되었고" "가치 있으며 정교하다"는 찬사를 받음으로써 실현되었다.[14] 골딩햄은 측정의 실행 단계에서 결과의 확실성을 확보하기 위해 1년 반 동안 808회의 대포 소리를 관측하였다. 그는 1820년 7월부터 1821년 11월까지 세인트 토머스 산에서 온 소리를 520회 관측한 기록과, 1820년 7월부터 1821년 3월까지 세인트 조지 요새로부터 온 소리를 288회 관측한 기록을 보존했다. 이런 결과는 골딩햄이 보고서를 작성할 때 측정 데이터를 모두 보고서의 말미에 제시함으로써 강조하였다.[15] (그림 3-3)

이러한 지속적이고 안정적인 측정 실행은 마드라스 군대의 지원에 의해 가능해졌다. 매일 같은 시각에 대포가 발사함으로써 정확한 관측을 수행하기 위한, 얻기 어렵지만 최적의 규칙성이 확보되었다. 이러한 규칙적인 실행은 골딩햄이 맡고 있었던 마드라스 천문대를 지원하

14 "Experiments on the Velocity of Sound," *Edinburgh Philosophical Journal* 19 (1824), pp. 182~183.

15 Goldingham, "Experiments for Ascertaining the Velocity of Sound," pp. 112~115.

Experiments for ascertaining the motion of Sound, with a gun placed on St. Thomas's Mount, station at the top of the Madras Observatory House.

Table I.

Month.	Day.	No. of Observations.	Morning or Evening.	Time.	Height of			Number of		Wind.	Weather.
					Barom.	Therm.	Hygrom.	Beats.	Seconds		
1820.				h.	Inches.	°	Dry.		"		
July	14	1	E	6	29,878	84,8	22	62,0	24,8	SE	Cloudy.
	15	1	E	6	29,910	83,5	23	62,0	24,8	SE	Cloudy and rain.
	16	1	E	6	29,900	83,5	18	64	25,6	Calm	Cloudy and rain.
	17	1	E	6	29,910	82,3	15	63	25,2	SE	Cloudy.
	18	1	E	6	29,842	84,3	17	64	25,6	Calm	Thin haze.
	19	1	M	5	29,870	79,8	12	62	24,8	Light NE	Cloudy and rain.
		1	E	6	29,865	83,3	14	63	25,2	SE	Hazy.
	20	1	E	6	29,855	84,0	15	63	25,2	SE	Clear.
	21	1	E	6	29,870	83,5	15	64	25,6	SE	Hazy.
	22	1	M	5	29,920	80,0	12	64	25,6	Land	Cloudy.
		1	E	6	29,900	80,4	14	62	24,8	SE	Hazy.
	23	1	M	5	29,920	80,5	14	63	25,2	Land	Cloudy.
		1	E	6	29,928	83,3	16	64	25,6	Calm	Cloudy.
	24	1	M	5	29,920	80,0	14	64	25,6	W	Hazy.
		1	E	6	29,915	83,3	16	63	25,2	SE	Cloudy.
	25	1	M	5	29,955	80,2	14	62	24,8	W	Cloudy.
		1	E	6	29,925	84,5	20	63	25,2	SE	Hazy.
	26	1	M	5	30,045	80,0	16	65	26,0	Light W	Hazy.
		1	E	6	30,018	87,0	24	63	25,2	Calm	Thin haze.
	27	1	E	6	30,048	83,3	20	63	25,2	SE	Hazy.
	28	1	M	5	30,055	80,7	15	65	26,0	Land	Cloudy.
		1	E	6	30,020	80,4	11	63	25,2	Light SE	Cloudy.
	29	1	M	5	30,020	79,8	9	65	26,0	SE	Clear.
		1	E	6	30,028	81,8	7	63	25,2	Fresh SW	Cloudy.
	30	1	M	5	30,040	77,8	7	64	25,6	Land	Clear.
		1	E	6	30,000	83,0	8	64	25,6	SE by E	Clear.
	31	1	M	5	30,025	81,0	8	62	24,8	Light SW	Clear. [lightning.
		1	E	6	29,966	84,0	10	64	25,6	Light NE	Cloudy; some rain, thunder and
Aug.	1	1	E	6	29,965	81,0	7	62	24,8	Calm	Clear.
	2	1	E	6	29,968	81,8	4	63	25,2	NW	Cloudy.
	3	2	M	5	30,020	80,2	4	63,5	25,4	W	Cloudy.
		1	E	6	29,975	82,5	6	63,0	25,2	Light SE	Thin haze.
	4	1	E	6	30,000	82,0	9	64	25,6	SE	Clear.
	5	2	M	5	30,030	80,0	7	64	25,6	Calm	Cloudy, and some rain.
		1	E	6	29,968	82,0	7	63	25,2	SE	Hazy.
	6	1	E	6	29,955	83,0	10	63	25,2	SE	Thick haze.
	7	2	M	5	30,000	80,5	9	64	25,6	W	Cloudy.

그림 3-3 골딩햄의 음속 측정 기록

출전: Goldingham, "Experiments for Ascertaining the Velocity of Sound," p. 112.

는 지역 정부에 의해 제공된 것이었다. 마드라스 천문대의 공식 천문학자라는 그의 지위 덕택에 1년 6개월에 걸친 모든 측정 실행을 위한 세팅이 가능해졌다.

골딩햄은 그의 실험을 위하여 발사와 관련한 자세한 세팅을 주문할 수 있었다. 그는 음속이 소리 세기에 따라 달라지지 않는다는 것을 증명하기 위하여 다른 양의 화약에서 방출되는 소리의 속도를 비교하기를 희망했다. 그는 0.5파운드(0.23kg)의 화약의 폭발에서 발생한 소리와 6파운드(2.7kg)의 화약에서 발생한 소리가 같은 속도를 갖는다는 것을 확인했다. 대포의 축이 관측자를 향하든, 그 방향에 수직으로 놓이든, 대포에서 나오는 음속은 같았다.

세인트 토머스 산은 천문대에서 29,547피트(8.95km)만큼 북서쪽으로 떨어져 있었고 해발 30피트(9.0미터)에 위치했다. 세인트 조지 요새는 천문대에서 1,2932.3피트(4.22km)만큼 남동쪽으로 떨어져 있었고 해발 120피트(36미터)에 위치했다(그림 3-2). 세인트 토머스 산에서 대포는 아침에 해가 떴을 때와 저녁에 해가 진 후에 발사되었고, 세인트 조지 요새에서 대포는 아침 해가 떴을 때와 저녁 8시에 발사되었다. 대포는 8파운드(3.6kg)의 화약에 의해 관측자를 향하여 발사되었다. 모든 시간 간격의 측정은 40초에 100회 째깍거리는 아놀드 크로노미터로 수행되었다. 골딩햄이 참여한 경우도 있었지만 대부분의 경우에는 두 명의 인도인 브라만 조수가 측정을 수행했다. 각각의 조수는 자신의 크로노미터를 가지고 대포가 발사될 때 불꽃을 본 후에 소리가 들릴 때까지의 째깍거리는 소리의 세었다. 토론하지 않고 조수들은 골딩햄에게 와서 결과를 보고했고 골딩햄은 그 때의 대기 상태, 즉 기온,

기압, 습도, 날씨, 풍향을 기록했다.[16] 이러한 상세한 날마다의 측정 데이터가 보고서에 그대로 제시되어 측정의 정확성과 데이터의 확실성을 보고서의 수사학적 장치를 통해 역설하였다.

골딩햄은 장기간의 관측 데이터를 분석하여 유의미한 결론을 끌어내었다. 골딩햄은 세인트 토머스 산에서 천문대까지 소리 전달 시간이 경우에 따라 27.6초에서 24.8초까지 편차가 크다는 것을 확정했다. 그는 기온이 올라갈 때 대기의 밀도는 내려가고 탄성 계수(modulus of elasticity)는 올라가므로, 음속은 올라간다는 이론적 사고가 그의 데이터로 지지된다고 보았다. 기록의 분석으로부터 골딩햄은 화씨 1도(섭씨 0.56도) 상승될 때마다 음속은 1.2ft/s(0.36m/s)만큼 올라가고, 습도가 1도 상승하면 음속은 1.4ft/s(0.42m/s)만큼 상승하고, 대기압이 0.1인치 상승할 때 음속은 9.2ft/s(2.8m/s)만큼 상승한다고 결론지었다. 약한 바람이 소리의 방향과 일치하는 방향으로 불면 10ft/s(3m/s)만큼 음속을 상승시켰고 소리가 바람의 방향과 일치할 때와 반대 방향일 때의 편차가 21.25ft/s에 달한다고 보고했다.[17]

이로써 골딩햄의 음속 측정은 음속의 변화에 영향을 미치는 기상학적 요인들이 음속에 미치는 영향을 최초로 정량적으로 제시하여 이후 음속 측정에서는 이런 요인의 고려를 당연시하게 하였다. 실례로 유트레히트 대학의 자연철학 교수인 몰(Gerrit Moll)과 벡(A. van Beek)의 음속 측정은 19세기에 행해진 음속 측정 실험으로 가장 유명하다.[18] 이

16 Goldingham, "Experiments for Ascertaining the Velocity of Sound," pp. 102~5.

17 Goldingham, "Experiments for Ascertaining the Velocity of Sound," p. 111.

18 G. Moll and Van Beek, "An Account of Experiments on the Velocity of Sound made

측정은 1823년에 수행되었고 0℃에서 332.049m/s라는 측정값을 얻었다. 그들은 유트레히트(Utrecht) 평원의 17.67km만큼 떨어진 두 지점 간의 소리 전달을 측정하였는데 두 지점 사이에는 장애물이 없었다. 대포 발사의 불빛을 보고 대포 소리를 듣기까지 걸린 시간을 재기 위해 그들은 100분의 1초까지 측정할 수 있는 원추 진자 시계를 사용했다. 관측소에는 한 대의 기압계, 몇 개의 온도계, 탁월한 망원경들과 1820년에 발명된 다니엘(Daniell) 습도계가 있었다. 골딩햄의 음속 측정 이후로 음속 측정은 다양한 측정 장치를 동원하는 총체적인 과학 프로젝트가 되었던 것이다.

5. 맺음말

19세기 초에 음속에 영향을 미치는 많은 요인이 있다는 것이 널리 알려지게 되었다. 그러나 각각의 요인이 음속에 영향을 미치는 확실한 정량적 관계에 대한 아무런 결정이 없었다. 왜냐하면 실험에 의해 그런 관계들을 확립하는 데에는 장애물이 많았기 때문이었다. 대기의 다양한 조건에서 음속 측정을 최초로 수행하여 음속과 여러 기상학적 요인들과의 최초의 정량적 관계를 수립한 이는 골딩햄이었다. 많은 학술지와 백과사전과 책에서 골딩햄이 수행한 일련의 실험에 대한 보고를 언급하였다.

---

in Holland," *Philosophical Transactions of the Royal Society* 114 (1824), p. 424.

이러한 골딩햄의 성취는 잘 조직된 수사학적 자원의 활용으로 가능해졌다. 연구 논문에 대한 수사학적 비평을 실행하면 텍스트의 수사적 장치들을 찾아낼 수 있다. 논문의 심사위원들과 이후 동료 과학자들을 설득하여 자신의 과학적 연구 업적을 인정하도록 만드는가는 과학 수사학의 중요한 측면을 보여준다. 골딩햄의 연구가 이렇게 당시 동료 과학자들에게 좋은 평가를 받게 된 것은 그의 논문이 가진 설득적 전략이 성공적이었음을 드러낸다. 이러한 설득적 전략은 단순히 논문 집필에서만 요구되는 것이 아니라 연구 계획 단계에서부터 수행되어야 한다. 어떤 측면을 강조하여 연구 계획을 수립하고, 어떠한 자원을 동원해야 할지, 어떤 실행을 강조하여야 할지, 어떻게 수행하여야 할지 등을 면밀히 따져보고 연구 계획을 수립하여야 한다. 특히 장기간에 걸쳐서 수행되어야 할 실험을 수행하려면 처음부터 끝까지 일관된 실행을 통하여 연구의 일관성을 유지하는 것이 중요하다. 그리고 이렇게 설득적 전략을 염두에 두고 실행된 연구 결과를 보고하기 위해 과학 논문을 작성하는 단계에서도 수사학적 성공 가능성을 높이기 위한 계획과 전략이 요구된다. 무엇보다도 자신의 수행한 연구의 장점과 성과를 잘 드러낼 수 있는 모든 수사적 장치들을 동원하는 것이 중요하다.

골딩햄은 음속을 측정할 때 전통적인 방법을 택했다. 두 지점 사이의 거리를 측정하고 그 사이를 소리가 움직이는 동안 걸리는 시간을 재서 거리를 시간으로 나눈 값이 속력이라는 공식을 이용하는 것이었다. 방법상의 새로운 점은 별로 없었고 독창성이 두드러진 연구도 아니었다. 그렇지만 그의 연구가 당시 연구자들에게 크게 관심을 끌 수 있었던 것은 그의 연구가 음속에 영향을 미치는 다양한 요소들에 대한 체계적인 고려를 가능하게 했다는 점에 있었다. 그러므로 그의 연구는 당시 동료 연구자들의 요구를 반영하는 것이었다. 음속 측정의 역사에서 정확한 측정이 요구되었던 배경에는 음속의 이론적 유도와 측정값 사이의 불일치의 문제가 있었다. 이러한 불일치는 이론상의 오류인가, 실험상의 오류인가를 확정하기 어렵게 만들고 있었다. 이러한 특수한 분야의 특수한 요구는 과학자들의 연구의 현행성을 드높여 동료 과학자들의 관심을 촉발시키는 효과가 있다.

골딩햄의 측정은 학계의 필요성을 잘 간파하여 소분야의 당면한 문제의 해소에 정면으로 맞서 대기의 본성에 따른 음속의 변화 가능성에 대한 정량적 확정이라는 정교한 측정 계획이 골딩햄의 측정 연구의 혁신이었다. 당시까지는 어떤 연구도 기온, 습도, 기압, 풍향, 풍속, 소리의 세기 등에 따라 음속이 어떻게 바뀌는지에 관한 체계적인 측정을 시도한 적이 없었다. 이런 모든 요인들을 통제한 실험을 수행하기는 쉽지 않다는 여건상의 어려움이 있었다. 그런 점에서 골딩햄은 자신의 학문적 및 사회적 역량을 총동원하여 필요한 자원을 확보해 나감으로써 해결하기 어려운 문제들을 해결해 나갔다는 점에서 그의 성공은 동료들의 찬사를 받기에 합당했다.

과학적 성공은 독창적인 아이디어가 없어도 남들이 자원의 동원에서 어려움을 겪는 문제를 해소함으로써 지식의 진보에 기여한다면 가능하다. 연구가 좋은 평가를 받기 위해서 골딩햄은 접근 가능한 자원들을 잘 활용하였다. 그는 거리 측정에 있어서 남들보다 좋은 여건에 있었다. 그가 인도에 있었다는 것과 그 시기에 램브턴의 삼각측량이 그 지역에서 이루어졌다는 점이 그가 최신의 측량 정보에 접근할 수 있는 장점이 있었다. 첨단 장비를 활용하여 이루어진 최신 데이터를 활용했다는 점이 과학 동료들에게 그의 데이터의 신빙성을 드높이는 데 기여했다. 그는 램브턴의 측량 결과에 만족하지 않고 자신의 측량기사를 고용해서 음원과 관측 지점 사이의 거리를 여러 차례에 걸쳐 측정하여 정밀한 값을 얻었다. 이렇게 거리상의 정밀성을 확보한 후에는 시간 측정의 정밀성을 확보하기 위해 당시로서 가장 정확한 시계로 알려진 아놀드의 크로노미터를 사용했다. 이미 골딩햄은 국가가 운영하는 천문대의 천문학자로서 천문 연구를 위하여 사용되던 정확한 시계를 가지고 있었다. 그런 점에서 그는 이미 사용하고 있었던 측정 전문가의 전문 장비를 모두 이용함으로써 자신의 논문의 결과의 신빙성을 높였다. 그런 점에서 장비는 과학자의 연구의 방향을 결정짓는 중요한 역할을 하면서 동시에 연구 결과의 설득력을 확보하는 중요한 기준으로 작용한다.

사용하는 수단의 우수성과 적합성을 뛰어 넘어 연구자 자신의 평판이 연구 논문의 질을 결정짓는 중요한 요소로 인정을 받는다. 이것은 버크(Kenneth Burke)의 기준에서 행위자(agent) 요인에 해당하는 데 실제로 과학 논문의 평가에서는 그 논문 하나의 우수성만으로 평가를 받지 않고 그 저자의 우수성이 평가의 기준으로 작용하는 것이 일반적이다. 인도 표준시의 시발점이 될 마드라스 표준시를 만든 장본인으로서 골딩햄의 과학적 명성은 이미 관련 분야에서 인정되고 있었다. 그는 천문학적 연구 수행 결과를 여러 유명 학술지에 이미 출판한 경험이 풍부하였기 때문에 그가 탁월한 측정 전문 과학자라는 것을 누구나 인정하였다. 관련 분야에서 성공했다는 것은 인접 분야에서의 연구의 신뢰성을 높이는 데 긍정적인 영향을 미친다. 식민지 경영을 위하여 설치된 마드라스 천문대를 운영하는 영국의 공식 천문학자로서 천문학 분야에서 능력을 인정받았다는 것은 골딩햄이 비록 음향학자로 명성을 누리고 있었던 것은 아니었지만 음속 측정을 실행하는 데 있어서 긍정적인 요인으로 작용하였다.

과학자는 연구의 실행상의 탁월성을 주장함으로써 설득력을 드높인다. 이것은 연구 실행이 얼마나 많은 반복되는 실행이 있었는가와 관련된 관찰 데이터의 다수성, 얼마나 다양한 변수를 고려하여 측정을 수행하였는가를 나타내는 확장성, 실행의 신뢰도를 높이는 숙달성에 의해 뒷받침되느냐와 관련이 있다. 골딩햄의 음속 측정에서는 이 3요소의 연구 실행상의 탁월성이 잘 확보되었다. 골딩햄은 1년 반의 기간 동안 매일 아침 저녁으로 두 구간에 걸쳐 2회의 측정, 즉 총 4회의 측정을 실행함으로써 방내한 관찰 데이터를 확보하였다. 그리고 방향과 거리가 다른 두 지점의 음원으로부터 소리를 발생시킴으로써 반대 방향의 바람의 방향 효과뿐 아니라 긴 기간에 걸쳐 측정을 반복함으로써 바람의 방향이 바뀌었을 때의 효과와 날씨에 따라 대기 상태가 달라지면서 그것이 음속에 미치는 영향을 분석할 수 있는 확장된 변수의 고려가 자연적 과정에서 이루어질 수 있었다. 대기 음향학의 탐구가 큰 규모의 공기 덩어리가 음향에 미치는 영향을 고려해야 한다는 점에서 항상 난점이 있었는데 음속 측정에서도 그러한 대기 효과에 대한 인위적 통제는 어려운 반면에 자연적인 변화를 잘 활용하도록 지속적이고 반복적인 측정과 기록, 그리고 사후 분석이 요구된 것이다. 그는 숙달된 측정 시행을 위해 조수들을 숙달시켰고, 인도인 조수일지라도 브라만에 속하는 조수를 동원함으로써 연구의 신뢰도를 높였고 자신도 때

때로 직접 측정에 참여함으로써 조수들의 측정의 신빙성을 감독하였다. 그는 또한 한 명이 아니라 2명의 조수를 동원하고 그 평균값을 구함으로써 더욱 관측의 신뢰도를 높이고 두 조수가 서로 경쟁적으로 측정 실행의 정확성을 높이도록 노력하게 만들었다. 매일 일정한 시각에 발사되는 대포의 불빛을 보고 2초에 5회 째깍거리는 시계 소리를 20~30초 동안 세는 일은 어느 정도의 훈련을 거치면 그렇게 어렵지 않게 할 수 있는 실행이었다. 그러므로 측정의 숙달성은 조속하게 확보되었을 것이다.

이러한 다양한 조건에서 반복적 실행을 수행하기 위해서 골딩햄은 지역 천문대장이라는 자신의 지위를 잘 활용하였다. 그가 음원으로 대포 2대를 1년 반의 기간 동안 확보하는 데에는 마드라스 군대의 도움이 필수적이었는데 이러한 도움을 얻을 수 있었던 것은 그가 지역의 공식 천문대장으로 호평을 받고 있었기 때문에 가능한 것이었다.

결과적으로 음속에 대한 대기 조건의 영향을 골딩햄이 확립하는 데 기여함으로써 이후의 연구가 이러한 연구 성과에 기대어 한 단계 업그레이드 된 연구로 나아가게 되었다는 점에서 그의 공적은 인정받는 것이 마땅하다. 당시 여건으로서는 그의 연구는 막대한 경비와 자원이 요구되는 거대 프로젝트였고 그에 상응하는 성과를 낸 것으로 평가될 수 있다. 그렇지만 그의 연구가 동료들에게 인정받기 위하여 연구 계획과 실행 및 보고에서 수사학적 고려가 충분하지 않았다면 당장의 호평을 얻어내지 못했을 수도 있다. 그런 점에서 골딩햄의 음속 측정 연구 보고서는 수사학적 비평의 대상으로서 과학 연구 보고의 다양한 수사학적 장치를 찾아볼 수 있는 텍스트에 해당한다.

4장
실험 기구의 수사학:
소리굽쇠와 공명기

4장

실험 기구의 수사학: 소리굽쇠와 공명기

1. 도입

실험 기구는 과학 활동에 필요한 대표적인 인공물이다. 수사학자에게 모든 인공물은 상징이며 상징에 대한 상호작용을 통해서 인간은 사회를 형성한다. 형성된 사회 구조에서는 권력과 계급이 핵심적인 요소를 구성한다. 실험 기구가 과학 활동에서 지배적 영향력을 미친다는 것은 오랫동안 과학사학자들에게 주목을 받아왔다.[1] 특히 기구의 생애(life)에 대한 논의를 통하여 기구 자체가 성장하고 사망하는 특유의 생애 주기를 가진다는 점이 많은 연구자들의 관심을 끌었다. 실험 기구 자체를 행위자의 범주에 넣음으로써 인간뿐 아니라 실험 기구 자체가 과학 연구의 진척 과정에서 주체적인 역할을 한다는 행위자-네트워크

1 대표적인 주목 받은 연구들은 과학사 전문 학술지인 *Osiris* 9 (1994) 'Instruments' 특집호에서 다루어졌다.

이론은 실험 기구를 수동적인 사물에서 주체적인 주인공으로서의 지위를 얻게 하였다.[2] 실험 기구 자체가 연구 아이디어를 제공하고, 실험의 방향을 결정하고, 실험의 진척에 영향을 미치며, 실험의 성패를 결정하는 중요한 역할을 한다면 행위자로서 지위를 부여하는 데 어려움이 없어 보인다.

이러한 실험 기구의 독특한 역할과 기능을 수사학적으로 바라보면 이전까지 보지 못하던 새로운 측면을 발견하게 된다. 실험 기구라는 인공물이 그 자체로서 상징의 역할을 할 수 있다는 것에 주목하면 실험 기구를 제작하고 그것으로 실험하고 그것에 대한 보고서를 작성하고 다른 사람에게 실험 기구를 만드는 법을 알려주기도 하고 자신이 만든 실험 기구를 재현 실험을 위하여 보내주기도 하면서 실험 기구를 둘러싸고 새로운 과학 지식이 만들어지는 과정이 보인다. 인공물 하나를 만들기 위하여 투입된 아이디어는 시대적 필요를 반영한 독특한 상황적 산물이며 개인의 독특한 경험의 산물이므로, 인공물 속에서 그러한 경험을 읽어내는 것이 수사학적 분석 중 하나가 된다. 이러한 경험은 한 시대, 한 지역, 한 분야의 사람들의 공통의 경험일 수도 있고, 개인이 겪은 독특한 경험일 수도 있다. 그러므로 이렇게 만들어진 기구를 세상에 내놓는 것은 자신의 경험과 발상을 세상에 전달하는 것과 같다.

어떤 인공물이나 자연물이 어떤 집단의 공유된 경험을 매개하게 되면 그것은 상징으로서 그 집단 내부와 외부에서 의사소통의 수단으로

2 Brunor Latour, *Science in Action: How to Follow Scientists and Engineers Through Society* (Milton Keynes: Open University Press, 1987).

서 기능하게 된다. 집단 내부에 대해서는 동류를 파악하는 수단이고 외부에 대해서는 집단 구성의 일원임을 드러내는 수단으로서 기능을 한다. 학교 배지를 다는 것은 학교 구성원들에게는 동류의식을 드높이고 학교 외부인들에게는 학교의 존재를 각인시키는 역할을 한다. 다시 말해서 배지를 다는 행위가 집단의 내부와 외부를 격리하는 심리적 경계선을 구축하는 행위인 것이다. 때로는 그러한 상징물의 상징적 기능을 구성원에게만 국한시키기도 하고 때로는 국외자에게 국한하기도 한다. 초대 기독교도는 물고기 그림을 기독교인 사이에서 서로를 인식하는 비밀 기호로 사용했다. 그것은 집단 구성원 외에는 그 상징의 의미를 알지 못한다. 이러한 상징은 의도적으로 만들어진 것이 아니라 자연적으로 발생한 상징일 수 있다. 자연적으로 발생한 상징은 집단 구성원은 그것을 상징으로 의식하지 못하고 집단 외의 사람들은 상징으로 인지할 수도 있다.

어디서나 발생하는 상징은 물리적 실체와 무관하게 특정한 의미를 갖게 된다. 상징은 어떤 식으로든 감지될 수 있는 특징에 부여된다. 그렇지만 상징 자체는 어떤 메시지를 담고 있지 않다. 메시지는 하나의 명제이어야 하므로 상징에 추가된 부가물이 있어야 메시지가 형성된다. 비둘기가 평화를 상징한다고 하는데 비둘기 자체가 전달하는 메시지는 있을 수는 없고 비둘기를 날리는 행위, 비둘기 탈을 쓰는 행위, 비둘기 스티커를 차에 붙이는 행위가 메시지를 갖게 되며 그것이 의미하는 바는 "우리는 평화를 지향한다."는 것이다. 검은 옷은 슬픔을 상징하지만 그 자체로는 전달하는 메시지가 없다. 검은 옷을 입고 "9/11"이라고 쓴 피켓을 들고 서 있으면 "9/11테러를 슬퍼한다."는 메시지를 전달하게 된다.

과학 활동에서 상징이 된 특정한 기구의 사용이나 언급이 수사학적 메시지를 가질 수 있다. 특정한 기구가 어떤 연구 주제의 연구 수행을 위하여 핵심적인 역할을 하게 되면 그 기구는 실물적 상징이 된다. 그 기구는 그 연구 주제를 연구하는 특정한 방식이나 관점을 의미하게 된다. 그러므로 실험실에서 특정 실험 기구를 선택하는 것은 특정한 연구 주제를 특정한 방식으로 연구하기를 옹호한다는 의미가 되고, 그러한 연구에 대해 외부에 발표하는 것은 자신의 지향에 대한 메시지를 전달하는 행위가 된다.

그렇지만 모든 실험 기구가 이러한 물질적 상징 역할을 하는 것은 아니다. 특정한 시기에만 광범위하게 쓰인 실험 기구여야 한다. 특정한 연구 주제를 특정한 방식으로 연구하는 것이 해당 분야의 주류가 되었을 때 그러한 물질적 상징이 등장한다. 상징의 등장을 위한 필수 요소가 경험의 공유이기 때문이다. 해당 분야의 연구자들의 공통 관심사가 특정한 기구를 쓰는 일이 될 때 그 기구는 과학자들에게 그 그룹의 연구 활동에 대한 하나의 상징이 된다. 특정한 상징은 그것이 통용되는 영역, 공간 범위, 시간 범위가 있다. 이러한 범위를 넘어서면 그 물리적 대상은 더 이상 상징으로서 유효하지 않다. 상징은 그 상징이 메시지를 전달해 주는 범위 안에서만 그 역할을 할 수 있다. 그 범위를 넘어서면 거기에서는 사물과 상징 사이의 연결이 유효하지 않다. 왜냐하면 범위 밖의 사람들은 사물과 상징 사이의 연결을 인지하지 못하기 때문이다. 기구라는 사물이 특정한 연구 방법이나 관점을 상징할 때 그러한 연구 방법이나 관점을 인지하는 과학 분과의 구성원이나 인접 분야 구성원들에게 그 기구는 상징으로서 기능을 잘 한다. 그렇지만 그러한 인식은 그 기구의 사용이 그치기까지 유지되다가 기구의 사용이 중단되면서 서서히 상징적 의미가 퇴색된다. 그렇지만 그 기구가 가지고 있었던 상징에 대한 사람들의 기억이 지속되는 동안은 상징으로서 기능을 한다.

과학 연구 분야에서 상징은 그 기구를 사용하는 것을 알리는 것만으로도 그 연구 주제와 특정 관점을 가치 있는 것이라는 주장을 다른 사람들에게 전달한다. 그러므로 그러한 주장에 동조하는 사람들은 그 방법을 주된 방법으로 택하여 연구를 수행한다. 연구 방법의 선택은 자신이 이 연구 집단의 연구방법에 동조한다는 메시지를 담는다. 그러므로 어떤 기구는 그 연구 집단의 핵심적인 상징으로서 집단 내부와 외부에 모두 알려지게 된다. 그래서 상징은 더욱 공고하게 집단을 결속시키는 수단이 된다.

기구의 선택이 하는 수사학적 기능을 고려해 볼 필요가 있다. 어떤 기구를 연구에서 사용하는가가 수사학적 상징이 된다. 공명기나 소리굽쇠를 실험에서 사용하는 것은 소리의 음고 또는 진동수에 관심을 갖겠다는 의미이다. 공명기나 소리굽쇠를 가지고 실험을 수행하는 것은 어떤 과학자 집단에 편입된다는 의미를 띤다. 특정한 실험 기구를 사용함으로써 같은 주제를 연구한다는 것을 나타내는 것일 수 있다. 이것은 공명기나 소리굽쇠가 다양한 의미를 가질 수 있지만 그 중에서 특정한 의미, 즉 '진동수'라는 공통의 의미를 갖게 되면서 연구자들에게 '진동수'에 깊이 천착하는 연구 활동을 하게 만드는 효과를 발휘했다. 진동수의 상징이 소리굽쇠가 된 것이다. '진동수'라는 기의(signifié)

가 소리굽쇠라는 실물적 기표(signifiant)를 얻게 된 것이다. 그러므로 소리굽쇠를 실험 기구로 채택하는 것은 진동수에 관련된 연구를 하겠다는 의미가 된다. 소리굽쇠를 활용하면서 진동수와 관련이 없는 연구도 얼마든지 가능할 것인데 유독 소리굽쇠가 특정한 진동수를 담지하는 특성이 연구자들에게 강하게 부각되면서 "소리굽쇠=진동수"라는 상징적 관계가 수립되기에 이른 것이다. 공명기도 마찬가지이다. 공명기가 특정한 진동수의 단음(simple tone)을 검출하고 강화하는 기능이 있다는 것이 널리 알려지면서 "공명기=진동수"라는 관계가 연구자들의 뇌리에 심겨진다. 진동수는 곧 음고이고, 음악의 여러 요소 중에서도 음고에 깊은 관심을 가지게 되고, 음계와 정률의 문제가 음고와 관련하여 음악 음향학에서 연구의 초점이 되었다. 그리고 화음과 음색과 같은 음악적 요소들은 음고와 관련하여 이해될 수 있는 것으로 변환되었다. 이 장의 이어진 논의에서는 19세기를 거치면서 이러한 상징이 형성되고 통용되고, 어떻게 쇠퇴하게 되는지를 살펴보고자 한다.

2. 상징의 형성과 통용: 음고 중심의 음향학의 발전

19세기 후반 유럽의 음향학은 소리의 여러 특성 중에서 유독 음고에만 초점을 맞추었다. 소리는 음고뿐 아니라 세기, 음색의 특성을 가지며 다른 시기에 추구된 음향학 연구를 감안하면 소리의 빠르기, 소음의 측정과 통제, 음악당이나 강당 안에서 소리를 잘 전달하기 위한 건축 음향학, 대기의 상태가 소리 전달에 미치는 영향을 연구하는 대기 음향학, 물속에서 소리의 전달에 관해 연구하는 수중 음향학, 소리의 저장과 재생의 효율을 향상시키려는 기술적 연구 등 다양한 연구 분야가 존재했다. 그런데 유달리 19세기 후반 유럽의 음향학은 음고를 중심으로 한 악음의 특성 연구에 초점이 맞추어져 있었고 이러한 관심사의 상징이 된 실험 기구가 소리굽쇠와 공명기이다.

소리굽쇠는 1711년에 영국의 트럼펫 연주자인 쇼어(John Shore, 1662~1752)가 조율용 기구로 발명하였다.[3] 소리굽쇠는 직사각형 단면인 쇠막대를 U자형으로 구부리고 아래에 쇠기둥을 용접하거나 U자형 가지와 그것을 지탱하는 기둥을 일체로 주물 제작한다. U자형의 한쪽 가지를 나무망치로 때리면 U자형 쇠막대 전체가 진동한다. 이때 U자형 쇠막대의 중심은 고정되어 있어서 진동하지 않고 양쪽이 대칭적으로 진동한다. 이러한 기본 진동에 의해 소리굽쇠는 고정된 진동수의 소리를 발생시킨다. 이때 발생하는 소리는 때리는 세기에 관계없이 일정한 음고(진동수)를 갖는다. 소리굽쇠는 온도나 습도나 기압 등의 변화에 따라 진동수가 거의 변하지 않는다. 그러므로 소리굽쇠는 고정된 기준 음고를 담는 장치로 적합성을 갖는다. 게다가 소리굽쇠는 구조가 간단하여 제작이 간단하며 제작 비용도 많이 들지 않는다. 그리하여 소리굽쇠는 음악가들에게 조율의 기준으로 널리 사용되었다.

3 "Tuning fork," in *The New Grove Dictionary of Music and Musicians,* Stanley Sadie ed. (London: Macmillan, 2001), vol. 25, pp. 885~87.

그림 4-1 소리굽쇠

출전: Helmholtz, *Sensations of Tone* (1875), p. 93.

소리굽쇠가 진동수를 결정하는 결정적인 도구로 주목을 받게 된 것은 19세기 초였다. 이 시기에 소리굽쇠는 음악가들의 기구에서 과학자들의 기구로 용도가 확장되었다. 소리굽쇠가 정확한 진동수를 가장 먼저 부여받고 다른 악기와 기구는 소리굽쇠의 진동수를 기준으로 진동수를 부여받는 일이 시작되는 데 선구적 역할을 한 사람은 독일 크레펠트(Krefeld)의 실크제조업자인 샤이블러(Johann Scheibler, 1777~1837)였다.[4] 샤이블러는 변덕스러운 조율사의 숙달에 조율의 정확성을 맡겨둘 것이 아니라 과학적으로 검증 가능한 기준을 부여할 객관적 방법을 수립하기를 원했다. 그것은 자본가로서 샤이블러 자신이 종사하는 제조업에서 숙련 노동자들에게 의지하지 않고 단순 노동자만으로 제조

4 "Scheibler, Johann Heinrich," in *The New Grove Dictionary of Music and Musicians*, Stanley Sadie ed. (London: Macmillan, 2001), vol. 22, p. 447.

공정을 완성시키려고 기계를 도입하던 당시 상황에서 자연스러운 시도였다. 샤이블러는 56개의 크기가 다른 소리굽쇠를 사용하여 소리굽쇠의 절대 진동수를 구하는 방법을 제시하였다. 그는 각 소리굽쇠는 이웃하는 소리굽쇠와 4Hz의 진동수 차이가 나도록 만들었다. 그랬더니 가장 큰 소리굽쇠와 가장 작은 소리굽쇠가 한 옥타브의 음고 차이가 발생했다. 이것은 가장 큰 소리굽쇠의 진동수가 가장 작은 소리굽쇠 진동수의 2배임을 의미했다. 1번 소리굽쇠와 56번 소리굽쇠의 진동수 차이가 220Hz였으므로(55×4Hz=220Hz) 1번 소리굽쇠는 220Hz, 56번 소리굽쇠는 440Hz의 진동수를 가졌음을 알 수 있었다. 이로써 기준으로 사용할 수 있는 소리굽쇠를 얻었다. 56개의 소리굽쇠로 이루어진 측음계(tonometer)는 악기의 음고를 잴 수 있는 확실한 기준으로 사용할 수 있게 되었다. 이것은 맥놀이 진동수만 셀 수 있으면 악기를 조율하는 일을 누구든지 할 수 있게 되었음을 의미한다.[5] 샤이블러의 성과는 독일과 영국의 음악계에서 큰 지지를 받았고 1834년에 독일 슈투트가르트에서 기존 음고를 A=440Hz로 제정하는 데 큰 영향을 미쳤다.[6] 이로써 독일을 중심으로 이 표준 음고가 쓰이게 되었다.

기준 음고는 소리굽쇠에 저장되어야 한다는 생각은 1859년에 프랑스에서 새로운 표준 음고를 만들 때에도 적용되었다. 프랑스 황제의 지원을 받은 위원회가 음악가, 악기 제작자, 과학자를 중심으로

5 Myles Jackson, *Harmonious Triads: Physicists, Musicians, and Instrument Makers in Nineteenth-Century Germany* (Cambridge: The MIT Press, 2006), pp. 151~152.

6 구자현, "19세기 음향학의 특성 탐구: 음악과의 상호작용을 중심으로," 『한국음향학회지』, 25 (2006), pp. 73~74.

결성되었다. 위원회는 오랜 회의 끝에 물리학자 리사주(Jules Antoine Lissajous, 1822~1880)에게 의뢰하여 A=435Hz의 표준 음고를 담은 소리굽쇠인 '디아파송 노르말'(Diapason Normal)을 제작하였다. 황제의 칙령은 프랑스에서 모든 악기 제작과 연주 활동은 이 음고를 기준으로 하여 이루어지도록 강제했다. 여러 국가에서도 이 음고를 채택하면서 이 음고는 '국제 음고'라는 명칭을 얻게 되었다.[7] 이 위원회의 활동에서 과학자들의 활동이 중요해진 것은 소리굽쇠와 음고가 음악가들의 전유물이 아니라 과학적 활동에서도 중요한 기구와 대상이 되었음을 의미한다. 이로써 소리굽쇠는 음고를 상징하는 기구로 음악가와 과학자들을 중심으로 대중에게 널리 통용되는 상징으로 자리를 잡아 갔다.

헬름홀츠의 공명기와 소리굽쇠의 활용은 음향학에서 공명기와 소리굽쇠가 중심적인 기구로 자리잡는 데 결정적인 계기가 되었다. 헬름홀츠가 음향학 분야에서 행사하게 될 막강한 영향력 때문에 그의 음향학 이론에서 중심적인 역할을 한 이 두 기구의 중요성도 더 커지게 되었다. 헬름홀츠가 이 두 기구에 집중하게 된 것은 부분음의 실재성을 분석과 종합 양쪽으로 증명하는 데 필수적이었기 때문이다. 일찍이 18세기 초 프랑스의 음향학자 소뵈르(Joseph Sauveur, 1653~1716)는 악음이 여러 진동수를 갖는 단음의 합으로 이루어져 있다는 것을 알고 있었다.[8] 그렇지만 그것을 받아들이는 사람은 많지 않았다. 그것은 보통

---

7 Bruce Haynes, *A History of Performing Pitch: The Story of "A"* (Lanham: The Scarecrow Press, 2002), p. 345.

8 Robert T. Beyer, *Sounds of Our Times: Two Hundred Years of Acoustics* (New York: Springer, 1999), p. 10.

사람의 귀로는 부분음의 진동수를 감지하기 어려웠기 때문이었다. 그리하여 헬름홀츠가 시도한 것은 공명기를 사용하여 악음 속의 부분음의 진동수를 검출하는 것이었다. 공명기의 선택적 공명 현상에 최초로 주목한 사람은 헬름홀츠였다. 헬름홀츠가 사용한 공명기는 유리로 만든 여러 형태의 용기였다. 공명기의 선택적 공명 특성을 보이기에 적당한 공명기는 그림 4-2와 같은 형태였다.[9] 작은 구멍(a)은 소리를 주입하기 위한 것이고 맞은편의 큰 구멍에는 탄력 있는 고무막(b)을 팽팽하게 펼쳐 놓았다. 그리고 작은 구슬을 실에 매어 막의 중간에 매달아 놓았다. 작은 구멍으로 소리를 주입하였을 때 주입된 소리 속에 공명기의 고유 진동수와 같은 진동수의 소리가 있으면 공명이 일어나면서 막이 진동하는 것을 구슬의 움직임으로 알 수 있었다. 그렇지만 공명기의 고유 진동수의 부분음을 포함하지 않는 소리가 주입되면 공명기의 막은 진동하지 않았다. 헬름홀츠의 이론대로라면 바이올린이나 피아노 현에서 나오는 악음은 현의 진동수가 f일 때 $2f$, $3f$, $4f$, $5f$ 등 기본 진동수의 정수배의 진동수를 갖는 부분음을 포함한다. 그러므로 $2f$의 고유 진동수를 갖는 공명기에 기본 진동수가 f인 현에서 나온 소리를 주입하면 공명이 일어나는 것으로부터 이 악음이 $2f$의 진동수를 갖는 부분음을 포함한다는 것을 확인하였다. 그렇지만 같은 현의 정중앙을 뚱기면 $2f$, $4f$, $6f$ 등의 부분음은 발생하지 않는데 이 소리를 같은 공명기에 주입하면 공명이 일어나지 않는다. 이로부터 공명기의 선택적 공명 특성은 확증된다. 공명기의 이러한 선택적 공명 특성은

9 Hermann Helmholtz, *On the Sensations of Tone as Physiological Basis for the Theory of Music* (New York: Dover 1954), p. 42.

이전에 주목 받은 적이 없으나 헬름홀츠가 발견한 이후 음향학 연구에서 널리 사용되었다.[10]

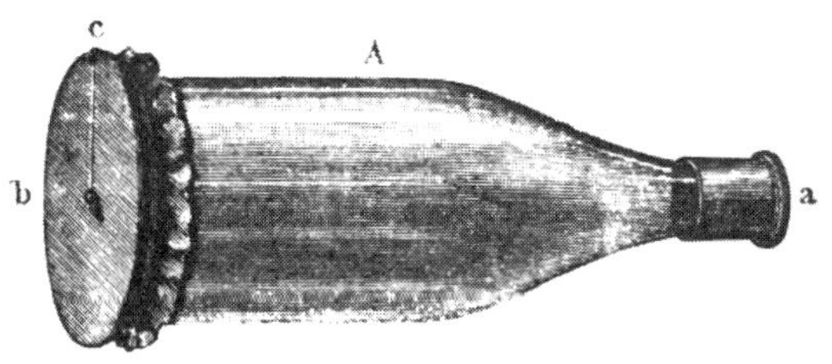

그림 4-2 헬름홀츠 공명기

출전: Helmholtz, *Sensations of Tone* (1875), p. 66.

헬름홀츠는 소리굽쇠가 단음을 발생시키는 특성을 활용하여 소리 합성기를 만들었다(그림 4-3). 소리굽쇠 앞에는 같은 고유 진동수를 갖는 원통형 공명기의 구멍을 배치하여 소리굽쇠의 소리를 강화시켰다(그림 4-4). 이렇게 구성된 소리굽쇠와 공명기 세트를 *f*, 2*f*, 3*f*, 4*f*, 5*f*, 6*f*, 7*f*, 8*f* 의 고유 진동수를 갖도록 만들었고 단속적 전류 발생 장치에 의해 소리굽쇠의 가지가 주기적으로 전자석에 의해 당겨져서 진동하게 하였다. 이렇게 8개의 소리굽쇠가 동시에 울릴 때 들리는 소리는 악음과 유사했는데 공명기의 입구를 막는 구멍을 덮는 덮개를 조절하여 소리굽쇠의 공명이 조절되게 할 수 있었다. 이렇게 부분음의 상대적 세기를 조절함으로써 특정 악기의 소리나 모음을 흉내 낼 수 있었다. 이로써 부분음에 의한 악음의 합성이 이루어졌다.

10 Ja Hyon Ku, "Uses and Forms of Instruments: Resonator and Tuning Fork in Rayleigh's Acoustical Experiments," *Annals of Science* 66 (2009), pp. 373~75.

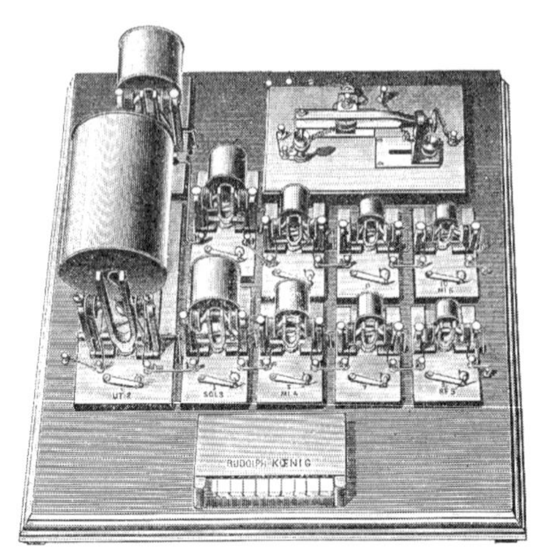

그림 4-3 헬름홀츠의 소리 합성기

출전: D. C. Miller, *An Anecdotal History*, pp. 92~93.

그림 4-4 소리굽쇠와 공명기 세트

출전: Helmholtz, *Sensations of Tone* (1875), p. 176.

헬름홀츠는 공명기와 소리굽쇠를 사용하는 실험을 통해 부분음을 물리적으로 정립하고 나아가서 조합음을 역시 공명기와 소리굽쇠를 이용해서 검출하였다. 조합음은 18세기에 타르티니 음(Tartani's tone)으로 알려져 있었다. 그것은 f_1의 진동수와 f_2의 진동수를 갖는 두 음을 함께 울릴 때 두 진동수의 차에 해당하는 진동수인 f_1-f_2의 진동수를 갖는 음이 형성되는 것이다. 헬슈트룀(Gustav Hällström)은 이러한 차음 외에 f_1+f_2의 진동수를 갖는 합음의 존재를 예고하였다. 헬름홀츠는 이론적 고찰로부터 mf_1-nf_2, mf_1+nf_2(m, n은 정수)의 형태로 표현되는 조합음의 존재를 예측하였다. 헬름홀츠는 이론적 유도에 만족하지 않고 소리굽쇠를 사용하여 두 개의 단음을 발생시키고 거기에서 발생하는 조합음을 공명기를 이용하여 검출하였다.[11] 이렇게 공명기와 소리굽쇠는 조합음의 탐구에서 중심 역할을 했다.

쾨니히(Rudolph Koenig, 1832~1901)는 소리굽쇠와 공명기의 유용성을 더욱 진작시켰다. 쾨니히는 파리에서 기구 제작소를 운영하면서 음향학 실험 기구를 전 세계에 팔았다. 쾨니히는 특히 소리굽쇠를 정밀하게 제작하는 것으로 명성을 얻었다.[12] 소리굽쇠는 정확한 진동수를 가져서 신뢰할 만한 음고의 소리를 발생시키고 정확한 주기성을 갖는 진동을 발생시켰다. 쾨니히가 만든 기구 중에서 유명한 것으로 소리굽쇠 크로노미터(chronometer)가 있다(그림 4-5). 이 기구는 1880년에 쾨

11 Hermann Helmholtz, "Über Combinationstöne," *Annalen der Physik* 99 (1856), p. 497.

12 David Pantalony, "Rudolph Koenig's Workshop of Sound: Instruments, Theories and Debate over Combination Tones," *Annals of Science* 62 (2005), pp. 57~82.

니히가 발명한 것으로 64Hz의 고유 진동수를 갖는 큰 소리굽쇠가 진동하면 진자시계처럼 기계 장치를 작동시켜 시계 바늘을 회전시켰다. 즉, 소리굽쇠가 64회 진동하면 1초씩 바늘이 돌아가게 되어 있었다. 이 소리굽쇠 크로노미터의 진동수를 정확하게 확정하면 다른 소리굽쇠의 진동수를 리사주 곡선을 이용해서 잴 수 있었다.[13]

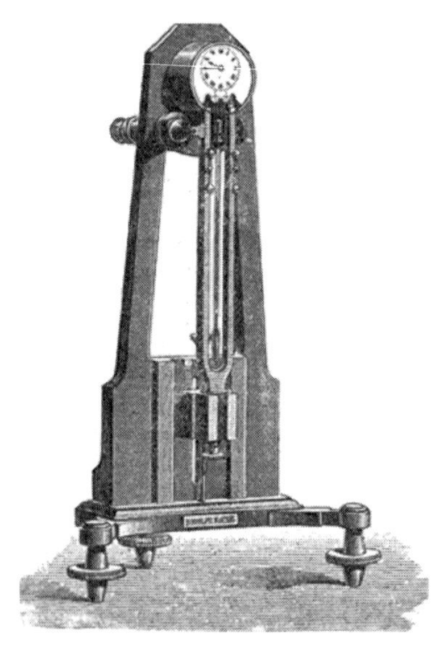

그림 4-5 소리굽쇠 크로노미터

출전: D.C. Miller, *An Anecdotal History*, p. 84.

쾨니히가 1862년에 런던 국제 박람회에 출품한 액주식 불꽃 장치는 소리굽쇠나 공명기를 채용하지는 않았지만 음고 측정이라는 목적을 위해 만든 것으로 기본적으로 소리굽쇠와 공명기가 상징하는 음고

13 D. C. Miller, *The Anecdotal History of the Science of Sound* (New York: Macmillan, 1935), pp. 87~88.

중심의 음향학의 활동에 속한 것이었다. 이 장치는 소리를 모으는 구멍으로 주입된 소리가 가스불꽃의 기부와 접촉하는 박막을 진동시켜 불꽃을 흔들리게 만들었고 불꽃은 회전하는 사면거울에 반사되어 불꽃의 진동 주기와 거울의 교대 주기가 일치하면 불꽃이 정지된 것처럼 보여서 불꽃의 진동 주기를 파악할 수 있는 장치였다(그림 4-6). 사면거울을 회전시킬 때 그 회전 주기를 알 수 있게 되어 있어서 이로부터 소리의 진동수를 잴 수 있었다. 프랑스 국가산업장려협회(Société d'Encouragement pour l'Industrie nationale)는 이 진동 표시 장치를 만든 공로를 인정하여 쾨니히에게 1865년에 금메달을 수여했다.[14]

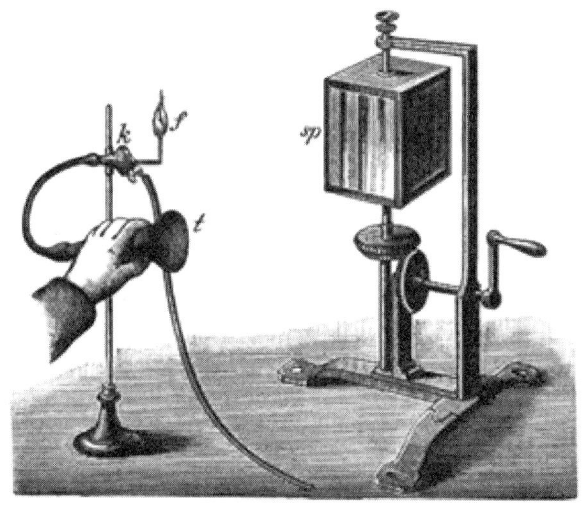

그림 4-6 쾨니히의 액주식 불꽃 장치와 회전 사면거울

출전: R. Koenig, *Quelques Expérience d'Acousticque*, p. 57.

14 Paolo Brenni, "The Triumph of Experimental Acoustics: Alert Marloye (1795~1874) and Rudolph Koenig (1832~1901)," *Bulletin of the Scientific Instrument Society* 44 (1995), p. 15.

쾨니히가 만든 기구 중에서 가장 유명한 것은 수백 개의 크기가 다른 소리굽쇠로 만든 측음계이다. 이 기구는 1876년에 필라델피아 백주년 전람회(Centennial Exposition in Philadelphia)에 출품되어 금메달을 땄다. 기구의 규모 면에서 사람들을 놀라게 한 이 기구는 정밀하게 조율된 소리굽쇠들을 장착하고 있어서 악기와 음원의 음고를 정확하게 잴 수 있는 기준이 되었다.

음고 연구에 크게 기여한 또 다른 연구자인 엘리스(A. J. Ellis, 1814~1890)는 원래 문헌학자였으나 음성의 음고에 관심을 가진 것이 계기가 되어 음악의 과학적 측면에 대해 공부하기 시작했다. 이러한 연구 성과를 인정받아 1864년에 그는 런던 왕립학회(Royal Society of London) 회원으로 선출되었다. 엘리스는 스스로가 음악 음향학자로 불릴 정도로 악음의 본성을 과학적으로 규명하는 일에 관심이 많았다. 그는 음악이 과학적 기초 위에 서 있다고 생각했고 화성과 정률을 과학적 기초 위에서 해명하기 위해 노력했다.[15] 그 스스로가 음악 음향학에 깊이 관여한 것이 계기가 되어 헬름홀츠의 『음의 감각』을 영어로 번역하였다. 이 책의 독일어 3판이 나왔을 때에는 새롭게 번역하면서 친절한 역주와 번역자의 부록을 추가하였다. 이러한 노력은 엘리스 자신이 음악 음향학의 연구자로서 음계와 정률에 대하여 깊은 관심을 가졌고 헬름홀츠의 견해에 대해서 비판적인 검토를 거쳤기 때문에 단순히 그의 저서를 번역하여 소개하는 데 그치지 않고 연구자로서 비판적 견해를 밝히기

15 Ross W. Duffin, *How Equal Temperament Ruined Harmony (and Why You Should Care)* (New York: W. W. Norton, 2007), pp. 110~111.

도 하였다.[16]

엘리스는 유럽 여러 지역에 여러 악단, 합창단, 악기 제작자 등이 사용해온 표준 소리굽쇠를 수집하여 진동수를 재는 연구 작업을 수행하였다. 엘리스가 수집한 여러 지역의 기준음은 상당한 편차가 있었다. 이러한 연구를 통해 엘리스는 음악적 기구인 소리굽쇠를 과학적 탐구의 대상으로 탈바꿈시켰다. 그가 모은 소리굽쇠를 정밀한 과학적 측정의 대상으로 삼았기에 그의 업적은 그에게 과학적 명성을 가져다주었다. 엘리스가 1880년에 발표한 논문인「음악적 음고의 역사에 관하여」(On the History of Musical Pitch)는 유럽 전역에서 기준 음고로 사용된 소리굽쇠의 음고를 측정함으로써 기준 음고가 어떻게 변천해 왔는가를 실증적으로 밝힌 탁월하고 선구적인 연구였다. 그는 19세기 후반에 음악을 과학적 기초 위에 세우는 일을 통해 음향학을 확장시키고 음악을 기예적 활동이 아니라 과학적 기초 위에서 수행되는 활동으로 자리매김함으로써 음악의 위상을 드높이고자 하였다.[17] 엘리스의 음향학 연구는 음계와 정률의 문제에 집중됨으로써 음고를 중심으로 하는 음향학의 성격을 더욱 확고히 하였다. 그는 선배 음악 이론가들의 이론을 충분히 이해했을 뿐 아니라 자신의 수행한 고유한 이론적 및 실험적 연구를 통하여 일반적인 정률 이론을 구축하고자 하였다.[18]

---

16 구자현,「19세기 후반 음악 음향학의 발전: 헬름홀츠와 엘리스의 연구를 중심으로」,『사총』81 (2014), pp. 451~479.

17 Alexander J. Ellis, "On the History of Musical Pitch," *Journal of the Society of Arts*, March (1880), pp. 293~404.

18 Alexander J. Ellis, "On the Physical Constitution and Relations of Musical Chords," *Proceedings of the Royal Society* 13 (1864), pp. 392~404; A. J. Ellis, "On the

레일리(3rd Baron Rayleigh, 1842~1919)는 영국의 음향학자로서 『음향 이론』(*The Theory of Sound*)를 집필하여 수리 음향학의 기초를 놓았다. 이 책은 수학적 고찰이 중심을 이루고 있지만 실험과 관찰 증거를 통한 이론의 지지에도 각별한 관심을 기울였다. 레일리는 음향학를 수리 물리학의 한 분야로 만드는 데 중심적인 역할을 했지만 자신의 집의 실험실에서 수행한 실험 연구에서 실험 음향학의 발전에 중요한 기여를 했다. 이 과정에서 레일리는 공명기와 소리굽쇠를 채용하는 연구에 깊이 관여함으로써 소리굽쇠와 공명기의 상징성을 더욱 확고히 할 뿐 아니라 음고를 중심으로 하는 음향학을 유럽 음향학의 중심에 굳건히 서게 하였다.

레일리는 1880년대에 분사물의 음향학을 깊이 연구하였다. 그는 연기나 물을 분사하면서 거기에 소리를 가해주었을 때 연기나 분사물이 파동을 일으키는 것을 열심히 관찰하였다. 그는 연기나 물의 분사물의 기부(基部)에 가해주는 소리와 같은 고유 진동수를 갖는 유리병의 입구를 대어주었을 때 그러한 파동이 더욱 확실하게 나타나는 것을 확인하였다.[19] 여기에서 유리병은 가해준 소리와 공명을 일으키면서 분사물의 기부에 진동을 일으켜 분사물이 소리에 반응하여 진동하는 효과를 극대화시킨 것이다. 이러한 공명기의 효과는 이미 헬름홀츠의 소리 합성기에 사용된 공명기와 소리굽쇠 세트에서 확인된 공명기의 기능이

Temperament of Musical Instruments with Fixed Tones," *Proceedings of the Royal Society* 13 (1864), pp. 404~417: A. J. Ellis, "On Musical Duodenes, or the Theory of Constructing Instruments with Fixed Tones in Just or Practically Just Intonation," *Proceedings of the Royal Society* 23 (1874), pp. 3~31.

19 Rayleigh, "Acoustical Observations V," *Philosophical Magazine* 17 (1884), pp. 188~94 [*Scientific Papers by Lord Rayleigh* (New York: Dover, 1964), art 110, vol. 2, pp. 268~75에 재수록].

었다. 공명기는 특정한 진동수의 진동을 증폭시켜주는 역할을 한다는 것이다. 여기에서 '증폭'이라는 효과와 '진동수'라는 특성과 공명기는 연관을 맺고 각각의 상징으로 기능할 수 있지만 다른 실험에서 확인되는 대로 공명기는 점차 '진동수'와 더욱 긴밀하게 연관되면서 진동수를 상징하는 기구로 자리를 잡게 된다.

이러한 효과는 노래하는 불꽃(singing flame)의 원리에 대한 레일리의 연구에서도 확인되었다. 레일리는 불꽃의 주위에 양쪽이 뚫린 관을 씌우면 일정한 음고의 음이 발생하는 현상에 대한 보고를 접하고 그러한 원리가 무엇인지 탐구하였다. 레일리는 관의 굵기와 길이를 달리하면서 발생하는 음에 대하여 연구한 결과, 관이 공명기와 같은 역할을 한다는 것을 확인했다.[20] 이러한 현상으로부터 레일리는 공명기의 기능에 대하여 더욱 깊은 인상을 받았고 더욱 적극적으로 공명기를 여러 실험에서 활용하고자 하였다. 그의 실험에서 확인된 기능으로부터 공명기는 곧 특정한 진동수를 상징하게 되었다.

레일리는 소리굽쇠를 가지고 많은 연구를 수행함으로써 소리굽쇠가 음향학 연구의 중심적인 도구임을 확실하게 동료들에게 각인시켰다. 그는 소리굽쇠가 안정된 진동수를 갖는다는 속성을 활용하여 1878년경에 속도 조절기를 만들었다.[21] 소리바퀴(phonic wheel)라고 불리게 될

20 Rayleigh, Unpublished Notebooks, 13 September and 5, 14, 17 October 1878 in Strutt John William (1842~1919) 3rd Baron Rayleigh, General Correspondence and Notebooks at te Research Library of the USAF Research Laboratory, Hanscom AFB, Bedford, MA. 마이크로필름 형태로 Library Archives and Special Collections, Imperial College London에 소장.

21 Rayleigh, "Uniformity of Rotation," *Nature* 18 (1878), p. 111. [Rayleigh, *Scientific Papers by Lord Rayleigh*, art. 56, vol. 1, pp. 255~56에 재수록].

이 장치는 일정한 진동수로 진동하는 소리굽쇠가 전자석으로 가는 전류를 단속함으로써 바퀴 둘레에 고정되어 있는 영구자석과 바퀴와 함께 도는 전자석이 당기는 작용이 바퀴의 회전수와 단속 전류의 진동수가 일정한 비율을 이룰 때에는 안정되게 회전이 일어나지만 바퀴가 힘을 받아 그러한 주기에서 어그러지려고 하면 자석의 작용에 의해 보정이 일어나도록 한 조속기(調速機)였다. 이 장치에서 소리굽쇠는 일정한 진동수의 기준이 됨과 동시에 일정한 진동수의 단속 전류를 만들어내는 단속 장치 역할을 겸했다. 이렇게 소리굽쇠가 속도 조절의 기능을 할 때에도 언제나 소리굽쇠는 일정한 진동수의 담지 역할을 한다는 점이 소리굽쇠의 상징성을 더욱 심화시켰다.

미국인이면서 19세기 후반에 유럽에서 진행 중인 음고(진동수) 중심의 음향학에 관심을 기울인 과학자도 있었다. 메이어(A. M. Mayer, 1836~1897)는 소리굽쇠와 공명기를 자신의 연구에서 광범위하게 사용하였고 그러한 그의 노력은 유럽에서도 그 성과를 인정받았다. 메이어가 음향학자로 유럽에서 명성을 얻은 주된 연구는 1874년에 수행된 소리의 잔류 감각 연구였다.[22] 이 연구를 위한 실험 장치는 소리굽쇠와 공명기를 핵심 장치로 삼고 있었다. 소리굽쇠를 수평으로 설치해 놓고 소리굽쇠의 두 가지의 옆에 소리굽쇠의 진동수와 같은 고유 진동수를 갖는 구형 공명기의 입구가 소리굽쇠를 향하도록 설치하였다. 공명기 입구와 소리굽쇠 사이에는 원형 디스크가 가로막고 있어서 소리의 전달이 차단되었는데 원형 디스크에는 구멍이 원주 상에 일정한 간격

22 A. M. Mayer, "Researches in Acoustics, No. 6," *Philosophical Magazine* 49 (1975), pp. 352~428.

으로 뚫어져 있어서 디스크가 회전하면 간헐적으로 소리를 통과시킬 수 있었다(그림 4-7). 소리굽쇠에서 나오는 소리가 간헐적으로 디스크를 통과하면 공명기에서 공명을 일으켰다. 공명기 속에는 고무호스의 한쪽 끝을 넣어 놓았고 다른 쪽 끝은 귀에 꽂아 공명기가 공명을 일으키면 소리를 들을 수 있었다. 이때 디스크의 회전이 느릴 때에는 디스크에 의해 소리가 차단될 때마다 소리의 세기가 적어져 소리가 주기적으로 작아졌다 커졌다 하는 것이 감지되었다. 그렇지만 디스크의 회전이 빨라지면 작아졌다 커졌다 하는 주기가 짧아지면서 작아졌다 커지는 것을 거의 느끼지 못하다가 일정한 빠르기에 도달하면 그 다음부터는 소리가 작아졌다 커지는 것을 아예 느끼지 못하였다. 메이어는 이 빠르기에서 귀의 잔류 감각의 지속 시간을 알 수 있다고 보았다. 원주상의 구멍과 구멍 사이의 간격을 통과하는 데 걸리는 시간을 계산하면 그 지속 시간을 알 수 있었다. 이 실험을 통해서 메이어는 헬름홀츠가 생각은 하였으나 실험을 수행하지는 못한 연구를 수행하여 진동수와 잔류 청각 지속 시간 사이에 반비례의 관계가 있음을 입증하였다.[23] 이로써 메이어는 음고에 따른 잔류 청각 지속 시간을 밝혀 맥놀이가 불협화를 일으킨다는 헬름홀츠의 협화 이론을 더 심층적으로 이해할 수 있는 있는 길을 마련하였다. 이 실험에서 소리굽쇠와 공명기는 핵심적인 실험 부품으로써 메이어 자신이 이 상징을 사용함으로써 자신이 당시 유럽 음향학에 귀속된 연구자라는 이미지를 더욱 확고히 할 수 있었다.

23 Ja Hyon Ku, "Alfred M. Mayer and Acoustics in Nineteenth-Century America," *Annals of Science* 70 (2013), pp. 240~241.

그림 4-7 메이어의 잔류 청각 지속시간 측정 장치
출전: A. M. Mayer, *Philosophical Magazine* 49 (1875), p. 353.

메이어는 헬름홀츠처럼 악음의 부분음 구성에 대해서 깊은 관심을 가졌고 그러한 사실을 나름의 방법으로 입증하기를 도모했다. 이 과정에서 부분음을 구성하는 특정한 진동수의 단음의 발생은 소리굽쇠를 사용함으로써 소리굽쇠와 진동수(음고)의 연결을 더욱 공고히 했다. 1874년에 메이어는 크기가 다른 여러 개의 소리굽쇠를 이용하여 단진동의 합으로 복합음을 만들어내는 시도를 하였다. 그는 여러 가닥의 명주실을 여러 소리굽쇠의 가지에 팽팽하게 연결하고 다른 쪽 끝을 리드 파이프 근처에 있는 틀에 장착된 느슨한 탄성 가죽막에 연결했다. 그는 리드 파이프를 울림으로써 소리굽쇠를 선택적으로 진동시킬 수 있었고 반대로 소리굽쇠를 진동시킴으로써 리드 파이프를 특정한 음으로 진동시킬 수 있었다.[24] 이로써 메이어는 헬름홀츠가 했던 것처럼 부분음과 복합음의 관계를 이번에는 소리굽쇠와 리드 파이프를 이용한 실험을 통해서 합성과 분해의 방식으로 보일 수 있었다.

메이어는 1880년대에 어떤 악음의 음고를 결정하기 위한 전기 기록 장치를 고안하여 유럽에서 명성을 얻었다. 유럽의 음향학자들이 이 장치가 소리굽쇠의 진동수를 재는 데 매우 유용하다고 평가했다. 엘리스는 메이어의 장치를 자신의 연구에서 악음의 음고를 재는 데 실제로 활용했다.[25] 메이어는 철필을 소리굽쇠의 한쪽 가지에 부착하고 그 소리굽쇠를 그을음을 씌운 종이를 감은 회전하는 원통 옆에 견고하게 고정하여 철필이 원통 옆면에 닿게 하였다. 그렇게 하면 회전하는 원통에 감긴 종이에는 물결 모양의 선이 철필에 의해 형성되었다. 시간을 재기 위해 메이어는 주기가 2초인 초진자를 이용하였다. 그는 초진자가 최고 속도에 도달할 때마다 스위치를 켜서 유도 코일에 전류를 흐르게 하고 거기에서 발생하는 스파크가 원통에 감긴 종이에 흔적을 남기게 하였다. 그리하여 탄 자국 사이에 물결 모양이 몇 개 들어가 있는지 셈으로써 소리굽쇠의 진동수를 알 수 있었다. 메이어의 장치는 직접 들으면서 셀 필요가 없이 기록되어 있는 것을 읽게 만들었기 때문에 진동수의 측정이 수월한 방법이었다. 이로써 메이어의 장치는 소리

---

24 A. M. Mayer, "An Experimental Confirmation of Fourier's Theorem as Applied to the Decomposition of the Vibrations of a Composite Sonorous Wave into its Elementary Pendulum-Vibrations," *Philosophical Magazine* 48 (1874), pp. 266~274.

25 Alexander J. Ellis, "Additions by the Translator" in Hermann Helmholtz, *On the Sensations of Tone as Physiological Basis for the Theory of Music* (New York: Dover 1954), p. 442: A. J. Ellis, "The History of Musical Pitch," *Journal of the Society of Arts* (March, 1880), pp. 293~404 (299).

굽쇠의 진동수를 정확하게 읽어내고자 하는 유럽 음향학의 필요를 채우는 데 진일보했다.[26]

메이어가 공명기를 상징적인 기구로서 도입하다보니 필요하지 않은 곳에서도 공명기를 사용하는 행태를 보였다. 메이어가 선박 안전을 도모하기 위한 안개 신호를 포착하는 장치인 토포폰(topophone)을 1879년에 발명할 때 그러한 행태가 나타났다.[27] 이전부터 유럽과 미국에서는 안개가 끼거나 한밤중에 선박의 위치를 파악할 수 있도록 등대에서 광학적 신호를 보내줄 뿐 아니라 음향학적 신호를 보내주고 소리의 방향을 정확하게 측정하여 배의 위치를 알아내는 방식을 취해 왔다. 그런데 빛 신호와 달리 음향 신호는 방향을 정확하게 파악하는 데 어려움이 있었고 이러한 문제를 해결하기 위하여 메이어는 토포폰을 발명하였다. 해안 근처의 어떤 지점에서 소리가 발생하면 일정한 거리를 두고 떨어진 두 지점에서 토포폰으로 동일한 음원의 방향을 정확하게 알아내면 삼각측량법을 동원해 음원까지의 거리를 구할 수 있었다. 이를 위해 메이어는 두 개의 공명기를 일정한 거리만큼 떨어뜨려 놓고 두 공명기에 도달하는 소리의 위상과 세기의 차이가 전혀 없도록 공명기의 위치를 바꿈으로써 소리의 방향을 파악하게 했다(그림 4-8). 다시 말해서 두 공명기의 입구가 하나의 구형 파면에 놓이도록 하면 두 공명기를 연결하는 선의 수직 이등분면은 음원을 지나게 되어 있었다. 이를 통해 관찰자는 음원의 방향을 알게 되어 있었다. 이때 두 공명기의 입구가 하나의 파면에 동시에 놓이도록 하기 위해 두 공명기에 도

26 Ku, "Alfred M. Mayer and Acoustics in Nineteenth-Century America," pp. 239~240.

27 A. M. Mayer, "Topophone," United States Patent, No. 224,199 (1880).

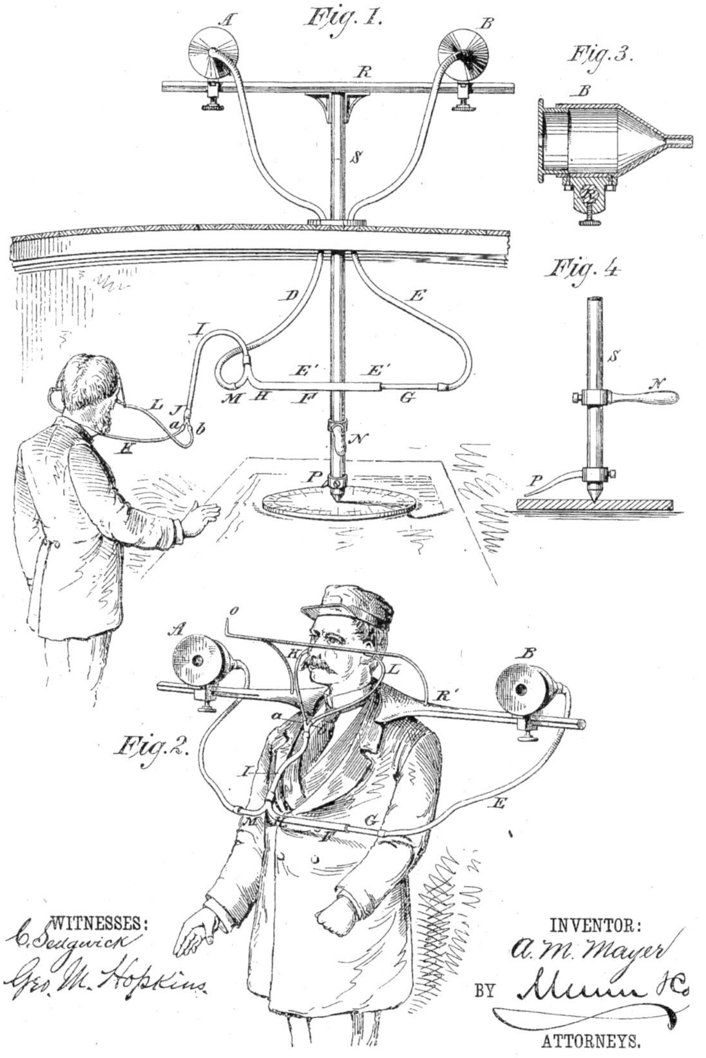

그림 4-8 메이어의 토포폰

출전: U.S. Patent No. 224,199 (1880)

달한 소리가 연결된 이어폰을 통해 귀로 전달될 때 두 관의 길이가 동일하면 동시에 두 공명기에 도달한 소리는 위상 차이가 전혀 없이 귀에 전달되어 강한 세기로 들리게 된다. 이것이 흐트러지면 소리의 세기가 약화되기 때문에 두 공명기를 올려놓은 막대의 각도를 적당히 틀어줌으로써 두 공명기에 파면이 동시에 도달하도록 만들 수 있었다.[28]

이 장치에서 공명기는 특정한 진동수의 부분음을 포함하는 소리만을 증폭해 주기 때문에 다양한 안개 신호에 대해서 적절하게 대응하는 역할을 하는 데 오히려 적절하지 않다. 토포폰 이후에 나온 다른 소리 방향 파악 장치가 나팔 형태의 집음 장치를 씀으로써 소리를 효과적으로 모으는 데 집중한 반면에 메이어의 토포폰은 공명기를 집음 장치로 씀으로써 오히려 소리를 선택적으로만 모으는 특성을 갖게 된 것이다. 이러한 메이어의 반응은 공명기라는 상징적인 장치에 지나치게 집중함으로써 오히려 자유로운 탐구가 방해 받았음을 보여준다. 공명기의 실질적인 유용성에 집중하기보다는 공명기를 채택함으로써 자신이 그 연구 집단의 일원임을 드러내는 일에 더 관심을 기울이게 되면 공명기의 실효적 기능은 차후의 관심사가 될 수 있다. 메이어의 토포폰에서 공명기의 선택은 그러한 선택으로 볼 수 있다.

28 구자현, 『앨프레드 메이어와 19세기 미국 음향학의 발전』(서울: 한울, 2010), pp. 241~244.

3. 상징의 쇠퇴: 음고에서 벗어난 새로운 음향학

음고에서 벗어난 새로운 음향학이 19세기 말부터 미국에서 추구되기 시작했다. 미국은 유럽과는 다른 맥락에서 음향학 연구가 추구되었는데 그것은 미국이 유럽만큼 음악을 향유하는 계층이 두텁지 않았던 것이 주된 요인 중 하나였다. 19세기 내내 미국은 유럽의 음악을 수입하는 입장에 있었지 자체적으로 음악을 창출하는 문화적 기반이 형성되지 않았다. 미국의 음악 교육은 종교적인 목적에서 교회 음악 지도자를 양성하는 데 주로 맞추어져 있었다. 게다가 유럽처럼 세속 음악을 향유하는 귀족이나 중간계급의 인구층이 매우 엷었다. 그러므로 미국의 음향학은 추구 동기에서부터 유럽처럼 음악에 봉사하는 음향학으로서의 개념이 옅었다. 그리하여 유럽처럼 음고를 탐구의 핵심으로 삼는 음향학이 좀처럼 번성하지 않았다. 그러므로 유럽의 전통을 이어받은 메이어를 제외하고는 악음과 관련한 연구를 하는 음향학자는 거의 없었다. 그러므로 그들에게는 소리굽쇠와 공명기를 상징으로 하는 음향학 연구의 맥락이 형성되어 있지 않았다.

메이어가 한창 활동하던 19세기 말까지 그의 연구와 방불한 수준으로 연구를 수행한 미국의 음향학자는 전무했다. 20세기에 들어가서야 새로운 세대의 미국 음향학자가 출현하는데 그들은 음향학의 추구 방향이나 활동 영역에서 유럽과는 다른 새로운 음향학을 추구하였다. 그들에게 음향학의 상징으로서 소리굽쇠와 공명기는 더 이상 제 기능을 발휘하지 않았다. 그들은 공명기나 소리굽쇠를 등장시켜 스스로 같은 연구자 집단에 있다는 것을 드러낼 필요가 없었다.

그렇다고 해서 미국 과학자들이 이 두 기구를 잘 몰랐던 것은 아니다. 미국에서도 쾨니히의 측음계가 필라델피아 박람회에 전시되었을 때 큰 인기를 얻었다. 그리하여 이 소리굽쇠를 이용한 놀라운 장치를 구입하려는 열망이 과학자들 사이에서 일어났고 쾨니히는 이 기구를 미국에 두고 판매를 의뢰하고 프랑스로 돌아갔다. 그렇지만 미국에서 이 기구를 활용한 연구가 시도되지 않았다. 미국인들이 이 기구를 구입하려는 목적도 연구용이 아니라 교육용으로 활용하려는 것이었다. 그들의 망설임은 이 비싼 기구를 사서 유럽에서 소리굽쇠를 중심으로 진행되는 음향학 연구를 따라 잡으려는 고민과는 무관하고 그것을 과학 교육에 활용할 가치가 있는가에 대한 고민에서 비롯된 것이었다. 그렇지만 이 기구는 1880년까지 구매하겠다고 나서는 사람들이 없어서 판매되지 않았고 연구에 사용되지도 않았다. 1882년에 미국 정부가 일부를 구매하여 웨스트포인트(West Point)에 있는 육군사관학교에 보관하도록 하였고 나머지는 토론토 대학이 구매하였다. 그렇지만 그 이후에도 이 소리굽쇠가 공식적으로 음향학 연구를 위하여 사용되었다는 기록은 없다.[29]

실제로 19세기에 많은 미국의 물리학 교수들이 유럽을 방문하면서 실험 기구들을 사들였는데 그들이 즐겨 구매한 상품이 쾨니히의 소리굽쇠였다.[30] 그렇지만 소리굽쇠를 구입하여 그것으로 연구를 수행한 미국의 과학자는 찾아보기 어렵다. 메이어의 업적을 제외하면 미국에서는 소리굽쇠를 사용한 독창적인 연구 성과가 나오지 않았다. 그렇

---

29 David Pantalony, *Altered Sensations: Rudolph Koenig's Acoustical Workshop in Nineteenth-Century Paris* (New York: Springer, 2009), pp. 123~126.

30 Pantalony, *Altered Sensations*, pp.111, 114~115.

다면 왜 미국의 물리학자들은 소리굽쇠를 그렇게 열심히 사들였는가? 그것은 그들의 교육상 소리굽쇠가 필요하다는 의식 때문이었다. 그들에게 있어서 소리굽쇠는 연구의 도구가 아니라 교육의 도구였다. 실험을 통한 물리 교육을 겨냥했을 때 미국의 물리학자들은 소리굽쇠를 기본적인 기구로 판단하였다. 그렇지만 그것을 연구하여 악음의 본질을 이해하겠다는 생각을 하지는 않았다.

1876년에 전화기가 발명되었을 때 유럽식으로 음고 중심 접근법을 쓴 라이스(Johann Phillipp Reis, 1834~1874)와 그레이(Elisha Gray, 1835~1901)는 실패했다. 미국적 풍토에서 전화기를 바라보았던 벨(Alexander Graham Bell, 1847~1922)의 시도는 성공에 이르렀고 다른 경쟁자를 제치고 전화기의 산업화를 통해 큰 부를 획득하였다. 라이스는 송화기와 수화기를 만들 때 단속적인 전류에 의해서 송화기와 수화기가 작동된다는 개념으로 접근하였다. 이것은 헬름홀츠의 소리 합성기가 기본적으로 단속적 전류에 따라 작동되었기 때문에 단속적 전류를 통하여 소리를 전달하는 것이 가능하리라는 믿음을 반영한 것이다. 사람의 발화를 단속적 전류로 바꾸는 장치가 라이스의 송화기이고 단속적 전류를 자왜(magnetostriction) 현상을 이용하여 기계적 진동으로 바꾸는 것이 라이스의 수화기였다. 그렇기 때문에 라이스 전화기는 악음은 음색을 충분히 살리지 못하더라도 음고가 있는 음의 형태로 재생할 수는 있었지만 사람의 음성은 음소를 차별성 있게 전달하지는 못했기에 통화 가능한 음질을 확보하지 못했다.[31] 그레이는 미국에서 전화기

31 구자현, 「라이스의 전화기 발명과 통화 음질의 문제」, 『한국음향학회지』 29 (2010), pp. 395~401.

를 발명하기 위한 연구를 수행하였지만 유럽의 음향학에 대해서도 잘 알고 있었다. 그는 전화 송화기를 만들기 위하여 소리를 모으는 깔때기에 여러 개의 크기와 무게가 다른 접촉 라이더(rider)를 설치하여 깔때기가 진동할 때 접촉 라이더와 깔때기 사이에 접촉의 정도가 변하면서 다양한 세기의 전류가 발생하도록 설계하였다. 그레이는 라이스와 달리 단속적 전류가 아니라 변화하는 전류를 사용한 점에서 벨의 전화기와 마찬가지였지만 음을 제대로 받아들이기 위해서는 하나의 접촉점이 아니라 여러 개의 접촉점이 있어야 한다는 생각을 했다. 이것은 여러 개의 소리굽쇠와 공명기를 채용한 헬름홀츠의 소리 합성기의 개념을 원용하였기 때문일 것이다.[32] 그레이 자신은 교육 받은 기술자로서 유럽에서 널리 연구되고 있었던 음향학에 대하여 잘 알고 있었다. 그는 원래 전화기보다는 조화 전신기 연구에 전문가였다. 그레이가 특허 낸 조화 전신기는 하나의 회선으로 16개의 전신 신호를 동시에 보낼 수 있는 장치였다. 이 새로운 기술을 바탕으로 그레이는 전신 사업을 지배하고 있었던 웨스턴 유니언 사(Western Union Company)와 겨루는 우편 전신 회사(Postal Telegraph Company)를 설립하였다. 당시 전신 기술은 전자기학의 지식에 토대를 두고 발전하고 있었던 대표적인 과학 기반 기술이었고 이 분야에 대한 전문지식을 그레이는 가지고 있었다. 그렇기 때문에 그가 전자기학뿐 아니라 음향학에 대한 지식도 정통했던 것은 이상한 일이 아니었다. 그러므로 그에게 있어서 소리굽쇠와 공명기라는 상징이 갖는 음고 중심의 음향학의 개념은 그의 뇌리에

32 구자현, 『앨프레드 메이어와 19세기 미국 음향학의 발전』(서울: 한울, 2010), pp. 128~129.

깊이 뿌리내린 것이었다. 그러므로 그는 소리를 모으는 깔때기를 공명기처럼 생각했고 그것에서 소리굽쇠가 발생시키는 것과 같은 단음으로 이루어진 부분음을 분리하여 검출하기 위하여 접촉 라이더를 발상했던 것이다. 그것은 19세기 후반 유럽의 음향학을 접하고 그것의 첨단 연구를 따라가는 연구자로서는 당연한 사고과정이었을 것이다. 그레이 자신은 첨단 음향학의 수용자로서 다른 경쟁자들을 앞설 수 있으리라는 생각을 했을 것이다.

그렇지만 역사는 전혀 다른 쪽에서 길을 열어 주었다. 그레이가 알지 못했지만 그의 경쟁자였던 벨은 지식과 전문성에서는 그레이와 비견될 수 있는 인물이 아니었다. 벨은 아일랜드에서 아버지 멜빌 벨(Alexander Melville Bell, 1819~1905)을 따라 청각 장애자에게 말을 가르치는 일에 어려서부터 종사했고, 그런 이유에서 음성학을 공부했다. 그는 아버지를 따라 캐나다로 이주하고 보스턴에도 아버지의 부탁을 받아 출강하곤 했다. 그는 1874년에 청각 장애자에게 말을 가르치는 일을 잘 하기 위해서 소리자동기록기(phonautograph)라는 발명품에 관심을 갖게 되었고 그것이 전화기 발명의 시발점이 되었다. 소리자동기록기는 프랑스의 기술자인 스코트(Édouard-Léon Scott de Martinville, 1817~1879)가 1860년대에 발명한 것으로 나팔에 대고 말을 하면 나팔에 연결된 막을 진동시켜서 그을음이 낀 유리에 파동 형태의 무늬를 만들어내었다(그림 4-10). 벨은 이 장치가 소리를 기록할 수 있다는 것에 주목했고 작은 막이 무거운 레버를 작동시키는 것을 주목하면서 공기의 진동을 막대의 진동으로, 막대의 진동을 전기 신호로 바꿀 수 있으리라는 생각을 했다. 이로써 1874년 7월에 벨은 전화기의

그림 4-10 자동소리기록기
출전: D.C. Miller, *An Anecdotal History*, p.88.

원리를 떠올리게 되었다.[33] 그렇지만 당시에 벨은 외르스테드(Hans Christian Oersted, 1777~1851)의 전자기 유도와 패러데이(Michael Faraday, 1791~1867)의 자전기 유도에 대한 지식 외에는 전자기학이나 음향학에 대한 지식이 전무하다시피 했다. 그는 친분이 있었던 스미소니언 협회(Smithsonian Institution)의 책임자였던 헨리(Joseph Henry, 1797~1878)에게 전화기를 연구하려고 하는데 자신에게 전문 지식이 없다고 했고 헨리가 해준 말은 "가서 얻으시오!"(Go get it!)였다. 벨은 자신의 발명을 위하여 필요한 지식을 얻기를 추구했고 기술적인 문제는 그가 고용한 조수인 왓슨(Thomas A. Watson, 1854~1934)에게서 해결책을 얻었다. 벨은 헬름홀츠에 대해 알았고 초기에는 복합음을 구성하는 여러 개의

33 John Brooks, *Telephone: The First Hundred Years* (New York: Harper & Row, 1976), p. 40.

조화 진동인 부분음들을 분리시키는 하프식의 장치를 고안하기도 하였지만 그것을 포기하고 소리자동기록기에서 착안한 대로 복합적인 진동에서 가변 전류를 얻는 방식을 추구하여 음성을 제대로 전달할 수 있는 전화기를 발명할 수 있었다.[34] 그러므로 벨의 전화 발명은 소리굽쇠와 공명기로 상징을 삼는 유럽의 음향학 지식을 제대로 가지고 있었기 때문에 성공한 것이 아니라 유럽의 음향학 전통에서 벗어나 독자 노선을 갔기 때문에 성공할 수 있었던 것이다.

벨에게 있어서 음향학은 소리에 대한 과학적 이해일 뿐이지 악음, 음고, 부분음에 초점을 맞추는 음향학, 소리굽쇠와 공명기를 상징으로 사용하는 음향학이 아니었다. 그렇지만 벨 자신은 전화기로 대성공을 거둔 후에 스스로 과학자로 인정을 받지 못하는 것을 안타까워하며 스스로 과학자로 인정받기 위해서 부단히 유럽 중심의 과학자 집단에 들어가기 위한 노력을 경주하였다. 이러한 사실은 벨 자신이 얼마나 스스로 유럽의 발전한 과학자 집단에서 유리된 존재였고, 그렇기 때문에 유럽 과학자 집단의 상징 문법에 무지하였는지를 잘 보여준다. 역사상 가장 비싼 발명품이라고 하는 전화기로 특허를 받은 벨이 기술자로서는 가장 존경 받는 위치에 설 수는 있었지만 과학자로서는 그러하지 않았고, 오히려 그의 발명은 과학의 중심에서 동떨어진 상태에 있었기 때문에 가능하였다는 것은 창의성은 다르게 생각하기에서 비롯되며 소통과 격리의 미묘한 줄타기에서 대단한 성공으로 이어질 수 있다는 것을 보여준다.

---

34 구자현, 『앨프레드 메이어와 19세기 미국 음향학의 발전』, pp. 122~123.

19세기에서 20세기로 전환되는 시기에 미국의 음향학은 하버드 대학에서 잔향(reverberation) 연구로 유명해진 새빈(Wallace Clement Sabine, 1868~1919)의 연구에서 시작되었다. 미국 음향학의 기초자로 추앙받는 새빈이 새로운 유형의 음향학을 창출해낸 데에는 미국적 문화의 배경으로서 실용적인 지식을 중시하는 풍조가 주된 역할을 했다.[35] 19세기 미국에서 악음을 이해하고자 하는 과학적인 동기는 결여되어 있었던 반면에 새롭게 수입되는 유럽의 음악을 잘 연주하기 위한 음악당을 잘 짓는 문제는 새로운 관심사로 떠올랐고 건축 음향학이 관심을 끌기 시작했다. 19세기까지 건축 음향학은 유럽에서 별로 관심을 끌지 못하는 분야였다. 고대부터 이미 무대를 빙 둘러서 항아리를 박아서 항아리의 공명음으로 음향 효과를 좋게 하려는 시도가 있었다.[36] 그렇지만 19세기에 이르기까지 어떤 건물의 형태가 음향 효과를 가장 좋게 만드는지에 대한 체계적인 경험적 연구나 수학적 연구가 이루어지지 않았다. 건축가들은 음향 효과보다는 미관과 상징에 더 치중하는 건축을 추구하였고 건물의 음향 효과는 건축 설계에서 별로 고려해야 할 사항이 되지 못했다.[37]

현대 건축 음향학의 길을 연 새빈은 하버드 대학의 강당에서 잔향

35 Emily Thompson, *The Soundscape of Modernity: Architectural Acoustics and the Culture of Listening in America, 1900-1933* (Cambridge: MIT Press, 2002), pp. 33~34.

36 R. G. Arns and B. E. Crawford, "Resonant Cavities in the History of Architectural Acoustics," *Technology and Culture* 36 (1995), pp. 104~135.

37 Thompson, *The Soundscape of Modernity*, p. 24; Viktoria Tkaczyk, "Listening in Circles. Spoken Drama and Architects of Sound, 1750~1830," *Annals of Science* 71(2013), pp. 299~334.

시간을 측정하고 잔향 시간에 영향을 미치는 다양한 요인들의 효과를 정량화하였다. 그는 잔향 시간과 방의 전체 흡수율의 곱은 방의 체적에 비례한다는 것을 발견했고, 이는 새빈의 법칙으로 알려졌다. 그의 음향학 연구는 소리의 속성 중에서 세기에 집중하는 것이었고 잔향이라는 누구도 주목한 적이 없는 현상에 초점을 맞추었다. 그리고 그러한 새로운 변수를 측정에 의해 정량화함으로써 유럽의 음향학과는 차별화되는 새로운 음향학을 개척했다. 어떤 공간에서 소리가 재생될 때, 많은 메아리가 발생하고 소리가 벽과 공기 중에 흡수되면 소리가 천천히 감쇠하면서 잔향 효과를 일으키게 된다. 일반적으로 소리의 반사가 잘 되는 공간에서는 잔향 시간이 길어지는데 이 시간이 지나치게 길어지면 말의 분절은 뒤섞여 들리지 않게 되고, 음악도 겹쳐지면서 원하지 않는 효과를 낸다. 그렇지만 시간이 지나치게 짧아지면 말의 분절은 분명하게 전달되지만 건조한 느낌이 들고 음악도 화성이 안 좋아진다. 그러므로 공간의 목적에 따라 잔향 시간을 얼마로 잡을 것인가는 달라지게 된다. 이러한 문제는 매우 실용적인 것이어서 사람들의 목적에 맞게 소리를 통제하는 구체적인 방안을 도출하려는 노력이 이어졌다. 그렇기 때문에 미국의 음향학자들이 다음으로 관심을 기울인 것은 소음을 줄이는 방안에 대한 연구였다. 전화기에서 들리는 전기 소음은 통화를 방해하고, 거리의 소음이나 공장의 기계음은 사람들의 정신을 쇠약하게 만들어 건강상의 위해가 된다는 인식이 자라나면서 소음을 측정하고 통제하고 줄이기 위한 방안이 연구되었다.[38]

38 Thompson, *The Soundscape of Modernity*, pp. 144~157.

이와 더불어 1870년대 후반에 출현하여 빠르게 상업화의 길을 밟은 전화기와 축음기는 음질을 개선하는 문제와 맞물려서 새로운 기술상의 수요를 창출했고 이에 대한 과학적인 접근을 요구하면서 과학 기반 기술을 창출하는 일을 위해 큰 자본이 투입되는 양상을 낳았다. 이로써 음향 기술은 미국적 토양에서 실제적인 문제를 해명하기 위한 지식을 요구하면서 19세기 유럽의 음향학에서 치중하였던 길과는 차별화되는 지식의 필요와 맞부딪쳤다. 레일리의 『음향 이론』이 이러한 미국 전화 산업의 요구에 따라 1926년에 새롭게 미국에서 재인쇄된 것은 레일리의 수리 음향학이 전화 기술상의 문제를 해명하는 데 큰 도움이 되었음을 시사한다. 이것은 레일리의 저술이 단순히 진동수와 음고의 문제에 국한하여 논의를 한정한 것이 아니라 진동과 파동 일반에 대한 수학적인 취급에 주의를 집중하여 폭넓은 논의를 전개함으로써 일반화된 수리 물리학의 유용성을 다시금 증명한 계기가 된 것으로 볼 수 있다.[39]

그림 4-11 초기 형태의 축음기

출전: D. C. Miller, *The Science of Musical Sound*, p. 76.

39 구자현, 『레일리의 음향학 연구의 성격과 성과』 (파주: 한국학술정보, 2008), pp. 186~187.

1928년에 세계 최초의 음향학회인 미국 음향학회(Acoustical Society of Acoustics)가 설립되었다. 미국의 음향학자들은 스스로가 물리학이 양자역학을 중심으로 하는 방향으로 나아가면서 자신들이 관심을 갖는 음향학적 주제들이 물리학의 중심에서 벗어나는 것을 보고 자신들만의 관심사를 취급할 독립적인 학회의 필요성을 절감하면서 미국 음향학회를 설립하기에 이르렀다. 미국 음향학회의 설립자들은 음향학적 지식을 기술적으로 응용함으로써 음향학을 경제적 효과를 창출하는 혁신적인 기술의 원천으로 자리매김했다.[40] 이때부터 사실상 음향학은 과학보다는 기술의 성격을 띠는 학문 분야로 탈바꿈하게 된다. 미국 음향학회에서는 실제적인 문제들을 주로 취급하면서 기술적인 응용을 염두에 둔 연구가 주로 논의되었다. 이것은 미국적인 음향학의 성격이기도 했다. 그러므로 미국 음향학회의 음향학은 19세기에 유럽을 중심으로 연구되었던 과학적이고 악음의 본성의 규명을 위한 연구에 초점을 맞추었던 음향학, 다시 말해서 소리굽쇠와 공명기의 음향학에서 벗어나 실용적인 음향학을 추구하게 되었으며 이들의 연구에서는 더 이상 소리굽쇠와 공명기는, 쓰이지 않게 된 것은 아니지만, 주요 실험 기구가 아니었다. 그러므로 19세기 유럽식의 음향학에서 유지되어 왔던 상징으로서 소리굽쇠와 공명기의 지위는 더 이상 유지되지 않았다.

40 Robert T. Beyer, *Sounds of Our Times: Two Hundred Years of Acoustics* (New York: Springer, 1999), pp. 232~233.

4. 맺음말

과학 수사학에 대한 두 가지 구별되는 탐구 방향이 존재한다. 하나는 과학자들이 설득을 하기 위한 목적으로 의도적으로 수행한 전략을 분석하는 방식으로 접근하는 것이다. 이 접근법은 과학 저술에 나타난 과학자들의 의도를 파악하는 데 초점을 맞춘다. 또 하나는 과학자들이 언어라는 매체를 사용함으로써 부지불식간에 상징 속에 반영하는 가치관과 신념을 읽어내는 것이다. 이 장에서 집중된 논의는 후자에 속한다. 19세기 음향학의 실물적 상징으로 자리 잡은 소리굽쇠와 공명기가 어떻게 그러한 상징으로서 지위를 획득하게 되었고 어떻게 그것을 잃게 되었는지를 살펴보았다.

오늘날 의사의 상징이 흰 가운과 청진기이듯이 19세기 후반에 음향학자의 상징은 소리굽쇠와 공명기라는 실험 기구였다. 이러한 상징을 구축하고 그것을 강화하고 전파하는 데 중심적인 역할을 한 음향학자로는 헬름홀츠, 쾨니히, 엘리스, 레일리, 메이어를 들 수 있다. 이들은 모두 19세기 후반에 음향학 분야를 이끌어간 중심인물들이었으며 이들에 의해 음향학의 구도가 그려졌다. 이들을 제외하고 같은 시기에 음향학자로서 명성을 얻었던 인물은 틴들과 헨리로 이들은 소리굽쇠와 공명기로 상징되는 악음, 음고, 진동수, 단음의 음향학이 아니라 소리가 매질에서 약화되는 방식을 주로 탐구하는 대기 음향학에 종사하였다.

본래 음악가들의 기구였던 소리굽쇠가 과학 실험 기구로서 음향학자들에게 널리 사용되게 된 데에는 소리굽쇠가 안정되게 단음을 발생시킨다는 인식이 크게 기여했다. 소리굽쇠의 진동수를 정확하게 잴 수 있는 방법을 1834년에 샤이블러가 수립하면서 A=440Hz 소리굽쇠는 음고의 기준으로서 슈투트가르트 음고에 채택되었다. 안정된 진동수의 진동을 일으키는 소리굽쇠의 특성이 실험 기구로서 소리굽쇠를 더욱 널리 활용되게 하였고 음향학 실험에서 소리굽쇠는 서서히 필수적인 기구로 자리 잡게 되었다.

게다가 1822년에 푸리에(Jean-Baptiste Joseph Fourier, 1768~1830)가 복잡한 진동을 단진동의 합으로 분해하는 방법을 제시한 것은 진동과 소리의 연구에서 일대 혁신을 불러 일으켰다. 그것은 음향학 분야에서만 국한된 혁신이 아니라 물리학 전반에 혁혁한 공헌을 했다. 온갖 종류의 물리적 현상이 진동이거나 파동으로 표현될 수 있다는 것으로부터 복잡하게 생긴 파형이 단순한 조화 진동의 합으로 분해가 가능하고 그러한 수학적 도구가 개발되었다는 것은 수리 물리학의 발전에 지대한 영향을 미쳤다. 열, 전기, 자기, 소리, 빛, 파동 일반 등에 걸친 여러 가지 현상들을 해명하기 위해서는 미분 방정식을 수립하고 풀어야 하는데 푸리에 정리는 복잡한 해를 단순한 해의 합으로 표현하는 것을 가능하게 해줌으로써 분야들을 통합하고 한 분야의 발전이 다른 분야의 발전을 촉진하는 시너지 효과를 발휘했다. 음향학이 물리학의 핵심 분야로서 유독 주목을 받게 된 것도 물리학 전반의 문제를 푸는 데 있어서 음향학이 열, 전기, 자기와 같은 비가시적 현상을 취급하기 위하여 소리와 진동이라는 만져지고 볼 수 있는 현상과의 유비가 유용하다는 관점 때문이었다. 그러한 가시화를 더욱 확고하게 만들어준 것은 소리굽쇠와 공명기였다.

이러한 작업을 선구적으로 성공시킨 인물은 헬름홀츠였다. 그는 수학적으로 깊은 통찰력이 있었을 뿐 아니라 수학적으로 사고한 것을 실험 기구를 통해 실물로 전환하는 데에도 천재적인 능력을 갖춘 과학자였다. 그는 공명기를 부분음을 검출하는 기구로서 음향학 안에 새롭게 자리매김했다. 헬름홀츠가 공명기를 이용해서 푸리에가 수학적으로 예견하였고 옴(Georg Ohm, 1789~1854)이 물리적으로 제시한 부분음의 존재를 입증하고, 소리굽쇠와 공명기를 이용해서 만든 소리 합성기를 써서 단음들을 합성하여 복합음을 만들어 모음과 악음을 흉내 냈을 때 이 두 기구의 용도는 음향학 안에서 확고하게 정립되었다.

쾨니히는 소리굽쇠를 비롯한 음향학 기구를 제작하는 제작자로서 실험 연구자들에게 도움을 줄 뿐 아니라 교육용 기자재를 널리 주문 생산하였다. 그는 소리굽쇠와 공명기를 기반으로 한 다양한 실험 장치를 제작하여 독창적인 연구를 수행하여 연구자로서 명성을 얻기도 하였다. 소리굽쇠에 새겨 넣은 'RK'라는 로고는 음향학 실험의 정밀성의 상징이 되었다. 그의 소리굽쇠는 온도와 습도 등의 외부적 조건에 관계없이 항상 안정되게 정확한 진동수의 음을 발생시키는 것으로 신뢰를 얻었다. 1876년에 필라델피아 백주년 전람회에 출품된, 수백 개의 크고 작은 소리굽쇠와 공명기로 구성된 그의 측음계는 첨단 과학의 상징으로서 많은 사람들의 관심과 갈채를 받았다. 쾨니히를 통해서 소리굽쇠와 공명기는 음향학적 상징으로서 확고한 지위를 과학자들과 일반인들에게 각인되었다.

엘리스는 1880년대에 소리굽쇠를 자신의 연구의 중심에 놓음으로써 과학자로서 인정을 받게 되었다. 엘리스는 헬름홀츠의 책을 영어로 번역함으로써 독일의 음향학을 영국에 전달하는 일에 선구자가 되었는데 단순히 책을 번역하는 데 그치지 않고 자신의 연구에 바탕을 둔 비평과 평가를 통해서 영국에서 악음에 토대를 둔 음향학 전통이 확고하게 수립되게 하는 데 기여하였다. 그는 악기 제작자인 힙킨스(A. J. Hipkins, 1826~1903)의 도움을 받아 여러 지역의 기준 음고로 사용된 소리굽쇠의 진동수를 측정하는 연구를 수행하였고 이로써 '음악적 음고의 역사'를 정리함으로써 음악 음향학자로서의 지위를 확고히게 수립하였다. 엘리스는 소리굽쇠와 공명기를 잘 다루는 레일리, 쾨니히와 함께 작업을 하면서 실험 연구자로서의 지위를 확고하게 하였고 음악을 위하여 봉사하는 음향학의 위치를 더욱 확고히 하고자 하였다.

레일리는 물리학자로서 음향학을 자신의 주된 연구 분야로 삼아 수학적 이론과 실험적 수행을 통하여 양 방향에서 음향학을 확고한 과학적 기반 위에 올려놓았다. 그는 불후의 명작인 『음향 이론』을 집필하여 수리 음향학을 확실한 물리학의 한 분야로서 정립시켰고, 소리굽쇠와 공명기를 능숙하게 활용하는 실험을 통하여 악음과 음고를 중심으로 하는 유럽의 음향학을 활짝 꽃피우게 하였다. 레일리는 소리의 방향 지각 실험에서 소리굽쇠와 공명기를 능숙하게 활용하여 실험 목적을 달성하였고 분사물의 연구에서는 공명기를 진동을 강화하는 용도로 활용하였으며 노래하는 불꽃에서 불꽃 위에 세운 관이 공명기 역할을 한다는 것을 보임으로써 공명기의 기능을 더욱 확고하게 이해시켰다. 그는 가변 공명기를 만들어 실험에서 더욱 원활하게 공명기를 이용할 수 있도록 만들었고 소리굽쇠를 이용하여 회전속도 조절기를 만들어 물리 실험에서 시간적 정밀성을 더욱 드높였다. 공명기와 소리굽쇠를 이용하지 않는 실험에서도 레일리가 많은 진전을 이룩하였지만 소리의 진동수는 그의 음향학 연구에서 소리의 세기나 음색에 비하여 우선적인 관심사를 드러내는 주제였다.

메이어는 미국인으로서 미국에서 주로 활동하면서도 유럽의 첨단 음향학을 이해하고 그것을 자신의 연구 분야로 삼기 위해서 소리굽쇠와 공명기를 활발하게 사용하는 실험 연구를 수행하여 유럽에서 명성을 얻었다. 그가 음향학자로서 유럽의 학계에 진입하기 위해서 가장 확실한 길은 소리굽쇠와 공명기를 그의 실험 연구에서 사용하는 것이었다. 그는 소리굽쇠의 진동수를 잴 수 있는 안정적인 방법을 고안했으며 소리굽쇠와 공명기를 이용해서 소리의 잔류 감각을 측정하는 실험을 수행하여 헬름홀츠의 협화/불협화 이론을 보완했다. 또한 메이어는 소리굽쇠를 여러 개를 활용하여 동시에 진동시키고 소리굽쇠의 진동을 막의 진동으로 변환시켜서 복합음을 만들어내는 실험을 수행함으로써 사람의 고막이 어떻게 부분음에 반응을 보여 진동을 하는지를 가시화함으로써 헬름홀츠의 청각의 공명 이론을 지지하였다. 배에서 안개 신호의 방향을 감지하기 위한 용도로 메이어가 고안한 토포폰은 꼭 필요하지 않은데도 불구하고 공명기를 채용함으로써 공명기의 과잉 사용의 모습을 드러내었다. 이것은 상징을 사용하는 어법이 너무 과도하여 과학의 발전에는 걸림돌이 되는 일이 발생하는 사례이다.

1876년에 전화기가 발명된 사례에서 3인의 경쟁자 중에서 음향학 지식이 가장 적은 벨이 통화 가능한 전화기를 만들게 된 것은 소리굽쇠와 공명기를 상징적으로 사용하는 음향학 연구 전통이 오히려 전화기의 발명에 걸림돌을 놓았다는 것을 보여준다. 라이스와 그레이가 수행한 연구에서는 그들이 이미 습득하고 있었던 음향학 지식에 입각하여 단속적 전류나 공명기를 활용하거나 부분음의 채집과 합성에 신경을 쓰는 방식이 채택되었는데 그러한 방법들이 별로 성공적이지 않은 결과를 내었다. 오히려 유럽 음향학에 대한 지식이 거의 없는 벨은 자유로운 발상으로 진동에서 가변 전류를 생산하고 전달하고 재생하는 방식으로 통화 가능한 전화기를 성공적으로 만들어낼 수 있었다. 소리굽쇠와 공명기의 상징 문법을 이해하지 못한 벨은 자체 노선을 따라감으로써 전화기 발명에 성공할 수 있었던 것이다.

20세기에 들어오면서 미국에서는 소리굽쇠와 공명기라는 음향학의 상징이 더 이상 유효하지 않은 음향학이 형성되어 새로운 과학자 집단을 구축해 나갔다. 새빈의 연구는 잔향에 집중하여 건축 음향학의 발전의 기초를 놓았다. 이는 음악 음향학적 맥락에서 벗어나 실용적 기술로서 음향학을 하는 새로운 방법과 목표를 제시한 연구였다. 이후 미국 음향학의 성격은 실용적인 목적에서 소리의 세기, 소음, 음질과 관련 있는 연구에 치중하는 양상을 띤다. 이러한 연구들에서는 더 이상 공명기와 소리굽쇠를 상징으로 채용하는 일은 없어졌으며 유럽의 전통과는 단절된 새로운 음향학이 만들어졌다. 이는 공명기와 소리굽쇠의 역할을 대신하는 더욱 우수한 기구가 등장함으로써 공명기와 소리굽쇠가 그 역할을 벗게 된 것이 아니라 음향학 자체의 연구 방향이 바뀜으로써 공명기와 소리굽쇠는 더 이상 음향학 연구에서 널리 사용되지 않게 된 것이고 이 기구들이 가지고 있었던 음향학의 상징성도 더 이상 유지되지 않았다. 하나의 사례로서 벨이 유럽의 음향학계에서 과학자로서 명성을 얻기 위해 노력할 때에도 더 이상 소리굽쇠와 공명기를 들고 나오지 않았으며 그는 나름의 상징을 들고 나옴으로써 자신을 유럽 학계에 과학자로서 각인시키려고 노력하였다.

5장
레일리의 『음향 이론』:
판본 비교 분석

5장

레일리의 『음향 이론』: 판본 비교 분석

1. 도입

영국의 물리학자이자 1904년에 영국인 최초의 노벨 물리학상을 수상한 레일리(3rd Baron Rayleigh, John William Strutt, 1842~1919)는 평생 열정적인 음향학 연구자였다. 레일리의 연구 성과는 물리학의 전 분야를 포괄하는데 그의 연구는 이후 물리학과 공학의 발전에 지대한 영향을 미쳤다. 물리학과 공학에 미친 그의 기여는 광범위하고도 다각적이다. 그 중에서 가장 탁월한 성취는 1877년과 1878년에 1권과 2권이 각각 출간된 『음향 이론』(*The Theory of Sound*)이다. 이 저작은 거의 50년에 가까운 레일리의 과학자로서의 경력 가운데 집필된 유일한 저서이며 그의 음향학에 대한 큰 관심을 드러낸다. 레일리는 1870년부터 1910년까지 소리에 관련된 130편 이상의 논문을 출간하였다. 그 기간 중 1895년, 1896년, 1906년의 세 해만이 음향학 연구에 대한 출판이 없을 뿐 레일리는 그의 경력 내내 음향학에 대한 관심을 놓지 않았다. 『음향 이론』은 음향학, 물리학, 공학에 큰 영향을 미친 그의 음향학 연구의 요체였다.

『음향 이론』의 역사적 의의와 지속적인 가치는 많이 연구되어 왔다.[1] 미국의 음향학자인 린제이(R. Bruce Lindsay, 1900~1985)는 『음향 이론』이 음향학을 견고한 이론적 분야로 확립함으로써 현대 음향학의 시대를 열었다고 평가했다. 그는 『음향 이론』이 출판된 이래로 수십 년간 관련 분야의 연구자들에게 정보의 보고였다고 찬사를 돌렸다.[2] 『과학인명사전』(*Dictionary of Scientific Biography*)에 린제이는 레일리의 항목을 쓰면서 그의 생애와 성과에 대해 요약했다.[3] 그렇지만 그는 레일리의 『음향 이론』을 자세히 분석하지는 않았다. 미국 음향학자 베이어(Robert Beyer)의 책, 『우리 시대의 소리: 음향학 200년』(*Sounds of Our Times: Two Hundred Years of Acoustics*)에서 저자는 한 장(chapter)을 레일리와 그의 음향학에 할애했지만 『음향 이론』의 내용에 대해서는 상세하게 논의하지 않았다. 『음향 이론』에 대한 베이어의 평가는 이렇게 모호

1 R. B. Lindsay, *Lord Rayleigh, the Man and His Works* (Oxford: Pergamon Press, 1970); Ja Hyon Ku, J. W. Strutt, Third Baron Rayleigh, *The Theory of Sound,* first edition (1877−1878)' in *Landmark Writings in Western Mathematics, 1640-1940,* edited by Ivor Grattan−Guinness (Amsterdam: Elsevier, 2005), pp. 588~99; Ja Hyon Ku, 'British Acoustics and Its Transformation from the 1860s to the 1910s', *Annals of Science* 63 (2006), pp. 412~21.

2 R. B. Lindsay, 'Historical Introduction in J. W. S. Rayleigh, *The Theory of Sound,* 2 vols. (New York: Dover, 1945), vol. 1, p. xxvii.

3 R. B. Lindsay, 'Strutt, John William, Third Baron Rayleigh' in Charles Coulston Gillispie, ed. *Dictionary of Scientific Biography* (New York: Charles Scribner's Sons, 1981), vol. 13, p. 101.

하다. "다루는 분야가 너무 포괄적이어서 여기에서 그것을 기술할 좋은 방법이 없을 것 같다. 다만 관심 있는 독자에게 그 책을 읽을 것을 추천하는 것 외에 달리 방법이 없다."[4] 다만 얼마 전에 『음향 이론』이 19세기 영국 음향학의 변환에 핵심적인 역할을 했다는 것을 분석한 논문이 출간되었다.[5]

중요한 과학 저술은 과학의 역사에서 그 자체의 가치를 가지고 있다. 그러나 역사 서술상 그 저술의 다른 가치에 우리의 눈을 돌릴 수도 있다. 그 저술은 과학 분야나 과학자 집단의 주변 상황이나 상황의 변화를 드러내는 증거로서 기능할 수도 있다. 우리는 과학 저술의 서술 방식이나 논조, 논지, 그리고 달성하고자 하는 목적 등을 분석함으로써 당시 과학계의 상황을 찾아낼 수 있다. 과학 저술은 당시의 상황을 보여주는 나이테와 같은 기능을 하는 것이다. 특히 중요한 과학 저술의 개정 작업은 두 판본 사이에 관련 과학 분야의 발전이나 상황의 변화를 드러내는 분수령과 같은 역할을 한다. 그 책의 보존된 부분과 변경된 부분은 관련된 세계의 역사에 관하여 많은 정보를 제공한다. 그러므로 우리는 이를 활용하여 교차 판본 분석을 제안할 수 있다. 이 방법을 써서 『음향 이론』을 분석해 봄으로써 그것을 둘러싼 음향학자 공동체의 상황을 파악하는 데 이 방법이 유효함을 입증해 보고자 한다. 그러한 비교 분석은 『음향 이론』의 미시적 이해를 통해 이 책의 간과된 측면을 드러내고, 저자의 숨겨진 의도와 상황까지 이해할 수 있는 새

4 Robert T. Beyer, *Sounds of Our Times: Two Hundred Years of Acoustics* (New York: Springer, 1999), p. 83.

5 Ja Hyon Ku, 'British Acoustics and Its Transformation,' pp. 395~423.

로운 관점을 제시할 것이다.

2. 두 판본의 비교 분석 방법

판본 비교 분석을 위한 가장 쉬운 시도는 단 두 개의 판본만이 존재하는 책으로 할 수 있다. 우리는 두 판본의 출판 시기와 관련하여 세 개의 시기를 지정할 수 있고 그것들을 편의상 제1기, 제2기, 제3기라고 부르자. 제1기는 초판이 출판되기 이전의 시기를 일컬으며 제2기는 초판과 재판의 출간 사이 시기, 즉 판간기(版間期)를 지칭한다. 제3기는 재판이 나온 이후의 시기를 지칭한다. 판본 비교 분석은 각 판본의 내용과 형태가 저자나 출판업자의 시대적 필요에 의해 결정된다는 원리에 기초하고 있다.[6] 이것은 제1기의 필요가 초판의 다양한 측면을 결정짓고 제2기의 필요가 재판의 다양한 특성을 결정짓는다는 의미이다. 각 판본은 그 출판 직전의 시대의 다양한 측면을 반영한다고 생각해야 한다. 해당하는 시기가 각각의 판본을 낳은 것이다. 이러한 전제는 두 판본의 비교는 제1기와 제2기를 이해할 열쇠를 우리에게 제공한

6 의사소통의 수단으로서 책에 대한 이해는 최근의 다양한 연구에서 시도되었다. 특히 Victoria Carroll, 'Beyond the Pale of Ordinary Criticism: Eccentricity and the Fossil Books of Thomas Hawkins', *Isis* 98 (2007), pp. 225~265; Roger Cartier, *The Order of Books* (Standford: Stanford University Press, 1994); Adrian Johns, *The Nature of the Book: Print and Knowledge in the Making* (Chicago: University of Chicago Press, 1998); Elizabeth Eisenstein, *The Printing Press as an Agent of Change: Communications and Cultural Transformations in Early-Modern Europe* (Cambridge: Cambridge University Press, 1979)이 두드러진다.

다는 추론을 가능하게 한다. 두 판본 사이에 일어난 일들은 재판에 영향을 미친다는 단순한 사실이 이 방법을 채용하는 것을 가능하게 해준다. 우리는 두 판본의 비교로부터 판본 사이 시기의 저자의 개인적 상황과 사회적 상황을 읽어낼 수 있다. 두 판본의 공통적인 부분은 공통의 상황을 반영한다. 그리고 재판에서 변화된 부분은 변화된 상황을 반영한다. 그리하여 제2기는 우리의 주된 관심사이다. 왜냐하면 교차 판본 분석으로부터 두 판본의 사이 시기를 가장 잘 이해할 수 있기 때문이다.

개정판은 서적 시장의 수요를 반영한다. 책을 진지하게 개정하는 것은 힘든 작업이므로 개정의 결정은 책을 개선하고자 하는 강한 욕망에서 기원한다. 저자나 출판업자가 개정판을 내려는 욕구는 그 책을 둘러싼 상황의 변화에서 비롯된다. 일반적으로 개정의 세부 사항은 그 책이 만난 긍정적인 상황과 부정적인 상황을 반영한다. 책의 장점에 대한 우호적 평판과 책의 단점에 대한 비판이 그것이다. 시장에는 그 책에 대한 많은 수요가 있었지만 그 책을 개선하면 더 많은 수요가 창출되리라는 전망이 있었던 것이다. 그러나 초판이 출간되었을 때 그 책의 모든 형태는 그 책에 가장 완벽하게 들어맞는 것으로 간주되었을 것이다. 그러나 시간이 흐름에 따라 저자와 출판업자의 판단 기준을 바꾸어 놓는 변화가 일어난 것이다. 새로운 지식, 새로운 발견들, 새로운 방법, 그리고 그 책에 관련된 분야의 지형도의 변화가 그 책을 개정하도록 저자에게 압박을 가한다. 그 특정한 책을 둘러싼 책 시장의 변화가 출판업자가 책의 개정판을 내게 하려는 새로운 요구를 만들어낸다.

상황의 변화는 개인적 차원과 사회적 차원을 구분해서 생각할 수 있다. 저자의 개인적 상황은 사회적인 상황에 의존할 수도 있다. 사회적 상황은 독자의 요구에 영향을 미치는 책 시장의 상황을 반영한다. 그 시장의 분석은 뒤따라 나오게 될 책의 내용과 형태의 기초를 이룬다. 저자나 출판업자의 시대 해석이 그 책이 전달하는 실체나 그 책이 취하게 될 형태와 관련하여 개인적으로 받아들이는 가치 체계에 의해 교란될 수도 있다. 그러므로 출판되는 판본은 그것보다 선행하는 시대의 산물인 것이다.

우리는 재판의 등장 이전까지 개정하는 사람에게 영향을 미친 다양한 요인들을 분석해야 한다. 학술적, 제도적, 개인적 요인이 개정된 책이 어떤 형태, 어떤 내용을 가질지에 관한 결정에 개입한다. 그 요인들 중 일부는 독자의 요구를 반영할 것이고 일부는 책을 파는 것과 관계없이 자신의 저술 자체를 개선하려는 저자의 욕망을 반영하기도 한다.

판본들을 분석할 때에는 먼저 개정판을 낼 때 변화된 것이 무엇이고 보존된 것이 무엇인가를 식별해야 한다. 보존된 것은 제1기와 제2기를 거치면서 유지된 가치와 필요성을 드러낸다. 즉, 초판을 생산해 낸 사회적 상황을 담은 제1기의 시대적 필요가 제2기에도 지속될 때, 재판의 개정은 제1기와 제2기의 공통의 필요를 충족시키기에 충분한 핵심적인 부분을 보존한다. 재판에서 바뀐 것은 제2기에는 존재하지만 제1기에는 존재하지 않는 무언가와, 제2기에는 부재하지만 제1기에는 존재하던 무언가를 드러낸다. 개정하는 사람이 개정판을 낼 수 있게 해준 특수한 사회적 자원들이 제2기에는 존재했다고 말할 수 있다. 개정판을 낸다는 것은 그 책의 초판이 부분적으로라도 성공적이었음을 의미한다. 적어도 그것이 부분적인 성공을 거두지 않았다면 그 책의 개정은 시도되지 않았을 것이다. 이러한 판단은 제2기에 이루어진 것이다. 초판과 비교하여 개정판을 생산한 제2기의 자원을 개정판에서 읽어내야 한다. 보존된 것은 제2기에 성공적인 것을 반영하고 변경된 것은 같은 시기에 불만족스러운 것을 반영한다. 우리는 변화된 부분에서 과거에 무엇이 일어났는지를 추론할 수 있다. 제2기에 무슨 일이 있었는지에 대한 추론을 정당화해주는 것은 제2기와 관련된 다른 자료로부터 찾을 수 있다. 그것은 수사학의 범위를 뛰어넘을 것이다.

이러한 판본 비교에서 제1기를 읽는 것은 불가능하지 않다. 재판에 보존된 것은 원래 제1기의 산물이다. 그래서 그것은 제1기의 시대정신(Zeitgeist)을 보존하고 있다. 재판에서 보존된 부분은 제1기의 특색을 드러내며 변화된 부분은 제1기에 무엇이 부재했는지를 드러낸다. 즉, 제1기의 부재는 제2기의 변화된 상황과 대조를 이룬다. 그러므로 두 판본의 차이는 두 시기의 차이의 다양한 측면을 반영한다.

판본 분석에서 분석 대상은 텍스트만이 아니라 초텍스트적(paratextual) 요소들도 포함된다. 폰트, 크기, 종이의 질, 표지의 상태 등과 같은 형식적 측면과, 목차, 추천사, 그림, 표, 부록, 색인 등의 보완적 추가물들도 분석 대상이 된다. 초텍스트적 요소들의 변경은 사회적 경향의 변화나 그 주제에 대한 개정하는 사람의 태도의 변화를 반영하는 것일 수 있다. 때때로 출판업자는 책의 판매 수익을 늘리기 위해 형식, 심지어는 내용의 개정에도 영향을 미칠 수 있다. 이런 경우에 출판업자의 기준과 가치는 저자의 원래의 의도를 교란시킬 수 있다. 거시적으로 책 시장의 상황이 신판의 개정에서 출판업자의 지향(orientation)에 영향을 미친다. 그러므로 이런 것을 고려하는 것이 개정하는 사람이 내린 결정을 이해하는 데 도움을 줄 수 있다.

이러한 분석에서 개정하는 사람은 개정판이 시장의 요구를 충족시키는 데 최선을 다한다고 가정한다. 개정하는 사람은 그 목적을 달성하기 위해 최선인 내용과 형태에 대하여 독특한 입장을 가질 수도 있다. 이러한 비교 분석을 통해서 사회적 상황을 파악할 수 있다면 그 문제에 대한 개정하는 사람의 특수한 이해를 잡아낼 수 있을 것이다.

3. 무엇이 개정판에 보존되었나?

『음향 이론』의 1권과 2권은 1877년과 1878년에 각각 처음 출간되었고 개정판은 각각 1894년과 1896년에 나왔다. 개정은 저자인 레일리 자신에 의해 완결되었다. 이제 우리는 『음향 이론』의 두 판본의 비교 분석을 수행할 것이다. 그 분석을 통해 우리는『음향 이론』초판의 출판 전과 두 판본의 출판 사이의 시기의 음향학 연구를 둘러싼 레일리의 상황과 사고뿐 아니라 그 저술 자체에 대해 더 잘 이해할 수 있다.

표 1 『음향 이론』 초판의 구성

장(chapter)	제 목	항목 번호
I	머리말(Introduction)	1~27
II	조화 운동(Harmonic Motions)	28~42
III	1차원 계 (Systems Having One Degree of Free-dom)	43~68
IV	일반적인 진동계 (Vibrating Systems in General)	69~95
V	진동계 (계속) (Vibrating Systems Continued)	96~117
VI	현의 횡진동 (Transverse Vibrations of String)	118~148
VII	막대의 종진동과 비틀림 진동 (Longitudinal and Torsional Vibrations of Bars)	149~159
VIII	막대의 횡진동 (Lateral Vibrations of Bars)	160~192
IX	막의 진동 (Vibrations of Membranes)	193~213
X	판의 진동 (Vibrations of Plates)	214~235
XI	공기의 진동 (Aerial Vibrations)	236~254
XII	관의 진동 (Vibrations in Tubes)	255~266
XIII	특별한 문제들: 평면파의 반사와 굴절 (Special Problems. Reflection and Refraction of Plane Waves)	267~272
XIV	일반적인 방정식 (General Equations)	273~295
XV	일반적인 방정식의 응용 (Further Application of the General Equations)	296~302
XVI	공명기 이론 (Theory of Resonators)	303~322
XVII	라플라스의 함수의 응용 (Applications of Laplace's Functions)	323~335
XVIII	공기의 구형 시트: 2차원 운동 (Spherical Sheets of Air. Motion in Two Dimensions)	336~343
XIX	마찰과 열 전도 (Friction and Heat Conduction)	344~348

『음향 이론』의 초판은 19장으로 구성되어 있다. 1장부터 5장까지는 진동에 대한 일반적인 논의이고 6장부터 10장까지는 고체의 진동에 대한 특별한 논의이며 11장부터 19장까지는 다양한 상황에서 공기 진동을 다룬다. 표 1은 초판의 각 장의 제목과 각장에 포함된 항목(article) 번호를 보여준다. 각각의 항목은 특정한 주제에 대한 논의를 담고 있는 단위로 1단락부터 몇 쪽까지 분량이 다양하게 구성되어 있다.

『음향 이론』의 초판은 음향학적 현상의 이론적 탐구뿐 아니라 진동과 파동의 일반적인 논의를 포함한 포괄적인 책이었다. 그 당시에 학술적인 저술의 책 시장은 학자 공동체에 의해 직접 구성되었다. 왜냐하면 학술 서적의 직접적인 수요가 관련 과목을 가르치는 학자나 학생으로부터 왔기 때문이었다. 책을 만드는 비용이 점차 줄어들자 학술 서적을 개정하는 일의 상업적 위험이 줄어들었다. 과학 서적의 개정은 학술적인 독자에서 압박을 받았으므로 과학자 공동체의 의견과 반응은 개정의 방향을 결정했다.

개정에서 보존된 것은 그 책의 특성을 위해 중요하다고 믿어지는 것이다. 그리고 그 보존은 초판을 출판할 때 핵심적이라고 믿어진 것이 두 번째 판의 출판 때까지 첫 번째 판의 중요한 부분으로 계속 간주됨을 뒷받침한다. 레일리가 『음향 이론』을 개정할 때 그는 가능한 한 많은 부분을 보존할 생각이었다. 그래서 그는 초판의 모든 내용을 보존했고 단지 약간의 단락, 항목, 장을 추가했을 뿐이었다. 그는 첫판의 체제를 보존하기를 희망했으므로 그는 거의 대부분의 장의 제목, 장의 번호, 항목의 번호를 그대로 두고 약간만을 바꾸었다. 그러므로 추가된 단락은 대괄호 [ ] 사이에 삽입하였고 추가된 항목은 그 앞의 항목과 유사하게 번호를 붙였다. 가령, 항목 235a, 235b, 235c가 이 순서로 항목 235 직후에 배열되어 있고 10a장과 10b장은 이 순서로 10장 뒤에 위치한다. 그러나 2권에는 20, 21, 22, 23장이 초판의 장 번호를 교란시키지 않고 추가되었고 이 장의 항목들은 353부터 397까지 새로운 항목 번호가 부여되었다. 체제의 온전성을 유지하는 이런 보존 유형은 『음향 이론』의 초판이 매우 성공적이었고 잘 만들어진 것으로 판간기 동안 평가받았음을 입증한다.

실제로 레일리의 『음향 이론』 집필은 매우 체계적이고 논리적이며 꼼꼼했다. 그는 초판을 엄밀하게 순서대로 조직했다. 레일리가 잠깐 케임브리지 대학의 캐번디시 연구소를 맡은 후에 그 자리를 이어받은 톰슨(J. J. Thomson, 1856~1940)은 레일리와 그의 책을 그 위대한 과학자의 사망 기사에서 이렇게 평가했다.

> 레일리는 그의 논문들을 준비하고 제시하는 데 예술가의 정신과 감각을 가졌다. 그의 책 『음향 이론』은 그 주제를 벽돌로 발견해서 대리석으로 남겨두었다고 말할 수 있다. 그것은 교재이며 독창적인 연구의 기록으로 이상적이다. 과학적 문제에 대한 판단이 레일리보다 더 건전하고 더 편견에서 자유로운 사람은 결코 없었다.[7]

게다가 레일리는 그의 저술을 위하여 가장 좋은 교열자를 얻었다. 그는 레일리의 친구이자 1865년 케임브리지 대학의 수학우등졸업시험(Mathematical Tripos)에서 3위를 한 테일러(H. M. Taylor)였다. 그는 맥밀란

7 J. J. Thomson et al. "Lord Rayleigh. O. M., F. R. S. (A Collective Obituary)," *Nature* 103 (1919), p. 365.

(Macmillan) 출판사가 『음향 이론』의 1권과 2권을 출판할 때 모두 교열을 보았다.[8] 『음향 이론』에 대한 즉각적인 반응은 그것의 성공을 예고했다. 케임브리지 대학에서 개인 수학 코치로 레일리에게 수학을 가르친 라우스(Edward John Routh, 1831~1907)는 레일리에게 이렇게 편지를 보냈다.

> 몹시 원하던 음향학에 관한 책이 내가 케임브리지를 떠나기 직전에 나에게 도착했네. ... 내가 바로 원하던 것이었음은 말할 필요가 없네. 물론 다음 긴 방학에 교재로 그것을 사용할 것이고 그것에서 많이 배우기를 희망하네. 우리는 이전보다 지금 더 깊이 그 주제로 들어갈 것이라고 생각하네.[9]

그리고 음향학과 수력학을 연구하고 있었던 영국 왕립 천문대장(Astronomer Royal of Great Britain)인 에어리(G. B. Airy, 1801~1892)는 이 저술이 비음향학적 진동뿐 아니라 소리를 깊이 있게 논의했고 더 복잡한 주제에 적용할 수 있는 수학적 깊이를 가졌다고 언급했다.[10] 무엇보다도 헬름홀츠의 논평이 가장 권위가 있었다. 헬름홀츠는 1877년과 1878년에 영국의 과학 전문 학술지인 『네이처』(*Nature*)에 각각의 권에 대하여 두 편의 우호적인 논평을 발표했다. 헬름홀츠는 이 책이 주제들을 일관되고 접근 가능한 형태로 제시했으므로 미래에 크게 도움이 될 것이며 이 책에서 채택된 방법들이 이 주제에 대한 연구에

8 R. J. Strutt, *Life of John William Strutt, Third Baron Rayleigh* (London: Arnold, 1924), p. 83.

9 Strutt, *Life of John William Strutt, Third Baron Rayleigh*, p. 84.

10 Strutt, *Life of John William Strutt, Third Baron Rayleigh*, p. 85.

서 많은 진보를 이룩할 것이라고 전망했다.[11] 미국의 음향학자인 메이어(Alfred Mayer)는 1878년에 『음향 이론』의 초판의 2권 한 부를 저자에게 받자마자 이 책의 2권에 있는 레일리의 공명기 이론에 대한 특별한 관심을 표명하였다. 왜냐하면 그는 그 주제에 관하여 실험 연구를 수행하였기 때문이었다. 1878년에 영국의 음향학자이자 음악 이론가인 엘리스(Alexander John Ellis, 1814~1890)는 『음향 이론』의 초판의 2권을 레일리에게 받고 감사의 편지를 쓰면서, 그가 그 안의 수학을 모두 이해할 수는 없었다고 고백하면서도 "극히 흥미로운 많은 결과들"을 발견했다고 말했다.[12]

초판과 재판 사이 시기에 『음향 이론』의 명성을 야기한 것은 보존된 특징들에서 발견될 수 있다. 왜냐하면 보존된 것은 개정되는 동안 살아남을 가치가 있다는 것을 입증했기 때문이다. 계속된 특징들은 저자가 초판과 재판 사이 기간 동안 『음향 이론』의 성공을 야기한 요인들이라고 생각한 것들이었다. 보존된 부분들의 핵심적인 특징들을 몇 가지로 범주화할 수 있다.

1) 수리 음향학의 집대성

『음향 이론』은 우선적으로 모든 종류의 음향학적 문제를 취급했다.

11 Hermann Helmholtz, "Lord Rayleigh's *Theory of Sound,*" [a review by Hermann von Helmholtz] *Nature* 19 (Dec. 12, 1878), pp. 117~118.

12 A. J. Ellis to Rayleigh, 20 June 1878, John William (1842~1919) 3rd Baron Rayleigh, General Correspondence and Notebooks (Research Library of the USAF Research Laboratory, Hanscom AFB, Bedford, MA, USA에 소장, Library Archives and Special Collections, Imperial College London에 마이크로필름에 복사되어 소장).

서문에서 레일리는 그의 저술이 돈킨(W. F. Donkin, 1814~1869)의 사후 출판 저술인 『음향학』(*Acoustics*)이 남긴 빈틈을 메우기 위해 씌어졌다는 것을 밝혔다.[13] 돈킨의 책이 주로 수학적 논의를 다루었으므로 레일리의 『음향 이론』의 성격에 대한 특성의 선언은 적절했다. 대부분의 음향학 저술들이 주로 거의 수학적 제시 없이 경험적 사실과 실험적 발견을 취급하는 경향을 수정하려는 의도가 있었다.[14] 레일리는 음향학적 현상의 이론적 연구의 역사를 제시하는 데 관심이 많았다. 가령, 그는 11장에서 음속의 수학적 유도의 역사를 요약하였다. 그는 뉴턴(Isaac Newton)의 음속 연구와 라플라스(P. S. Laplace)가 뉴턴의 오류를 수정한 것을 소개하였다. 그리고 그는 푸아송(Siméon Denis Poisson, 1781~1840)이 처음으로 이론적 논의를 통해 그 사실을 인지하고 뉴턴의 음속 유도값에 공기의 정적 비열과 공기의 정압 비열의 비의 제곱근을 곱하면 라플라스의 음속 유도값이 얻어짐을 밝혔다.[15]

레일리의 이론 음향학에 대한 또 하나의 역사적 논의는 원형판의 진동에 대한 것이었다. 그 주제는 제르맹(Marie-Sophie Germain, 1776~1831), 푸아송, 키르히호프(Gustav Kirchhoff, 1824~1887), 마티외(Émile Léonard Mathieu, 1835~1890)가 다루었던 것이다.[16] 레일리가 선배들의 연구를 제시할 때 그는 자신의 논리적 순서에 따라 모은 자료

13 Rayleigh, *The Theory of Sound*, 2 vols. (London: Macmillan, 1894), vol. 1, p. v.

14 Ja Hyon Ku, "British Acoustics and Its Transformation from the 1860s to the 1910s," *Annals of Science* 63 (2006), pp. 397~399.

15 Rayleigh, *The Theory of Sound*, 1896, vol. 2, pp. 18~27.

16 Rayleigh, *The Theory of Sound*, 1894, vol. 1, pp. 369~70.

를 재조직했다. 가령, 12장의 관의 공기 진동의 취급은 주로 라그랑주(Joseph-Louis Lagrange, 1736~1813)에게서 왔지만 레일리는 라그랑주의 탐구를 공부하고 이해한 후에 재조직하는 형태로 그것을 제시했다.[17]

2) 실험 음향학의 성과를 모음

『음향 이론』은 수학적 논의로 그 범위를 한정하지 않고 경험적 정보와 실험적 논의를 포함하였다. 레일리는 실험적 및 경험적 발견과 과정에 관한 광범위한 자료를 모았다. 그리하여 『음향 이론』이 수학적 및 경험적 연구 사이에 균형을 이루었다. 레일리는 그 저술에 이러한 특성을 부여하는 것이 시의적절하다고 판단했다. 초판의 서문에서 레일리는 그가 직면한 수요를 이렇게 기술했다.

> 현재 가장 가치 있는 과학적 업적들은 세계의 다양한 지역에 흩어져 여러 언어로 출간되는 정기 간행물과 학회의 학회지에서만 발견된다. 그것들은 큰 공공 도서관의 인근에 살지 않는 사람들에게는 종종 접근 불가능하다. 그런 상태에서는 물리적 난관 때문에 공부하는 데 보상 없는 많은 노동을 요구하고 결과적으로 과학의 진보에 엄청난 장애를 유발할 것이다.[18]

17 Rayleigh, *The Theory of Sound,* 1896, vol. 2, pp. 51~57.

18 Rayleigh, *The Theory of Sound,* 1894, vol. 1, p. v.

자료 접근의 어려움은 이 분야의 진보의 장애이므로 레일리는 다양한 나라에서 집필된 논문과 저술을 읽고 분석하여 자신의 책에 일관된 체제로 관련된 지식을 정돈하였다. 이러한 목적에서 그의 저술은 이론적 연구뿐 아니라 경험적 및 실험적 연구도 정리하였다.

레일리는 수학적 토대 위에서 음향학에 대한 실험 연구를 시작하였으므로 실험에 대한 관심이 컸다. 그는 다른 사람들이 실험을 반복할 수 있도록 자세한 실험 세팅을 전달하기를 원했다. 이런 점에서 그의 저술은 실험 음향학을 일체 다루지 않은 돈킨의 『음향학』과 대조적이었다.[19] 가령, 레일리가 쿤트(August Kundt, 1839~1894)의 관을 설명할 때 그는 쿤트가 미세한 모래나 석송가루를 뿌려서 관 속의 정상파의 마디를 어떻게 발견하는지 자세히 기술했다. 그 다음에 그는 쿤트가 그의 실험에서 얻은 것에 대해 자세히 설명했다.[20]그리고 진동하는 막에 대한 설명에서 레일리는 실험 과정을 자세히 제시했고 부르제(J. Bourget)가 고안한 진동하는 종이 막을 만드는 법을 설명했다.[21] 그리하여 이 저술은 수학적 탐구에 중심을 둔 반면에 실험 결과와 실행으로 균형을 맞추었다.

3) 독창적인 연구를 제시함

다른 음향학 연구자들의 이론적 및 실험적 연구를 집대성했다는 것

19 W. F. Donkin, *Acoustics* (Oxford: Clarendon Press 1870).

20 Rayleigh, *The Theory of Sound*, 1896, vol. 2, p. 57.

21 Rayleigh, *The Theory of Sound*, 1894, vol. 1, p. 346.

이 『음향 이론』의 성격을 가장 적절하게 표현한 것은 아니다. 『음향 이론』의 많은 부분이 저자 자신의 독창적인 연구의 제시에 할당되었다. 레일리의 음향학 연구의 결과들 중 다수가 뛰어난 성취였고 그것들은 다른 위대한 연구자들의 연구와 함께 『음향 이론』에 소개될 자격이 있었다.

그의 독창성이 두드러진 부분은 4장과 5장으로 소산 함수와 상반 관계를 다루었다. 그 내용은 레일리의 출판된 논문에서 따왔다.[22] 독창성이 두드러진 또 다른 부분은 14장에서 17장까지이다. 14장에서 레일리는 소리의 전달에 대한 자신의 음향학 실험과 속삭임 회랑에 대한 자신의 연구를 소개했다.[23] 다음 주제는 구멍 주위에서 소리 회절이었고 그것에 대하여 레일리는 수학적 논의를 속도 퍼텐셜에 토대를 두고 전개하였다. 뒤이어 레일리는 다른 매질로 진입하는 평면파에 의해 야기된 교란으로서 2차파에 대한 자신의 독창적인 연구를 제시했다.

공명기를 다루는 16장에서 레일리는 그의 논문 「공명에 관하여」의 많은 부분을 제시하였다.[24] 뒤이어 레일리는 자신의 방식으로 다중 공명기의 문제에 접근하였다. 그 다음에는 자신의 유도를 유리구를 가지고 수행한 실험으로 확증했음을 언급했다. 17장에서 레일리는 고체 진

---

22 Rayleigh, 'Some General Theorems Relating to Vibrations', *London Mathematical Society Proceedings* 4 (1873), pp. 357~68.

23 Rayleigh, *The Theory of Sound,* 1896, vol. 2, pp. 126~9; Rayleigh, 'Acoustical Observations I', *Philosophical Magazine* 3 (1877) p. 458.

24 Rayleigh, "On the Theory of Resonance," *Philosophical Transactions of the Royal Society of London* 161 (1870), pp. 77~118.

동으로 야기되는 음파에 대하여 독창적으로 다루었다.[25]

이렇게 『음향 이론』은 음향학에 대한 레일리의 독창적인 연구 중 많은 부분을 포함하였다. 그의 연구는 다른 연구자들의 업적과 함께 포괄적이고 체계적인 일체로 조직되었다.

4) 수학적 연구와 실험적 연구를 연결지음

이 저술에서 레일리는 연구 결과를 모으는 것만을 추구한 것이 아니라 음향학적 문제를 포괄적으로 이해하기 위해 그것들을 조직하였다. 일반적인 문제에서 시작하여, 레일리는 이론적 논의를 현, 막대, 막, 판, 공기의 진동과 같은 특수한 주제로 이끌어갔다. 그는 이론적 논의를 실험이나 관찰과 연결을 발견함으로써 지지하려고 노력했다. 그는 이론적 및 경험적 연구가 결합된, 포괄적인 음향학을 겨냥하고 있었다.

이러한 노력이 항상 성공을 거둔 것은 아니지만, 그는 이론과 실험을 그런 대로 계속 연결할 수 있었다. 때때로 그는 이론적 연구에 대응되는 경험적 연구를 발견하지 못하거나 경험적 연구에 대응하는 이론적 연구를 찾아내지 못하곤 했다. 『음향 이론』은 실험 연구와 이론 연구를 연결하는 4가지 유형을 포함했다. 첫째, 이론 연구가 먼저 제시되고 다음에 실험적 발견에 의해 지지받거나 정당화되었다. 이 경우에 더 정확하다고 믿어지는 실험이 근사적으로 수행된 수학적 결과를 정당화하는 도구로 활용되었다. 둘째로 『음향 이론』에 제시된 어떤 수

25 Rayleigh, *The Theory of Sound,* 1896, vol. 2, pp. 248~9.

학적 탐구는 직접 실험적 발견에 연결되지 않으므로 그것과 관계가 먼 실험적 또는 경험적 발견이 뒤에 이어졌다. 그리하여 이 경우에는 이론적 논의와 경험적 논의가 느슨하게 연결되었다. 셋째, 어떤 실험에 의한 확증을 고려하지 않고 수학적으로 이상화된 문제를 다루는 경우가 있었다. 이러한 수학적 탐구는 실험적 언급에 의해 동반되지 않았다. 왜냐하면 이러한 이상화된 상황은 실험 세팅으로 실현될 수 없었기 때문이다. 마지막으로 정확하게 수행된 수학적 탐구가 불확실한 실험을 인도하거나 평가하기 위해 사용되었다.

첫 번째 유형은 2장에서 발견될 수 있다. 여기에서 2차원 진동의 이론적 논의는 확증하는 실험이 뒤따른다. 레일리는 질량 M의 추가 두 고정된 점 사이에 팽팽하게 매어놓은 현에 부착된 계를 위한 운동 방정식을 제시했고 거기에서 계의 진동수를 찾아냈다.[26] 그 다음에 그는 또 하나의 예를 제시했다. 여기에서는 철사의 한쪽 끝이 바이스로 고정되고 다른 쪽 끝에는 추가 진동하고 있다. 이 상황을 이상화된 1차원 진동에 가장 근접하도록 만들기 위해 레일리는 두 개의 동일한 철사의 한쪽 끝에는 동일한 추를 매달고 동일한 바이스에 나란히 고정시킨 후에 같은 진폭으로 평행한 평면에서 정반대의 위상으로 진동하도록 하여 계의 질량중심이 정지해 있게 했다.[27] 이것은 레일리가 실험으로 이론적 상황을 제시하기 위해 의도적으로 실험을 설계한 것을 보여준다.

26 Rayleigh, *The Theory of Sound,* 1894, vol. 1, pp. 55~56.

27 Rayleigh, *The Theory of Sound,* 1894, vol. 1, pp. 57~58.

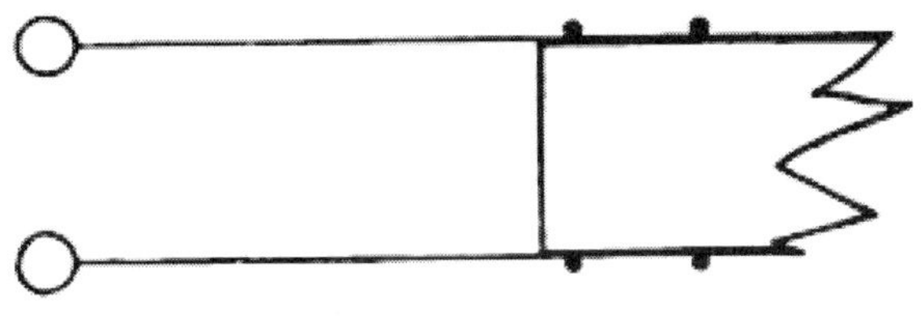

그림 5-1 대칭추 배열

출전: Rayleigh, *The Theory of Sound* (1894), vol. 1, p. 58.

두 번째 유형은 관에서 공기의 진동에 대한 수학적 탐구를 제시한 12장에서 발견된다. 그 뒤에 실험의 예로서 클라드니(E. F. F. Chladni, 1756~1827), 사바르(Felix Savart, 1791~1841), 쾨니히(Rudolph Koenig, 1832~1901)가 수행한 관에서의 공기 진동을 소개했다. 그러나 실험 결과는 이전의 수학적 결론과 어떤 관계도 없었다.[28] 그리하여 그의 수학적 유도의 정당화가 없었다. 이것은 이론과 실험의 연결이 항상 매끄럽게 잘 발견되는 것이 아니라는 것을 보여준다. 유사한 패턴이 종진동에 대한 논의에서도 반복되었다. 막대의 종진동에 대한 수학적 논의 후에 레일리는 직접 돈킨의 종진동 논의를 인용했지만 실험에 대한 언급은 없었다.[29]

세 번째 유형은 레일리가 곡면 위에서의 현의 진동을 다룬 6장에서 예시된다. 이것은 실제 상황의 반영이 아니었지만 그것의 수학적 탐구는 관련된 주제의 논리적 배열을 따르고 있었다. 왜냐하면 그는 이 문

28 Rayleigh, *The Theory of Sound*, 1896, vol. 2, pp. 60~62.

29 Rayleigh, *The Theory of Sound*, 1894, vol. 1, pp. 252~3.

제를 다루기 직전에 평면에서 현의 진동을 다루었기 때문이다. 이상화된 문제들은 레일리의 제시를 더 풍부하게 하고 자연에 대한 더 깊은 이해를 제공했다.

마지막 유형은 레일리가 자신의 수학적 이론에 의해 실험 결과를 판단하는 9장에서 발견된다. 사바르, 베르나르, 부르제 등이 사각형 막의 진동에 관하여 오히려 모순적인 결과를 내놓았지만 레일리는 그의 수학적 유도가 사바르의 결과를 지지했으므로 그것이 가장 믿을 만하다고 판단했다.[30] 그의 수학 이론에 대한 유사한 확신이 원형 막을 가지고 수행한 부르제의 실험에 대한 평가에서 발견될 수 있다. 레일리는 부르제의 실험 결과와 자신의 수학적 유도 사이의 격차를 부르제의 불완전한 실험 세팅에 돌렸다.[31]

요컨대, 레일리의 『음향 이론』에서 수학적 결과와 실험 결과의 병치는 다양한 정당화의 수준에서 지지되었다. 레일리는 그것들 사이의 상호 정당화를 겨냥했지만 그것이 온전히 성취하기 쉬운 목표는 아니었다는 것이 드러났다.

5) 진동과 파동의 일반론 추구

『음향 이론』의 두드러진 특징 중 하나는 진동과 파동에 대한 일반론에 대한 큰 관심을 보여준 것이었다. 비록 이 저작의 공언된 첫 번째 목적은 소리를 내는 진동의 이론을 완전하게 다루는 것이지만 그는 광

30 Rayleigh, *The Theory of Sound*, 1894, vol. 1, p. 347.

31 Rayleigh, *The Theory of Sound*, 1894, vol. 1, p. 348.

학적 현상 및 조수 현상, 수면파, 천체의 섭동, 전기 진동 같은 다양한 현상에 적용 가능한 일반적인 원리를 추구하였다. 공통적인 특징에 관한 일반적인 논의는 자연의 통일성을 지지했다. 특히 4장과 5장은 진동의 일반화된 원리를 제시하는 데 집중했다.

가령, 레일리가 강제된 진동수와 자연 진동수의 관계에 따라 운동의 차이를 논의했을 때 그는 두 종류의 빛의 선택적 흡수에 관한 설명을 제시했다. 이는 흡수대(absorption band) 양쪽에 위치하는 빛줄기가 다른 방식으로 굴절하는 현상으로 크리스티안센(Christian Christiansen, 1843~1917)과 쿤트가 발견하였다.[32] 이것은 음향학적 현상의 탐구가 광학으로 확장된 예였다. 레일리는 자연의 통일성이 음향학적 현상을 설명하는 동일한 원리가 광학 현상에도 적용 가능하다는 것을 보임으로써 지지받는다고 믿었다.

일반 이론에 대한 레일리의 관심을 보여주는 또 하나의 예는 광학적 유비에 의해 파동의 반사와 굴절에 대하여 그가 논의한 경우이다. 레일리는 입사면에 수직으로 편광된 빛을 위한 프레넬(Augustin Fresnel, 1788~1827)의 공식을 유도했고 브루스터(David Brewster, 1781~1868)의 전반사 조건도 찾아냈다. 그리고 레일리는 에너지 고찰로부터 아래쪽 매질의 전달 속도가 위쪽 매질의 전달 속도보다 크다는 조건 하에서 입사각이 임계각보다 클 때 에너지가 아래쪽 매질로 전달되지 않는다는 것을 수학적으로 유도하였다.[33] 이것이 모든 종류의 파동에 전달될 수 있는 일반론이므로 광학에서 친숙한 전반사가 음향학적 현상에서

32 Rayleigh, *The Theory of Sound*, 1894, vol. 1, pp. 167~8.

33 Rayleigh, *The Theory of Sound*, 1896, vol. 2, p. 82.

도 나타난다.

이 일반론들은 종종 반복해서 사용되는 미분 방정식에 중심을 두고 있었다. 어떤 현상들을 표현해 줄 미분 방정식을 찾는 것은 다양한 문제 풀이의 핵심적인 과제였다. 일단 미분 방정식이 얻어지면 그는 그것을 풀어야 하는 또 하나의 어려운 문제에 직면했다. 미분 방정식을 구성하고 푸는 데에서 레일리의 독창성이 여실히 드러났다. 때때로 레일리는 당면한 계의 방정식을 구성하기 위하여 이상화된 조건이나 단순화된 모형을 도입하였다. 방정식을 구성하는 데 성공한 후에 그는 종종 수학적 능력의 한계로 그것의 풀이를 발견하는 데 어려움에 봉착했다. 때때로 특정한 문제를 위한 미분 방정식은 다른 문제와 같은 형태를 띠었다. 그리하여 실험 연구에서 무관해 보이던 현상들이 서로 긴밀하게 연관되어 있다는 것이 발견되었다. 그리하여 이론 연구가 현상들의 배후의 숨겨진 질서를 드러내었다.[34]

4. 무엇이 개정판에 추가되었나?

『음향 이론』의 개정판은 1894년과 1896년에 1권과 2권이 각각 출판되었다. 두 판본의 비교는 판간기 동안 계속 가치 있다고 여겨진 것과 개정판에서 들어갈 필요가 있다고 여겨진 것을 드러낸다. 『음향 이론』

34 Ku J. W. Strutt, Third Baron Rayleigh, *The Theory of Sound*, first edition (1877–1878), 2005, pp. 593~4.

내용의 선택은 저자에게만 맡겨졌으므로 두 판본의 비교 분석은 두 판본의 출간 사이에 저자 주변의 상황의 변화와 그 저술을 구성하는 주제들에 관한 저자의 태도를 포함하여 많은 것을 드러낸다. 『음향 이론』의 초판과 관련하여 배제될 것은 아무것도 없었고 추가될 것만 있었다. 그러한 변화는 1877년부터 1896년까지 판간기 동안에 일어난 일을 반영했다. 정보를 갱신하기 위해 『음향 이론』의 초판이 다루었던 주제들에서 중요한 진보가 반영되었다. 그리고 실수로 누락된 중요한 정보가 적절하게 추가되었다. 추가적으로 초판에 대한 비판과 제안이 『음향 이론』의 편집 방향을 새롭게 설정하였다. 그리하여 초판의 준비 과정에서 배제하기로 결심한 것이 개정판에는 포함될 가치가 있는 것으로 간주되기도 하였다.

1) 갱신: 새로운 진보

판간기 동안 새롭게 생산된 관련 주제의 지식은 재판에 포함되어야 한다. 레일리가 초판의 각 권의 집필을 마친 후에 자신과 다른 연구자들의 논문과 저서가 많이 새롭게 출판되었다. 판본 사이에 17년이 지나는 동안 음향학의 주요한 발전이 있었고 새로운 판본을 온전하게 하기 위해 그것이 재판에 반영되었다. 그러므로 판간기 동안 레일리와 다른 연구자들의 성취가 소개되었다. 이러한 추가 사항들은 판간기 동안 레일리가 『음향 이론』을 쓸 때 그렸던 음향학의 경계선 이내에서 무슨 발전이 이루어졌는가를 보여준다.

무엇보다도 판간기 동안 실험 기술에서 레일리 자신의 발전이 반영되었다. 가령, 항목 59의 끝에 두 단락이 삽입되었는데 느린 맥놀이를 인식하는 문제에 대한 것이었다. 레일리에게 느린 맥놀이는 처음에는 인식하기 어려웠지만 판간기 동안 실험 기술을 계발한 후에는 30초 이상의 주기를 갖는 맥놀이도 인식할 수 있었다.[35] 음원의 적절한 배열을 통해 그는 느린 맥놀이를 들을 수 있었다.

항목 171의 마지막 부분에서 레일리는 보완적 설명을 막대의 횡진동의 실제적인 예에 대해 덧붙였다. 직사각형의 단면을 가진 막대의 진동수를 계산하는 공식은 소리굽쇠의 음고를 추정할 수 있게 해주었다. 그리고 이로부터 그는 하모니콘(harmonicon)으로부터 깨끗한 음을 얻으려면 어떻게 받침들이 금속 또는 유리 띠 아래에 놓여야 하는지를 설명했다. 그리고 소리굽쇠, 하모늄(harmonium), 오르간 리드의 진동을 유지하는 것과 조율된 공명기로 소리굽쇠의 진동을 강화하는 것에 대해 설명하였다.[36] 이러한 언급들은 레일리가 초판 이전과 비교하여 향상된 실험 상황을 접하고 있음을 보여준다. 레일리의 실험 기술이 판간기 동안 경험에 의해 크게 향상되었음을 추정할 수 있다.

가장 친숙하고 갱신하기 쉬운 것은 관련 분야에서 레일리 자신이 성취한 것이었다. 항목 63번의 일부로 한 페이지가 삽입되었는데 그것은 레일리의 발명품인 '소리바퀴'(phonic wheel)를 소개한 것이었다. 그것은 단속적인 전류에 의해 회전 속도를 제어하는 장치였다.[37] 그 부분의 대부분은 『네이처』(*Nature*)에 1878년에 출판된 그의 논문 「등속 회전」

35 Rayleigh, *The Theory of Sound*, 1894, vol. 1, p. 61.

36 Rayleigh, *The Theory of Sound*, 1894, vol. pp. 1, 274~5.

37 Rayleigh, *The Theory of Sound*, 1894, vol. pp. 67~68.

(Uniformity of Rotation)에서 다루었던 내용이었다.[38] 레일리는 이 발명품이 많은 음향학 실험에서 유용함이 입증되었으므로 그것에 대하여 자부심을 느꼈음에 틀림없다.[39] 레일리는 새롭게 추가된 항목 68d에서 하모늄과 시계만을 써서 절대 음고를 단순하게 측정하는 자신의 방법을 소개했다. 그는 하모늄의 음들이 평균율에 맞추어 조율되어 있다는 사실로부터 순정조의 음들과의 비교를 통해 어떤 음의 절대 음고를 인식할 수 있있다. 그 주된 논의는 1879년에 『네이처』에 출판된 자신의 논문에서 따온 것이었다.[40]

항목 138에서 레일리는 현의 진동 유지에 관한 하나의 예로서 이올로스 하프(aeolian harp)를 소개하는 단락을 추가하였다. 그 악기는 19세기 초에 상업화되었고 바람이 악기를 연주한다는 사실이 아주 낭만적으로 보여서 크게 유행하였다.[41] 레일리가 관찰해 보니 그 악기의 현의 진동은 바람의 방향에 수직 방향이었다.[42] 여기에서 그는 1879년에 관련된 주제에 관하여 자신이 수행한 연구를 소개하였다.[43] 그러나 그는 아직 그 특수한 진동의 원인을 알아내지는 못했다고 시인했다.

레일리는 항목 269에서 비스듬하게 진행하는 평면파를 취급한 후에

---

38 Rayleigh, "Uniformity of Rotation," *Nature* 18 (1878), p. 111.

39 Ku, "British Acoustics," pp. 413~4.

40 Rayleigh, "On the Determination of Absolute Pitch by the Common Harmonium," *Nature* 19 (1879), pp. 275~6.

41 Thomas Hankins and Robert Silverman, *Instruments and the Imagination* (Princeton: Princeton University Press, 1995), pp. 87~88.

42 Rayleigh, *The Theory of Sound*, 1894, vol. 1, p. 212.

43 Rayleigh, "Acoustical Observation II," *Philosophical Magazine* 7 (1879), pp. 149~62.

벽에서 음파의 반사를 다루기 위해 항목 269a를 추가하였다. 반사된 음파는 진입하는 음파와 간섭을 일으켜 벽에서 반파장의 간격마다 마디면을 만들어 냈다.[44] 이 내용도 1879년에 출판된 레일리의 논문에서 나온 것이었다.[45] 레일리의 성공적인 실험은 그가 고안한 새소리 호각을 사용하여 수행되었고 그 결과로 레일리는 효과적인 소리의 검출기를 소개할 수 있었다.

항목 235a에서 레일리는 종의 마디선에 대한 실험 연구를 취급하여 자신의 탁월한 실험 능력을 자랑하였다. 이 항목의 주된 내용은 1890년에 레일리가 새롭게 출판한 논문에서 따왔다.[46] 그는 판간기에 교회 종에 대한 집중적인 연구를 수행하였다. 그는 근처 교회에서 사용하는 교회 종을 사용하여 마디선의 수와 음고 사이의 관계를 발견했다.[47] 그가 찾아낸 놀라운 사실은 영국 종들의 명목상의 음고가 종의 부분음 중에서 제5음에서 나온다는 것이다. 그는 자신의 영국 종에 대한 연구를 자랑스러워했기 때문에 그 세부 사항을 『음향 이론』의 재판에 추가하는 것이 적절하다고 판단했다.

전반적으로 판간기에 음향학 분야의 실험 기술에서 큰 진보가 있었고 레일리는 그것들이 개정되는 『음향 이론』에서 주목할 가치가 있다고 결정하였다. 항목 68c는 1880년대에 출판된 최신의 진보를 독자에게 전달하려는 의도로 삽입되었다. 그것은 쾨니히의 소리굽쇠 크로노

44 Rayleigh, *The Theory of Sound,* 1896, vol. 2, p. 269.

45 Rayleigh, "Acoustical Observation II," 160.

46 Rayleigh, "On Bells," *Philosophical Magazine* 29 (1890) p. 1.

47 Rayleigh, *The Theory of Sound,* 1894, vol. 1, pp. 390~3.

미터, 매클라우드(Herbert McLeod, 1841~1923)와 클라크(R. G. Clarke)의 광학적 방법, 메이어의 전기 기록 장치처럼 절대 진동수를 측정하는 다양한 방법에 관한 것이었다.[48] 그러한 기술들은 음고의 측정의 정확성을 향상시키는 데 매우 중요했다. 그리고 그 정확성은 19세기 후반에 유럽에서 널리 존중받은 가치였다. 이 점이 소리굽쇠가 음고의 표준으로 가치 있다고 언급된 항목 59의 중간에 소리굽쇠를 가지고 수행하는 실험에 관한 단락을 삽입하는 데 반영되었다. 그 단락은 온도가 음고의 변화의 요소일 수 있음을 지적하였다.[49] 1880년대에 매클라우드와 클라크가 그들의 정밀한 발명품으로 측정한 것에 따르면 온도가 섭씨 1도 상승하면 소리굽쇠의 고유 진동수는 0.00011Hz만큼 떨어진다는 것을 보여주었다.[50]

이 과정에서 음고의 측정의 정확성에 대한 논쟁이 있었다. 그것은 개정판에 언급될 가치가 있다고 판단되었다. 항목 60의 중간에 추가된 단락에서 레일리는 절대 음고를 측정하는 샤이블러(Johann Scheibler, 1777~1837)의 방법을 채용하는데 성공 여부는 소리굽쇠의 음고의 안정성에 달려 있으며 샤이블러가 실험 장치에서 소리굽쇠를 리드로 대체하려는 시도는 성공적이지 않았음을 언급했다.[51] 이 실험에 대한 보고는 1877년에 출간된 레일리의 논문 「절대 음고」에서 이루어졌던 것

48 Rayleigh, *The Theory of Sound*, 1894, vol. 1, pp. 85~88.

49 Rayleigh, *The Theory of Sound*, 1894, vol. 1, p. 60.

50 Herbert McLeod and George Sydenham Clarke, "On the Determination of the Rate of Vibration of Tuning Forks," *Philosophical Transactions of the Royal Society of London* 171 (1880), pp. 1~18.

51 Rayleigh, *The Theory of Sound*, 1894, vol. 1, p. 61.

이었다.[52] 1877년 5월 23일에 헬름홀츠의 『음의 감각』(*Tonempfindungen*)을 번역하였고 음고에 대한 비교 연구를 수행한 엘리스(A. J. Ellis)는 기예 학회(Society of Arts)에서 자신의 논문을 발표하면서 256Hz의 쾨니히 소리굽쇠의 음고를 하모늄 리드를 사용하는 아푼(Appunn)의 측음계로 측정해보니 2.4Hz라는 큰 오차가 났다고 말했다. 예나 대학의 생리학자 프라이어(William Thierry Preyer, 1841~1897)도 258.2Hz로 오차가 2.2Hz에 달하는 유사한 결과를 보고했다.[53] 그러나 메이어와 매클라우드의 정확한 방법들은 쾨니히의 소리굽쇠가 정확하다는 것을 보여주었다. 레일리는 그 오차는 통상적인 실험 오차를 뛰어넘는다고 판단하고서 엘리스와 프라이어가 취한 방법의 타당성을 의심했다. 레일리는 리드의 음고가 고정되어 있지 않았다고 생각했고 "소리가 서로 밀쳐서 두 리드가 울릴 때 들리는 맥놀이의 진동수는 리드가 혼자 울릴 때의 진동수의 차이를 초과한다고 생각할 이유가 있다."고 말했다.[54] 이 판단은 1896년에 레일리가 『음향 이론』을 개정하고 있을 때 유효했다. 실제로 1880년에 엘리스는 쾨니히의 소리굽쇠의 음고를 측정하는 데 "아푼의 기구의 알려지지 않은 오류" 때문에 실수가 있었음을 받아들였다.[55] 1877년에 엘리스는 『네이처』에 발표된 그의 오류의 원인에 대한 레일리의 의견을 온전히 받아들이지는 않았었다. 그러나 1885

52 Rayleigh, "Absolute Pitch," *Nature* 17 (1877), pp. 12~14.

53 Rayleigh, "Absolute Pitch," p. 12.

54 Rayleigh, *The Theory of Sound*, 1896, vol. 2, p. 13.

55 David Pantalony, *Altered Sensations: Rudolph Koenig's Acoustical Workshop in Nineteenth-Century Paris* (Dordrecht: Springer, 2009), pp. 100~1.

년에 그는 아푼의 리드 측음계에서 일어난 오류가 공기의 압축에 의해 맥놀이가 가속되어 일어났다는 것을 시인했다. 엘리스의 "오래 지속된 관측과 실험"은 맥놀이의 가속을 10,000회에 76회로 결정했다.[56] 레일리는 이 사건을 음향학의 역사에서 판간기에 일어난 의미 있는 사건으로 간주한 것이다.

공기 진동에 관한 11장도 다른 연구자의 실험에 대한 정보를 갱신하는 항목들을 포함한다. 음속에 관한 논의(항목 246)에서 레일리는 음속 계산에 관한 데이터, 즉 공기 밀도와 수은의 밀도를 갱신했다.[57] 항목 253a에서 공명기의 밀침에 대한 보고는 드보르작(Vinko Dvorák, 1848~1922)과 메이어가 독자적으로 얻은 실험 결과였다. 공명기는 16장에서 본격적으로 다룰 예정이었지만 그 밀침이 항목 253a의 주제 중 하나인 공기 팽창에서 야기되는 것이었다. 뒤이어 그 현상에 대한 수학적 논의가 보충되었다.[58]

제2기에 행해진 레일리의 수학적 탐구도 개정에 역시 두드러지게 반영되었다. 항목 148a, 148b의 내용은 레일리의 수학적 연구를 포함했다. 항목 148a가 현의 밀도의 급작스러운 변화가 진동 전달에 미치는 효과를 다룬 반면, 항목 148b는 현의 밀도의 점진적인 변화를 다루었다.[59] 종밀도가 현의 연장의 제곱(x^{-2})에 비례하는 경우를 다룬 후에

56 A. J. Ellis, "Additions by the Translator, Appendix XX" in H. Helmholtz, *On the Sensations of Tone as a Physiological Basis for the Theory of Music* (New York: Dover, 1954), p. 443.

57 Rayleigh, *The Theory of Sound*, 1896, vol. 2, p.19.

58 Rayleigh, *The Theory of Sound*, 1896, vol. 2, pp. 41~42.

59 Rayleigh, *The Theory of Sound*, 1894, vol. 1, pp. 235~6.

그는 일정한 밀도, 일정하게 변하는 밀도, 다시, 일정한 밀도가 일렬로 배열된 현에서의 진동의 전달과 반사의 문제를 추가하였다.[60] 이 항목의 주된 논의는 저자가 1880년에 출판한 논문에서 따왔다.[61] 그리하여 항목 148a가 항목 148b를 위한 사전 준비로 추가된 것을 이해할 수 있다.

추가된 항목 68a도 독창성이 두드러졌다. 격리된 계가 내부의 소산적 영향을 받는다면 진동은 영속적이지 않게 될 것이다. 그러나 진동을 유지하기 위해서 에너지가 필요하고 그것은 충격, 단속적 전기, 마찰 등 다양한 형태를 띨 수 있다. 레일리는 진동을 유지할 몇 가지 조건을 제시했고 그 대부분은 1883년에 그가 발표한 논문에서 왔다.[62]

갱신의 노력은 다른 과학자가 수행한 수학적 연구에서도 이루어졌다. 항목 82에서 속도에 비례하는 운동력(motional force)의 일반론에 대한 단락이 추가되었다. 그는 이 수학적 주제가 톰슨(William Thomson, Lord Kelvin, 1824~1907)과 테이트(P. G. Tait, 1831~1901)의 『자연철학』(*Treatise on Natural Philosophy*) 2판(1879)에서 따왔음을 밝혔다.[63] 항목 106a는 이전의 항목에서 논의한 진동의 일반 정리에 관련된 특별

60 Rayleigh, *The Theory of Sound,* 1896, vol. 2, p. 237.

61 Rayleigh, "On the Reflection of Vibrations at the Confines of the Two Media between Which the Transition is Gradual," *Proceedings of the London Mathematical Society* 11 (1880), pp. 51~56.

62 Rayleigh, "On Maintained Vibrations," *Philosophical Magazine* 15 (1883), pp. 229~35.

63 Rayleigh, *The Theory of Sound,* 1894, vol. 1, p. 104.

한 현상들을 다루었다.[64] 특별한 예를 제시하자면, 막의 테두리가 강제로 진동할 때 강제 진동수가 막의 고유 진동수가 아니라면 그 경계 안쪽의 막의 운동은 결정적이다. 이 독특한 사례는 1891년에 뒤엠(Pierre Duhem, 1861~1916)이 다루었다. 레일리는 그 논의가 더 일반적으로 탄성 고체의 진동에도 적용될 수 있다는 것을 지적했다.

항목 192a는 앞의 항목에서 다룬 막대의 축이 직선인 경우들과 대조적으로 막대의 축이 곡선인 경우의 진동을 다루었다. 원형 고리의 진동은 처음에 1871년에 호페(R. Hoppe)가 다루었다.[65] 그리고 미첼(John Henry Michell, 1863~1940)은 1889년에 출판된 그의 논문에서 비슷한 문제를 다루었다.[66] 이 문제에 관한 러브(A. E. H. Love, 1863~1940)의 온전한 논의는 1893년에 출판된 『수학적 탄성 이론』(*Mathematical Treatise on Elasticity*)에서 발견된다. 곡률의 효과에 관해서는 레일리가 1887년에 램(Horace Lamb, 1849~1934)의 논문을 언급하였다.[67] 이 참조 중 대부분이 중간 시기에 출판된 것이었다. 특히 이 주제에 관한 논의는 이 시기에 풍부했다. 그래서 레일리는 그에 관하여 여기에서 더 추가적인 논의가 필요하지 않다고 느꼈다. 러브의 저서가 고체 탄성 진동을 위한 전문가의 참고문헌이었으므로 레일리는 아마도 그의 동료

---

64 Rayleigh, *The Theory of Sound*, 1894, vol. 1, p. 150.

65 R. Hoppe, "The Bending Vibration of a Circular Ring," *Crelle's Journal of Mathematics* 73 (1871), pp. 158~70.

66 John Henry Michell, "The Small Deformation of Curves and Surfaces with Application to the Vibrations of a Helix and Circular Ring," *Messenger of Mathematics* 19 (1889-90) pp. 68~82.

67 Horace Lamb, "On the Flexure and the Vibrations of a Curved Bar," *Proceedings of the London Mathematical Society* 1 (1887), pp. 365~77.

의 전문 분야로 침범하고 싶지 않았을 것이다. 고체 진동에 대한 러브의 논문을 둘러싸고 그들 간의 몇 차례의 대면은 그들이 특정한 문제에 대한 견해가 일치하지 않았음을 보여준다.[68] 둘 사이의 관계는 상당히 소원했던 것으로 보인다.

2) 방향 전환: 새로운 학문의 범위

개정판에 포함된 어떤 정보는 초판 이전에 알려져 있었지만 어떤 이유 때문에 초판에는 제외되었던 것이다. 그러나 대부분의 경우에 레일리는『음향 이론』의 취급 범위가 그것들을 포함하지 않는다고 생각했기 때문에 그것들을『음향 이론』에 넣지 않기로 판단했다. 17년 후에 그는 그것들을 개정판에 추가하기로 결정했고 그것은 책의 방향을 전환한다는 것을 의미했다. 이제 그는 '음향 이론'의 범위를 다시 잡았다. 많은 요인이 음향학에 대한 그의 태도의 변화에 영향을 미쳤다.

10b장은『음향이론』의 성격을 레일리가 어떻게 재규정했는지를 반영한다. 그 내용은 전기 진동에 관한 레일리 자신의 연구를 통해 알게 된 것이다. 그는 1886년에 발표한 자신의 강제 전기 진동에 관한 수학적 연구를 소개했다.[69] 레일리는 전화기가 실용화되고 음향학 실험

---

68 E. H. Love to Rayleigh, 16 May 1888; Love to Rayleigh, 19 May 1888; Love to Rayleigh, 22, June, 1888; Love to Rayleigh, 8 December 1890, General Correspondence and Notebooks.

69 Rayleigh, *The Theory of Sound,* 1896, vol. 2, pp. 442~443; Rayleigh, "The Reaction upon the Driving Point of a System Executing Forced Harmonic Oscillations of Various Periods with Application to Electricity," *Philosophical Magazine* 21 (1886), pp. 369~381.

A. G. BELL.
TELEGRAPHY.

No. 174,465. Patented March 7, 1876.

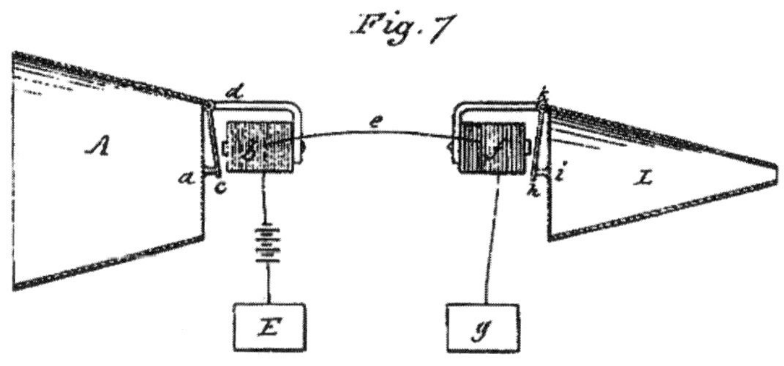

그림 5-2 벨의 전화기

출전: U.S. Patent No. 174,456 (1876)

에 활용되면서 교류 전기는 음향학적 문제가 되었다고 말했다.[70] 전기 진동은 레일리가 『음향 이론』의 초판을 쓸 때 음향학의 범위에 포함된다고 생각하지 않던 주제였다. 그러나 1876년에 벨(Alexander Graham Bell, 1847~1922)이 전화기를 발명하고 『음향 이론』의 초판과 재판 사이의 기간 동안에 전화 산업이 빠르게 확산되자 레일리는 이 주제를 『음향 이론』에 포함시키기로 하였다(그림 5-2). 그는 전기의 일반 이론이나 로지(Oliver Lodge, 1851~1940), 헤르츠(Heinrich Hertz, 1857~1894), 톰슨(J. J. Thomson), 헤비사이드(Oliver Heaviside) 등이 탐구한 진동에 전기 이론을 적용하는 것은 취급하지 않을 것임을 분명히 했다. 또한 레일리는 켈빈(Lord Kelvin)과 맥스웰(James Clerk Maxwell,

70 Rayleigh, *The Theory of Sound,* 1896, vol. 2, p. 433.

1831~1879)이 수행한 전기 동역학 연구도 취급하지 않았다. 그는 오로지 R−L−C 회로에서 전기 진동을 논의하였다.[71] 그것의 주된 내용은 이미 그의 책 초판의 출판 전에 알려져 있었다. 그리고 그는 분지 회로에서 전류와 상호 유도에 관한 실험을 소개하였다.[72] 이 문제는 전화 실험과 관계가 있었다.[73]

『음향이론』에 새롭게 포함시킨 레일리 자신의 전기에 관한 연구는 다른 연구자들의 연구와 관계가 있었다.[74] 항목 235o에서 유도 천칭(induction−balance)이 소개되었는데 그것은 도베(Dove)가 갈바노미터를 위해 개발하였고 휴즈(Hughes)가 전화기에 채용한 것이었다.[75] 뒤따라오는 그것의 수학적 이론은 레일리의 발표 논문들에서 가져온 것이었다.[76] 항목 235p에서 그 장의 끝까지 다른 연구자의 연구를 소개하는 것이 두드러졌다. 거기에는 휘트스톤 브리지, 휴즈의 차동(differential) 전화기, 단속적 전류, 전자기 차단(electromagnetic screen), 전화선을 통한 헤비사이드의 유도, 벨의 전화기 등이 포함되었다.[77]

그 과정에서 레일리는 전화기를 채용한 자신의 음향학 실험에 관

71 Rayleigh, *The Theory of Sound,* 1896, vol. 2, p. 434.

72 Rayleigh, "Notes on Electricity and Magnetism II. The Self Induction and Rresistance of Compound Conductors," *Philosophical Magazine* 22 (1886), pp. 469~500.

73 Rayleigh, *The Theory of Sound,* 1896, vol. 2, p. 444.

74 Rayleigh, *The Theory of Sound,* 1896, vol. 2, p. 445.

75 Rayleigh, *The Theory of Sound,* 1896, vol. 2, pp. 447~448.

76 Rayleigh, "Note on the Theory of Induction Balance," *British Association Report* (1880), pp. 472~473.

77 Rayleigh, *The Theory of Sound,* 1894, vol. 1, pp. 449~474.

한 논문을 소개했다.[78] 그리고 무한한 도체 원통에서 자유로운 전류의 지속을 자신이 발견한 것을 언급했다.[79] 그러나 자체유도에 대한 자신의 연구를 제시한 것은 음향학적 문제와 별로 관계가 없었다.[80] 먼 거리를 거치면서 전화 신호가 약해지는 현상은 전화기에 대한 그의 연구의 반영이었다.[81] 벨의 전화기 원리를 설명하는 절에서 전화기에서 들리는 최소 전류를 언급한 것은 레일리 자신의 연구와 관련되어 있었다. 그는 128Hz에서 768Hz까지의 특정한 음을 전달할 수 있는 최소 전류를 측정하였다.[82] 그 모든 지식이 전화기와 관련되어 있었지만 별로 음향학적이지는 않았다. 이것은 전화기와 전류에 관계된 문제가 『레일리의 과학 논문집』(*Scientific Papers of Lord Rayleigh*)의 '소리' 범주에 들지 않은 것에서 잘 드러난다.[83] 실제로 『음향 이론』에 전기 진동을 레일리가 포함시킨 데에는 전기에 대한 저서를 쓰지 않기로 결정한 것에 영향을 받았다. 10b장에 제시된 전기에 대한 레일리 자신의 연구는 음향학적 문제에 별

---

78 Rayleigh, *The Theory of Sound,* 1896, vol. 2, p. 461.

79 Rayleigh, "On the Duration of Free Electric Currents in an Infinite Conducting Cylinder," *British Association Report* (1882), pp. 446~447.

80 Rayleigh, *The Theory of Sound,* 1896, vol. 2, p. 464; Rayleigh, "On the Self-Induction and Resistance of Straight Conductors," *Philosophical Magazine* 21 (1886), pp. 381~394.

81 Rayleigh, *The Theory of Sound,* 1896, vol. 2, p. 466.

82 Rayleigh, *The Theory of Sound,* 1896, vol. 2, p. 473.

83 레일리의 논문은 6권으로 이루어진 *Scientific Papers by Lord Rayleigh*에 재수록되었다. 마지막 권은 레일리 사후에 그의 아들이 1910년 이후에 출판된 논문들을 포함시켜 출판하였다. 마지막 권에서 우리는 소리와 전기 및 자기를 포함한 12개 범주로 그의 논문들을 나눈 것을 볼 수 있다(Rayleigh, *Scientific Papers by Lord Rayleigh*, vol. 6, pp. 681~709). 『음향 이론』의 재판 10b장에 언급된 주된 내용은 '전기 및 자기' 범주에서 확인된다.

로 관련되지 않았고 주로 순수하게 전기 문제에 관련되었다. 그는 전기 분야에서 자신의 성취가 더 많은 독자에게 알려지게 할 다른 곳을 찾을 수 없었기 때문에 여기에 그것을 제시하기를 원했던 것 같다.

이 추측은 역사적 증거에 의해 지지받는다. 『음향 이론』의 초판이 출판되었을 때 레일리는 책 시장에서 1873년에 출판된 맥스웰의 『전기자기론』(*Treatise on Electricity and Magnetism*)의 역할을 고려하였다. 레일리처럼 맥스웰은 케임브리지 졸업생이었는데 수학우등졸업시험에서 '세컨드 랭글러'(second wrangler)의 호칭을 얻었고 그의 저서는 전기와 자기에 관련된 핵심 원리들을 학생들에게 가르치기 위해 그에 관련된 정보를 모아 배열한 수학적 교재였다.[84] 그리고 레일리는 이전부터 맥스웰과 개인적 친분 관계를 가졌다. 그래서 레일리는 동료의 분야를 침범하기를 피하기 위해 의도적으로 자신의 저서에서 전기 및 자기 관련 주제를 배제했을 가능성이 크다. 맥스웰은 레일리의 『음향 이론』의 목적과 범위가 자신의 저서와 간섭하지 않는 것을 알고 있었기 때문에 기꺼이 『음향 이론』을 인정하고 추천했다.

레일리는 1872년 말에 나일 강에서 류머티스 열을 진정시키기 위한 요양을 할 때 배 위에서 『음향 이론』을 집필하기 시작했다. 그가 1873년 5월에 런던으로 돌아왔을 때 그의 집필이 영국의 과학자 사회에 알려졌고 동료 사이에 희망적 기대를 불러일으켰다. 맥스웰은 레일리의 음향학에 관한 책이 음향학에 관한 책이 부족한 것을 보충해 줄 것이

---

84 F. Achard, "James Clerk Maxwell, *A Ttreatise on Electricity and Magnetism*, First Edition (1873)," in *Landmark Writings in Western Mathematics, 1640-1940* (ed. Ivor Grattan-Guinness), (Amsterdam: Elsevier, 2005), pp. 564~587.

라고 레일리에게 보낸 편지에 적었다. 1876년 11월에 맥스웰은 진동에 관한 레일리의 정리가 훌륭하다며 열전도에 관한 그의 강의에 레일리의 소산 함수를 채용했다고 레일리에게 보낸 편지에 적었다. 그는 레일리의 책이 출간되기를 기다리고 있다고 덧붙였다.[85] 맥스웰이 1879년에 갑자기 사망한 후에 레일리는 맥스웰이 캐번디시 연구소(Cavendish Laboratory)에서 실험물리학 교수일 때 담당했던 전기 표준의 결정을 포함하는 많은 전기 연구를 수행하였다. 그 연구들은 헬름홀츠를 포함한 다른 이들이 『음향이론』에 전기 진동을 포함시키라는 권고를 받아 그 저술의 재판에 반영되었다.

20장과 21장의 추가는 관련 주제의 최신의 발전을 반영했다. 레일리의 연구는 진전되었고 그는 민감한 불꽃과 분사물을 다루는 새로운 분야인 유체역학 음향학을 열 수 있을 것이라고 느낀 것 같다. 20장에서, 레일리는 1890년에 발표한 수면 장력에 대한 자신의 연구를 소개했다.[86] 이것은 중력과 모세관력의 작용을 받는 수면파를 설명했다. 작은 물결(crispations)이 저자의 다른 논문에서 설명되었다.[87] 오히려 분사물 표면의 불안정성이라는 유체역학적 현상이 소리에 반응한다는 이유에서 이곳에서 수학적으로 분석되었다. 소용돌이 운동과 민

85 Strutt, *Life of John William Strutt, Third Baron Rayleigh*, pp. 81~82.

86 Rayleigh, *The Theory of Sound*, 1896, vol. 2, p. 353; Rayleigh, "On the Tension of Water Surfaces, Clean and Contaminated, Investigated by the Method of Ripples," *Philosophical Magazine* 30 (1890), pp. 386~400.

87 Rayleigh, *The Theory of Sound*, 1896, vol. 2, p. 354; Rayleigh, "On the Crispations of Fluid Resting upon a Vibrating Support," *Philosophical Magazine* 16 (1883), pp. 50~58.

감한 분사물을 다룬 21장은 그가 분사물, 불꽃, 이올로스 음 등의 불안정한 유체역학적 현상을 중요한 음향학적 현상으로 보았기 때문에 추가되었다. 판간기에 레일리는 불꽃과 분사물에 대한 실험 연구를 수행하는 데 적극적이었다.[88] 그는 소리에 반응을 보이는 분사물의 파동성(sinusoidity)을 관찰했고 알코올과 물을 혼합하여 액체 분사물의 점성을 조절하기를 시도했다.[89] 이것은 그가 이 주제들에 대한 책을 쓰지 않기로 하고 그의 유명한 저술인 『음향 이론』에 관련 논의를 삽입함으로써 이루어진 음향학 범위의 확장이었다. 그는 아마도 그 주제들의 연구에 대한 독자의 접근가능성을 향상시키기를 희망했을 것이다.

레일리는 23장의 주제인 청취(audition)를 제1기에는 물리 음향학에 속하지 않는 생리학적 주제로 간주했었다. 이 새로운 장은 음의 감각, 감각 가능한 진폭의 유도, 소리의 방향 지각, 음향학의 옴의 법칙, 차음과 합음, 모음 이론, 모음의 인공적 발생을 다루었다. 헬름홀츠의 명저인 『음의 감각』(*Tonempfindungen*)은 1862년에 초판이 출판되었는데 청취에 관련된 주제들을 깊이 다루었다. 레일리가 『음향 이론』의 초판에서 그 책의 범위를 물리 음향학으로 한정했을 때 청취는 자연스럽게 『음향 이론』의 경계 밖에 있었다. 그러나 판간기 동안 그 분야를 둘러싼 상황과 이 저서의 성격에 대한 레일리의 태도가 변했다. 레일리는 이 민감한 주제들을 위하여 한 장(chapter), 즉 마지막 장을 할애함으로

88 Rayleigh, "Acoustical Observations IV," *Philosophical Magazine* 13 (1882), pp. 340~347 (345); Rayleigh, "Acoustical Observations V," *Philosophical Magazine* 17 (1884), pp. 188~194.

89 Rayleigh, *The Theory of Sound,* 1896, vol. 2, pp. 406~408.

써 그것들에 대한 개략적인 취급을 이 책에 포함시키기로 결심했다. 비록 그것은 레일리의 원래의 계획에서 벗어나는 달갑지 않은 조치일 수 있었지만 그는 음향학에 관한 그의 포괄적인 저서에 이 '혼탁한' 주제들에 대한 자신의 견해를 밝히는 것이 필요하다고 판단했다.

23장에서 레일리는 조합음, 음색의 위상 의존성, 모음 이론 같은 논쟁적인 주제를 다루었다. 그는 논의가 물리적 측면에 한정될 것임을 다시 공언했다.[90] 그는 생리학적, 해부학적 논의는 그 저술의 범위를 뛰어넘음을 확실히 했다. 소리의 방향 지각에 대한 레일리 자신의 연구는 『음향 이론』의 선언된 경계 너머에 있었지만 레일리 자신이 20세기 초에 그 연구를 재개함으로 이 주제에 대한 그의 특별한 관심을 나타낼 정도로[91] 이 분야에서 그의 성취에 대해 자부심을 느꼈으므로 초판 이전의 그 주제에 대한 그의 연구는 이곳에서 제시되는 것이 더 나을 것이라고 생각했다.[92]

처음에 조합음 또는 차음에 대한 레일리의 설명은 주로 헬름홀츠의 『음의 감각』에서 왔다.[93] 그때 그는 헬름홀츠의 관점에 대한 클라드니, 라그랑주, 영(Thomas Young, 1773~1829), 보잔캣(R. H. M. Bosanquet,

90 Rayleigh, *The Theory of Sound*, 1896, vol. 2, p. 433.

91 Rayleigh, "On the Acoustic Shadow of a Sphere," *Philosophical Transactions of Royal Society* 203 (1904), pp. 87~110; Rayleigh, "On Our Perception of Sound Direction," *Philosophical Magazine* 13 (1907), pp. 214~232 ; Rayleigh, "On the Perception of the Direction of Sound," *Proceedings of the Royal Society*, Series A, 83 (1909), pp. 61~64 (62); Rayleigh's Experimental Notes from 1904 to 1907 in Rayleigh, General Correspondence and Notebooks.

92 Ku, "British Acoustics," p. 410.

93 Rayleigh, *The Theory of Sound*, 1896, vol. 2, pp. 458~460.

1841~1912), 프라이어, 엘리스, 헤르만(Ludimar Hermann, 1838~1914), 쾨니히의 반대를 소개했다.[94] 그러나 레일리는 차음에 대한 헬름홀츠의 이론을 다양한 실험적 증거에서 지지했다.[95] 뒤이은 논의는 헬름홀츠의 차음 이론을 논박하는 쾨니히의 실험적 증거와 쾨니히의 주장에 대한 엘리스의 옹호였다. 그러므로 이 논쟁에 대한 레일리의 결론은 논쟁이 끝나지 않았다는 것이다. 비록 레일리가 헬름홀츠의 편을 들었지만 그 주제를 다루는 음향학자 사회가 의견의 일치를 보지 못했음을 인정했다.

그 다음에 레일리는 모음 이론, 즉 모음의 특성에 대한 설명을 둘러싼 논쟁을 소개했다. 모음의 차별성을 특정한 부분음의 강세로 설명하는 헬름홀츠의 고정 음고 이론은 부분음의 상대적 구조가 모음의 특성을 결정한다고 주장하는 상대 음고 이론을 믿는 이들에게 의심을 샀다. 독일의 물리학자 아우어바흐(Felix Auerbach, 1856~1933)의 공명기를 채용한 실험이 1876년에 발표되었다. 그의 결론은 두 이론을 모두 지지하여 모음 특성에 대한 양쪽 설명의 유효성을 모두 받아들였다.[96] 이 논쟁은 『음향 이론』의 초판 이전에 알려져 있었다. 이제 에디슨(Thomas Edison, 1847~1931)이 1877년에 발명한 축음기를 사용하는 모음 이론에 대한 실험들이 제2기 동안 수행되었다. 레일리는 벨(A. G. Bell)이 수행한 실험이 고정 음고 이론을 옹호한다고 보았다. 왜냐

---

94 Rayleigh, *The Theory of Sound*, 1896, vol. 2, pp. 459~462.

95 Rayleigh, *The Theory of Sound*, 1896, vol. 2, pp. 468~469; David Pantalony, "Rudolph Koenig's Workshop of Sound: Instruments, Theories, and the Debate over Combination Tones," *Annals of Science* 62 (2005), pp. 69~81.

96 Rayleigh, *The Theory of Sound*, 1896, vol. 2, p. 473.

하면 축음기의 재생 속도가 모음의 특성을 변화시켰기 때문이다. 그러나 녹음 원통의 흔적들을 분석하는 젱킨스(Fleming Jenkin, 1833~1885)와 유잉(J. A. Ewing, 1855~1935)의 실험은 아우어바흐의 실험처럼 중립을 지켰다.[97] 레일리는 매켄드릭(J. G. McKendrick, 1841~1926)과 헤르만, 로이드(Richard John Lloyd, 1846~1906) 등의 실험을 소개했다.[98] 그리고 레일리 자신의 실험은 그 음들이 귀에서 강화된다는 헤르만의 주장과는 대조적으로 귀의 바깥에 물리적으로 존재한다는 아우어바흐의 주장을 지지했다. 그는 헬름홀츠의 모음 합성기에 의한 모음의 합성을 의심했다. 왜냐하면 오르간 파이프로 그것을 재현하려는 다른 연구자들의 노력이 성공적이지 않았기 때문이다. 레일리는 헬름홀츠를 지지하는 것 없이 그 문제에 대하여 균형 잡힌 견해를 유지하기를 원했다.

왜 레일리는 그의 주된 연구가 수행되지 않은 모호한 분야에 발을 들여 놓았는가? 초판이 출판된 직후에 헬름홀츠는 레일리에게 『음향 이론』이 완전해지려면 그 주제를 포함해야 한다고 충고했다.[99] 헬름홀츠는 이 주제를 오랫동안 다뤄왔고 그의 『음의 감각』은 주로 그에 관한 책이었지만 그는 그 주제들에 대한 레일리의 견해를 듣고 싶었던 것 같다. 왜냐하면 그것들에 대하여 논쟁이 있었기 때문이었다. 레일리는 그의 저작이 포괄적인 음향학 교재로서 완벽하기를 희망했다.

---

97 Rayleigh, *The Theory of Sound*, 1896, vol. 2, p. 474.

98 Rayleigh, *The Theory of Sound*, 1896, vol. 2, pp. 474~477.

99 Helmholtz, "Lord Rayleigh's *Theory of Sound*," pp. 117~118.

관련 분야는 제2기에 많은 연구자들을 끌어들였고 레일리는 이 분야에서 연구하는 다른 연구자들과 상호작용했다. 가령, 벨은 1878년에 레일리에게 편지를 써서 영어 모음에 대한 그의 견해를 물었다.[100] 엘리스는 1884년에 레일리에게 편지를 써서 프라이어와 쾨니히가 조합음이 귓속에서 발생한다는 그들의 견해를 지지하기 위해 수행한 실험에 대해 보고했다. 엘리스는 레일리가 조합음은 귀 밖에서 발생한다는 헬름홀츠의 견해를 지지한다는 것을 알고 있었기에 정중하게 이 문제에 대한 레일리의 견해를 요청했다.[101] 청취에 관련하여 연구자들과 상호작용을 통해 레일리는 이 주제가 중요하다고 생각하게 되었다. 그러므로 레일리가 이 분야를 음향학의 한 하위분야로서 중요성을 인정하게 된 것은 확실하다.

5. 맺음말

역사가들은 특정한 시기의 개인적 및 사회적 상황을 이해하기 위해 그 시기에 관련된 다양하고 풍부한 자료를 모으는 것에 의존해왔다. 그러나 어떤 측면이 당대인들에게 중요하고 의미심장했는지를 판단할 특정한 가이드라인을 갖지 못했을 수 있다. 이런 측면에서 교차 판본 분석은 판본들을 비교함으로써 당대인들이 의미심장하고 가치롭게 생

100 A. G. Bell to Rayleigh, 28 May, 1878 in Rayleigh, General Correspondence and Notebooks.

101 A. J. Ellis to Rayleigh, 4 June, 1884.

각한 측면들에 초점을 맞추게 이끈다. 그리하여 두 판본의 비교는 각각의 판본을 만들어낸 두 시기를 차별화하게 해준다. 우리는 각 시기의 어떤 특징들이 두 판본의 차이를 야기했는지와 두 시기의 어떤 공통적인 특징들이 책 내용의 보존을 야기했는지에 집중한다.

책의 개정은 책을 둘러싼 사회적 변화의 흔적들을 반영한다. 어떤 주요한 변화들은 개정이 진행되는 동안 관련된 사회와 특정한 사람의 상황의 변화를 조명한다. 영향력 있는 책의 판본 비교는 그 판본들의 출판 전후에 그 책과 관련된 분야의 상황뿐 아니라 책 자체의 의미심장한 이해를 제공하는 데 효과적이다. 하나의 판본은 그 책이 다루는 주제들을 둘러싼 사회의 특징들을 포획한 단면이다.

이 분석은 어떤 다른 시기들보다 판간기에 대한 더 많은 이해를 가져다준다. 왜냐하면 이 분석은 개정된 판본을 양산한 제2기의 사회적 특징들을 드러낼 것이기 때문이다. 새로운 판본의 내용은 세 범주, 즉 보존된 것, 추가된 것, 삭제된 것으로 나뉜다. 이것들은 그 시기를 읽을 의미심장한 실마리를 우리에게 준다. 보존된 것은 제1기의 어떤 가치들이 제2기에 유효했음을 보여준다. 삭제된 것은 제1기에 가치 있다고 간주된 어떤 것이 개정판의 준비기 동안 이제는 부적절하게 되었음을 보여준다. 이것은 상황의 변화가 있었음을 의미한다. 지식의 진보 때문에 어떤 내용이 낡아졌을지도 모른다. 추가된 것은 새로운 관점과 관련된 주제에 관한 저자와 그 주변 상황의 변화를 반영한다.

『음향 이론』의 판본 비교 분석의 결과로서 보존된 것은 제1기와 제2기의 공통적 성격을 반영한다. 『음향 이론』은 수학적 및 실험적 문제들을 포함하는 음향학 연구의 집대성이었다. 레일리는 음향학 연구에서 자신의 성취를 제시했다. 레일리는 수학적 탐구를 실험적 발견들과 연결하려고 노력했다. 때로는 그러한 연결은 부자연스럽고 느슨하기도 했다. 『음향 이론』은 진동과 파동의 일반 이론을 추구하였다. 특히 종종 나타나는 미분 방정식은 유사한 물리적 계의 수학적 취급을 이끌었다. 그리고 미분 방정식을 양산하고 푸는 특수한 전략들이 수학적 이론의 유용성을 지지했다. 그리하여 레일리가 몇 개의 미분 방정식을 통해서 많은 문제에 접근할 수 있었다는 사실이 자연의 통일성을 지지했고 일반적인 이론들의 추구를 정당화했다.

『음향 이론』의 개정에서 변화된 부분은 판간기 동안의 음향학의 상황에 대한 다수의 실마리를 제공해준다. 많은 발전이 이루어졌고 레일리의 실험 연구는 그의 실험 능력을 향상시켰고 실험 세팅에 대한 그의 이해를 심화시켰다. 레일리는 실험 연구를 위해 많이 노력했다. 『음향 이론』의 개정판은 독창성을 여전히 많이 유지했고 많은 실험 연구를 포함시켰다. 레일리는 제2기에 출판된 지식을 반영하여 『음향 이론』의 내용을 갱신하기 원했다. 실제로 판간기는 레일리의 경력에서 가장 활동적이고 가장 생산적이었다. 1879년부터 1884년까지 레일리는 캐번디시 연구소에서 실험 물리학 교수로 일했다. 거기에서 그는 체계적인 교육 프로그램을 구축했고 생산적인 연구에 종사했다.[102] 1884년에 그는 스토크스(G. G. Stokes, 1819~1903)의 뒤를 이어 캐나다 몬트리올에서 열리는 영국과학진흥협회(British Association for the Advancement of Science) 회의에서 의장을 맡았고 1885년에는 런던 왕

102 Dong-Won Kim, *Leadership and Creativity: A History of the Cavendish Laboratory 1871-1919* (Dordrecht: Springer, 2002), pp. 26~50.

립학회의 서기(secretary)가 되었다. 1887년에는 영국 왕립연구소(Royal Institution of Great Britain)의 자연철학 교수가 되어 1905년까지 정기적인 강의를 통해 과학을 대중화하는 데 기여했다.[103]

개정판에서 전기 진동, 유체역학적 문제들, 청취에 관한 장들이 새롭게 보충되었다. 그리고 전기 진동과 청취에 관한 장들의 주된 내용이 초판 이전에 이미 세상에 알려졌다. 그래서 그러한 장들의 추가가 그 저술의 주된 지향의 변화를 의미한다. 음향학의 범위는 레일리의 마음에서 제2기에 다시 그려졌다.

전화기의 발명은 음향학 연구의 새로운 장을 열었다. 어떤 전기에 관한 논의는 전화기의 기술적 문제들을 이해하는 데 중요했다. 이 문제에 대한 레일리의 수학적 논의는 전화 공학에서 새로운 전망을 열었다. 전화 공학은 곧 매우 성공적이라는 것이 입증되면서 『음향 이론』은 20세기 초에 미국의 전화 기술자들에게 큰 영향을 미쳤다.[104] 1926년에 미국에서 『음향 이론』이 재인쇄된 것은 그 책이 미국의 전화 기술에 미친 큰 영향력을 반영했다.[105] 1945년에 뉴욕의 도버(Dover) 출판사에서 『음향 이론』의 재판이 다시 발간되었을 때 미국 음향학자 린제이(R. B. Lindsay)가 쓴 '역사 소개'(Historical Introduction)를 앞에 덧붙였다. 미국이 세계 시장을 선도하고 있었던 전화 산업에서 『음향 이론』의 유용

103 왕립연구소에서 레일리의 음향학 강의를 위해서는 Ja Hyon Ku, "Rayleigh's Public Lectures with Acoustical Experiments," *Journal of the Acoustical Society of Korea* 30 (2011), pp. 377~382를 보라.

104 Ku, "British Acoustics," pp. 422~423.

105 Harvey Fletcher, "Book Review of *The Theory of Sound* by Lord Rayleigh," *Proceedings of the Institute of Radio Engineers* 16 (1928), pp. 181~191.

성이 입증되었기 때문에 이 책의 수요가 특히 미국 시장에서 팽창하고 있었다.

대조적으로 모세관력(20장)과 소용돌이와 민감한 분사물(21장)에 관한 장들의 내용은 즉시 후속하는 음향학 연구에 영향을 별로 미치지 않았다. 주로 판간기에 발표된 레일리 자신의 연구에서 가져온 것이었다. 레일리 자신은 이 주제에 관한 자신의 연구 결과를 매우 자랑스러워했다. 그는 음향학 실험 세팅에서 불꽃들과 분사물들의 유용성이 얼마 동안 지속될 것이라고 생각한 것 같지만 그것은 잘못된 예상임이 드러났다. 재판에서 유체역학적 논의를 포함시킨 것은 음향학의 범위의 고려에서 부적절해 보였지만 판간기에 대한 레일리의 연구 관심을 반영하였다.

전반적으로 『음향 이론』의 재판은 매우 성공적이었다. 『음향 이론』은 통일된 음향학을 더 성공적인 단계로 이끌었다. 그 책은 음향학을 수학적으로나 실험적으로 연구하는 모든 연구자들에게 "정보의 광산"의 역할을 했다.[106] 많은 음향학 연구자들이 『음향 이론』은 수학적 및 실험적 연구를 위한 좋은 원천이 되었다. 왜냐하면 그것은 많은 핵심적인 방법과 유용한 정보를 제공하였기 때문이다. 그것은 20세기 초에 모든 음향학자에게 우선적인 권위서로 쓰였다.[107]

두 판본의 비교로부터 우리는 레일리가 음향학에서 중요하다고 생각한 것이 무엇인지, 판간기에 저자의 관점에 따르면 중요한 발전이 무엇이었는지, 전망 있는 하위분야로 새로 음향학에 들어온 것이 무엇

106 Ku, "British Acoustics," p. 418.

107 Ku, "British Acoustics," pp. 420~421.

인지에 대한 이해에 도달할 수 있다. 초판에서 그는 그 책의 범위를 엄밀하게 물리 음향학에 국한했지만 그는 재판의 출간 때에는 그의 마음을 바꾸어 그 책의 범위를 확장하여 전기 진동, 유체역학, 생리 음향학을 포함시켰다. 그는 과학자 사회 안에서 젊은 과학자로 그의 첫 논문을 쓸 때보다 자신의 개정된 저서에 포함될 주제를 선택할 더 많은 자유를 얻게 된 것을 반영한다.

6장

음향학의 실체 이론:
과학의 이름으로 신앙을 옹호함

6장
음향학의 실체 이론: 과학의 이름으로 신앙을 옹호함

1. 도입

과학은 자연을 탐구하여 자연에 대한 이해를 얻고자 노력한다. 과학적 연구를 통해 새로운 사실을 알아내는 과정이 과학의 중심을 이룬다 하더라도 그러한 연구 성과가 과학자 공동체 내에서 인정을 받고 수용될 때에만 목적을 달성할 수 있다. 그러므로 과학적 논의에서도 설득력을 더하기 위한 수사학이 필수적으로 개입된다. 역사적으로 의미 있는 과학 텍스트를 수사학적 비평의 방식으로 분석하는 것은 과학적 논설에 대한 이해를 더한다는 측면에서 의미 있는 일이다. 특히 어떤 과학의 내용이 새롭게 형성되는 과정에 있거나 대립되는 두 주장이 논쟁을 벌이는 상황에서는 이러한 수사학이 더욱 큰 힘을 발휘한다. 이 과정에서는 우리가 일반적으로 과학의 설득력의 근거라고 생각하는 합리성, 즉 수학적 논리나 실험과 관찰에 의한 객관적 증거 제시 외에 다른 요인들이 개입하여 논의의 귀결을 변경시키기도 한다. 특히 과학 외적 필요에 의해 과학의 내용이 제한되는 상황이 발생하는 경우에는 전혀 다른 설득의 양상이 전개될 수도 있다.

이 장에서는 19세기 말에 미국에서 실체 음향학의 진수를 학생들에게 전달하고자 집필된 스웬더(John I. Swander, 1833~1925)의 『음향학의 실체 이론』(*A Text-Book of Sound: The Substantial Theory of Acoustics*)을 수사학적 비평의 대상으로 삼아 분석하고자 한다. 스웬더는 미국 개혁교회 목사로서 과학과 종교의 조화를 위해 노력하였다.[1] 그는 기독교가 '잘못된' 과학 때문에 받는 위협에서 벗어나기 위해 제시된 실체 철학(substantial philosophy)을 옹호하는 데 앞장섰다. 실체 철학은 1859년에 다윈의 『종의 기원』(*Origin of Species*)이 출간되고 자연 현상을 신의 개입 없이 오로지 물질적인 원인에 의해 설명하려는 경향이 두드러지자 물질적 실체만이 유일한 실체가 아니라 비물질적 실체도 존재한다는 것을 분명히 하고 더 나아가 자연계에 비물질적 실체가 널리 존재한다고 주장하였다. 이 책은 그러한 노력의 일환으로 중등학교나 대학에서 실체 철학의 핵심 이론인 음향학의 실체 이론을 가르치기 위한 목적으로 집필되었다. 유럽에서 소리에 대한 과학적 연구가 활발하게 이루어지고 있었던 19세기 후반에 소리에 대한 연구에서 뒤쳐져 있었던 미국에서 실체 음향학이 출현하여 한 동안 지식인들을 사로잡은 것은 특이한 현상이었다. 그러한 사회적 현상을 일으키는 데 중심적인 역할을

1 John I. Swander, *Romance in Religion and Science: A Biographical Sketch of Dr Swander's Life* (Tiffin: Sacksteder Bros, 1915).

수행한 저술인 『음향학의 실체 이론』에 대한 수사학적 분석을 실행하여 그러한 설득력의 근원을 추적해보는 것이 이 장의 목적이다.

이러한 목적을 달성하기 위하여 이 장은 5항목 방법(pentadic method)과 환상 주제 방법(fantasy–theme method)을 사용할 것이다. 이 두 방법은 공통적으로 드라마티즘에 속하는 것으로 인공물이 수사학적 기능을 수행하기 위하여 극적 요소를 부여받는다는 관점을 반영하고 있다. 실체 철학과 같이 일단의 사람들이 사회에 널리 퍼진 사고방식에 맞서 싸우는 상황에서는 수사학적 비전의 제시가 중요한 역할을 하는데 여기에서 이야기의 구성은 메시지를 전달하는 중심 요소로서 기능하게 되기 때문에 이러한 분석 방법을 취하는 것이 적합하다.

음향학의 실체 이론에 대하여 과학사적으로나 수사학적으로 연구된 것은 국내외를 막론하고 거의 없다. 그것은 19세기 미국에서 실체 이론이 끼쳤던 영향력을 고려해 볼 때 수정되어야 할 상황이라고 판단된다. 이러한 수사학적 분석 수단을 동원함으로써 음향학의 실체 이론이 성취하고자 하는 수사학적 비전이 무엇인지를 파악함으로써 과학과 종교의 상호 작용에 대한 심화된 이해를 도모하고 이러한 특수한 목적을 달성하기 위하여 영향력 있는 실체 이론의 주창자가 어떠한 설득적 전략을 구사하고 있는지를 파악하여 과학이 가지는 수사학적 가치를 평가하고자 한다.

2. 실체 음향학 소개

20세기 말에는 진화론 대 창조론의 논쟁이 과학과 종교의 관계에 대한 논의의 중심에 있었다. 창조론은 창조 과학이라는 이름으로 과학적으로 정설이 된 진화론을 과학적으로 배격하고자 제시되었다.[2] 이와 유사하게 음향학의 실체 이론은 19세기 말에 실체 철학의 중심 이론으로 기존의 소리의 진동 이론에 대한 종교계의 공격의 일환으로 등장하였다. 실체 철학은 뉴욕의 감리교 목사이자 철학 박사였던 홀(Alexander Wilford Hall, 1819~1902)이 창시하였다. 실체 철학 또는 실체론(substantialism)은 자연 현상을 만들어내는 모든 원인, 즉 자연의 힘은 물리적이건 생리적이건, 정신적이건 영적이건, 모두 실체적 존재라고 주장했다.[3] 운동 자체는 장소의 이동일 뿐 아무것도 아니지만 운동을 일으키는 원인인 힘이나 에너지는 실체를 갖는 대상이라고 했다. 거기에서 소리, 빛, 열, 중력, 전기, 자기 등은 모두 사물의 본성상 어떤 물질적 실체의 운동일 수 없고 그 자체가 자연의 힘, 즉 현상을 일으키는 원인으로서 비물질적인 실체라고 했다.[4] 비물질적인 원인은 중력이나 자기에서 예시되는 것처럼 물질적 실체에 의해 제한되지 않는다. 그런데 어떤 비물질적 원인, 가령 열이나 소리나 전기는 어떤 물질에서는 다른 물질에서보다 더 잘 전달된다. 이것은 단지 물질 속에 들

---

2 양승훈, 『창조론 대강좌』(서울: 씨유피. 2005).

3 John I. Swander, *A Text-Book on Sound: The Substantial Theory of Acoustics* (New York: Hall, 1887), p. viii.

4 John I. Swander, *The Substantial Philosophy* (New York: Hudson, 1886), pp. 59~69.

어 있는 다른 힘, 즉 응집력(cohesive force)이 영향을 미치기 때문이라고 했다.[5] 소리에 대해서 실체론은 소리를 단지 매질 입자의 운동이라고 보는 파동 이론을 배격하고 소리가 비물질적 실체를 갖는다고 주장했다.

그림 6-1 A. W. 홀

실체론에서 가장 중심을 이루는 것이 음향학의 실체 이론이었다. 실체론자에게 소리는 사람이나 동물의 청각이 영향을 받는 물리적 힘(이것을 소리 힘(sound force)이라고 부른다)으로서 이러한 힘이 청각 신경에 작용해 인간의 의식에 청각을 만들어낸다고 홀은 설명했다.[6] 그는 기존의 이론가들이 실체론을 피하기 위해 소리를 감각에 국한시켰다고 비판하였다. 당시의 과학자들이 소리는 공기의 진동일 뿐이지만 우리의 청각을 통해 뇌 또는 의식에서 소리가 형성된다고 보았는데 실체론자들은 공기의 진동과 같은 운동이 감각기를 통해 소리를 형성하

5 Swander, *A Text-Book on Sound*, pp. vii~ix.

6 Swander, *A Text-Book on Sound*, p. 156.

는 것이 아니라 소리라는 비물질적 힘이 따로 존재하고 그것이 청신경에 자극을 가해 청각이 성립한다고 주장했다. 소리가 전달되는 매질의 진동은 소리 힘 자체를 구성하지 않으며 물체에 작용하는 그러한 힘의 효과이거나 부수적으로 동반되는 현상이라고 보았다. 이는 마치 전기가 발전기에서 생산될 때 자석을 회전시키는 운동 효과로 진동이 일어나지만 그 자체가 전기는 아니라는 점과 비슷하다는 것이다. 소리를 발생시킬 때 운동이 수반되는 것은 맞지만 운동 자체가 소리는 아니며 소리 힘을 작동시키는 기작이 더 핵심적인 역할을 한다는 것이다.

1877년에 홀은 "인간 생명의 문제"(The Problem of Human Life)라는 제목의 강연을 통해 실체 철학을 세상에 내놓았고 이 강연은 책이 되어 1880년대에만 6만 부 이상이 팔렸다. 뉴욕의 한 기독교 주간지는 이 책이 다윈, 헉슬리(T. H. Huxley, 1825~1895), 틴들(John Tyndall, 1820~1893), 헬름홀츠, 헤켈(Ernst Haeckel, 1834~1919), 메이어의 이론을 성공적으로 논평했고 과학적 유물론의 허위성을 입증했다고 평가했다. 1886년에 홀은 월간지 『과학계』(*Scientific Arena*)를 만들어 실체론을 대중화시키기 위한 노력을 전개했다. 이 월간지는 처음 2년간은 홀이 편집을 맡았고 나중에는 로저스(Robert Rogers)가 그 자리를 이어받았다. 이 월간지는 순수한 과학적 정신으로 종교를 옹호하겠다는 목표를 내걸었고 많은 우호적인 반응을 불러왔다. 어떤 독자는 "동방 박사들이 베들레헴의 별을 보고 기뻐했듯이 저는 기쁨으로 『과학계』를 받습니다. 각 페이지에 실린 기독교를 옹호하는 철학적 논증은 …… 불

신자의 요새를 쳐부술 것입니다."라고 평가했다.[7]

실체 철학은 1880년대와 1890년대에 미국에서 많은 지지자를 얻었으며 특히 그 중에서 음향학의 실체 이론은 소리의 파동 이론에 대한 대안으로서 과학적 이론으로 제기되었다. 물리학 전체를 새로운 시각에서 바라보는 실체론은 흔히 사이비 과학으로 치부되나[8] 나름대로의 논리적 및 경험적 근거를 가지고 있었기에 당시 지식인들 사이에서 많은 반향을 불러일으켰다. 그러나 실체 음향학에 대한 과학계의 반응은 우호적이지 않았다. 1891년에 케임브리지 대학의 음향학자인 테일러(Sedley Taylor, 1834~1920)는 홀의 주장에 대하여 과학적 근거를 들어 비판하였고,[9] 미국에서 음향학을 가르치는 데 크게 기여한 저술인 『소리와 음악』(*Sound and Music*)을 1892년에 출간한 잠(John A. Zahm, 1851~1921)은 교수이자 신부였지만 확고하게 소리의 파동 이론을 지지했고 소리의 실체 이론은 그의 저서에서 언급조차 하지 않았다.[10]

---

7 Swander, *A Text-Book on Sound*, p. 137.

8 Daniel W. Hering, *Foibles and Fallacies in Science* (London: George Routledge and Sons, 1924).

9 A. Wilford Hall and Sedley Taylor, *The "Substantial" and "Wave" Theories of Sound: Two Letters* (London and New York: Macmillan, 1891), pp. 16~25.

10 John A. Zahm, *Sound and Music* (Chicago: A. C. McClurg, 1892), pp. 15~17.

3. 방법론적 고찰

이 장에서는 음향학의 실체 이론에 대한 수사학적 분석을 두 가지 방법, 즉 5항목 방법과 환상 주제 방법을 채용하여 수행할 것이다. 이 두 가지 방법은 모두 극적인 특성에 초점을 맞추어 인공물을 바라보는 관점이다. 이 방법들을 채용한 이유는 실체론이 19세기 미국의 맥락에서 어떠한 위상을 가지고 있었는가 또는 어떠한 위상을 가진 것으로 실체론자들이 인식했는가를 대표적인 논저에서 파악하기 위하여 5항목 방법이 적당하고, 또한 하나의 지적 운동으로서 실체 이론이 사회에 널리 받아들여진 주류 이론에 대항할 때 어떠한 믿음과 비전을 공유했는가를 파악하는 데 환상 주제 방법이 적합하기 때문이다.

5항목 방법은 인공물을 극적인 요소를 갖는 것으로 간주하는 수사학적 비평의 방법으로 버크(Kenneth Burke)가 창안하였다. 버크는 인간이 대상을 인식하는 방식이며 인간 사고의 기본 틀로 5항목 곧, 행위(act), 행위자(agent), 수단(agency), 장면(scene), 목적(purpose)을 들었다.[11] 행위는 벌어진 사건, 혹은 의도를 가지고 행해진 행동을 말한다. 행위자는 행동을 하거나 선택할 수 있는 힘을 가진 존재나 사람을 말하며, 수단은 어떠한 것을 수행할 때 사용하는 방법이나 기술을 뜻한다. 장면은 물리적, 사회적 환경이나 행동을 하기 위한 상황을 말하며, 목적은 행동이나 선택을 위한 지침이 되는 생각이나 동기를 말한다. 이러한 틀은 허구적인 이야기나 잘 짜인 작품에서뿐 아니라 실제 일상적인

11 Kenneth Burke, *A Grammar of Motives* (Berkeley: University of California Press, 1969).

이야기 속에서도 드러난다.[12] 그러므로 인공물에서 5가지 항목을 찾아내면 그것으로부터 인공물이 전달하고자 하는 극적인 이야기를 구성해 낼 수 있다.

실체 철학을 주창한 인물들은 음향학의 실체 이론을 다수의 과학 전문가들을 포함해서 지식 대중을 설득하기 위해 제시하면서 더 많은 지지를 얻기 위하여 수사학적 전략을 구사하였다. 이러한 설득 과정에서 그들은 자신들의 싸움을 어떻게 파악하고 있었는가를 5항목 방법은 잘 드러내준다. 이러한 분석을 통하여 실체 철학 또는 실체 음향학이 처했던 상황을 더 잘 이해할 수 있다.

환상 주제 방법은 보먼(Ernest G. Bormann, 1925~2008)이 창안한 방법으로 집단의 공유된 세계관에 대한 통찰력을 제공하기 위해 고안된 것이다.[13] 보먼은 작은 집단의 연구뿐 아니라 주제가 극적으로 청중을 연결하는 기능을 하는 모든 수사학에 적용하기 위하여 이 방법을 만들었다. 여기에서 환상(fantasy)은 가상적이거나 현실에 토대를 두지 않은 것을 의미하는 것이 아니라 사태(event)에 대한 "창조적이고 상상력이 풍부한 해석"을 의미한다.[14] 환상 주제(fantasy-theme)는 과거의 사건을 해석하거나 미래의 사건을 상상하거나 어떤 집단의 실제 활동에서 떨어져 나온 현재의 사건을 묘사하는 단어, 구, 진술이다. 환상 주제는

---

12 남궁은정, 「연결과 돌봄, 그리고 나: 여대생 가족 갈등 이야기의 구조분석 연구」, 『커뮤니케이션학 연구』 19 (2011), pp. 27~60.

13 Ernest G. Bormann, "Symbolic Convergence Theory: A Communication Formulation," *Journal of Communication* 35 (1985 Autumn), pp. 128~38.

14 Sonia K. Foss, *Rhetorical Criticism : Exploration and Practice* (Long Grove, Illinois: Waveland Press, 2009), p. 98.

그 해석을 의사소통에서 성취하는 수단이다. 이러한 환상 주제들은 배경(setting), 인물(character), 행동(action)의 세 범주를 갖는다. 환상은 예술적이고 조직화된 특성을 가지고, 환상 주제는 항상 특정한 방식으로 정돈되어 경험에 설명을 제공하며 독특한 논변(argument)을 만들어낸다. 환상 주제를 공유하는 사람들은 수사학적 비전(rhetorical vision)을 공유하는데 이것은 그 집단 밖에 있는 사람에게는 별로 설득력이 없어 보이는 것이지만 그 집단 안에서는 완벽하게 유의미하게 보이는 행동을 하게 한다. 어떤 인공물을 환상 주제 방법으로 분석하려면 배경, 인물, 행동 주제를 찾아내고 그것들로부터 수사학적 비전을 구성해 내야 한다.

환상 주제 방법을 실체 철학 주창자의 논설에 적용하면 실체 철학자들이 과학 이론으로서 실체 음향학을 어떻게 전문가 또는 지식 대중에서 받아들이도록 노력하는지를 이해할 수 있다. 이 방법은 그들이 어떠한 믿음과 꿈을 공유하고 어떠한 당면한 문제를 어떻게 해결해 나가고자 하는지를 이해하는 데 좋은 수단이 된다.

4. 수사학적 분석

1) 5항목 방법의 적용

5항목 방법을 통해 스웬더의 『음향학의 실체 이론』을 분석해 보자. 이 책에서 두 종류의 행위자(agent)를 찾을 수 있는데 첫 번째 부류로는 실체 철학의 창시자인 홀, 그리고 그 추종자이자 펜실베이니아 군사학교(Pennsylvania Military Institute)의 고등수학 교수인 카터(Kelso Carter, 1849~1928), 그리고 저자인 스웬더 자신 등의 실체론자들이 언급되고, 다른 부류로는 저명한 음향학자로 틴들, 헬름홀츠, 레일리, 메이어, 그리고 저명한 물리학자로 뉴턴, 라플라스(Pierre-Simon Laplace, 1749~1827) 등과 더불어 물리학자와 음향학자들이 언급된다. 이 두 그룹의 사람들은 서로 대립하며 전자가 진리를 따르는 자로, 후자가 진리를 호도하는 자로 묘사된다.

스웬더는 실체론자와는 대립 선상에 있는 또 다른 행위자인 과학자들이 기존의 이론을 받아들이는 자세를 조롱거리로 묘사함으로써 그들의 어리석음을 인상적으로 부각한다. 저자는 그들의 "생각 없음"(thoughtlessness)을 조롱하며 "그들의 병적인 어리석음은 놀라움을 넘어 경악할 수준"이라고 폄하한다.[15] 또한 그것은 사람들이 "쉬운 표층의 관점"(easy surface view)을 따름으로써 "사물의 원인에 대한 표면적 탐구"(superficial search for the cause of things)만을 일삼았기 때문이라며 그들은 "걸출한 바보들"이 되었다고 조롱한다.

책의 내용에 나타난 행위(act)를 분석해보면, 첫 번째 그룹의 행위자 중에서 홀은 실체 철학을 창시하고 그것을 보급하는 역할을 했다. 홀에 붙은 찬사는 그의 철학이 전문가적 수준에 도달해 있다고 여겨짐을 보여준다. 스웬더는 "이 작은 책을 그의 사도의 발(apostolic feet) 아래"에 자랑스럽게 헌정하고, "진리에 대한 가장 큰 신뢰를 가진 자들이 이

15 Swander, *A Text-Book on Sound*, p. xii.

전에 꿈꾼 적도 없는 자연의 법칙과 사실에 대한 그의 풍요로운 발견들로부터 우리가 지속적으로 가져오는 대단한 혜택"에 대하여 감사를 표했다.[16]

스웬더에 따르면 홀은 헬름홀츠에 정면으로 도전함으로써 승리의 길을 모색하였다. 그는 소리굽쇠의 진동이 거의 사라져 갈 때에도 소리가 들리는데 그때의 진폭이 매우 작은 것을 감안하면 소리굽쇠의 진동이 결코 공기의 진동을 일으킬 정도로 충분히 빠르지 않다는 것을 주장하였다. 이에 대하여 카터가 실험을 수행하였고 그의 실험을 근거로 홀은 헬름홀츠가 그의 『음의 감각』(*Tonempfindungen*)에서 소리굽쇠의 진동이 매우 빠르게 일어난다고 언급한 것은 잘못된 판단이었음을 힐난한다. 이로써 홀은 음향학의 대가인 헬름홀츠의 권위를 낮춤으로써 확실하게 자신의 주장의 과학적 이론으로서 가치를 드높이려 하였다.[17]

그림 6-2 소리로 촛불을 끄는 실험

출전: John Tyndall, *Sound* (1897), p. 42.

---

16 Swander, *A Text-Book on Sound*, p. xi.

17 Swander, *A Text-Book on Sound*, p. 180.

또 하나의 사례는 또 한 명의 음향학의 권위자인 틴들에 대한 스웬더의 비판에서 찾을 수 있다. 틴들은 널리 읽힌 책인 『소리』(*Sound*)를 쓴 유명한 음향학자인데 그가 이 책에서 제시한 실험에 대하여 저자는 그의 실험 결과의 해석이 잘못되었다고 언급했다. 그것은 양쪽이 열린 긴 관의 한쪽에 촛불을 켜 놓고 다른 쪽에서 두 권의 책을 맞부딪쳤을 때 촛불이 꺼지는 것을 보여주는 실험이었다(그림 6-2). 이 실험에 대하여 틴들은 소리가 곧 공기의 진동이며 이 공기의 진동이 촛불을 껐다고 설명하였다.[18] 이에 대하여 저자는 틴들이 피상적인 현상만을 보고 불을 끈 것이 소리라고 잘못된 판단을 내렸다고 말한다. 불을 끈 것은 소리가 아니라 공기의 진동이었다는 것이다. 여기에서 저자는 권위자의 판단을 비판함으로써 과학적 견지에서 자신의 주장의 권위를 더하고자 한 것을 볼 수 있다.[19]

스웬더에 따르면 실체론자들이 수행하는 또 하나의 행위는 실체론을 학교와 대학의 교육에서 정식 과목으로 채택되도록 하기 위하여 교재를 만드는 것이다. 이 분석 대상이 된 책이 출판된 것도 그러한 교육의 목적을 달성하기 위한 것이었는데 여전히 미국 교육에서 기독교의 영향이 컸던 상황에서 실체론자들은 기독교를 옹호하기 위한 음향학의 실체 이론의 교육을 올바른 교육으로 보고 그것을 확장시키고자 하였다. 또한 실체론자들은 이러한 싸움에서 이기기 위한 또 하나의 방안은 잡지나 강연을 통하여 이를 확장하는 것이라고 여겼다. 그리하여 실체론 과학을 보급하는『과학계』가 출간되어 매월 발행되었고 1881년

18 John Tyndall, *Sound* (New York: Greenwood Press, 1969).

19 Swander, *A Text-Book on Sound*, p. 209.

부터 1892년까지 『소우주』(*Microcosm*)와 같은 잡지가 간행되어 실체 음향학을 널리 전파하였다.[20]

수단(agency)과 관련해서 스웬더는 홀과 그의 추종자들이 논쟁에서 이기고 교육적 목적을 달성하기 위하여 자신들의 이론, 음향학 전문 연구자들과 실체론자의 실험, 전문 연구자들의 이론을 사용하는 것을 언급한다. 뛰어난 물리학자나 음향학자들이 사용하는 것과 동일한 수단을 홀과 그의 추종자들이 사용하고 있다는 것이다. 이것은 설득력을 더하기 위한 효과적인 전략이다. 실체론자들의 주장이 과학적임을 확고히 함으로써 이 논쟁이 과학적 논쟁임을 더욱 분명히 하고 종교적인 목적을 뒤로 숨김으로써 자신들의 이론에 대하여 과학의 위상을 얻고자 하는 것이다.

실례로 저자는 전기를 써서 소리를 만들 때 진동을 일으키지 않아도 소리가 만들어지는 것을 실험을 통하여 확인할 수 있다고 주장한다. 1876년에 발명되어 당시 그 실용적 가치가 점차 확장되고 음질의 개선을 위한 연구가 한창 진행 중이었던 전화기에서 송화기나 수화기의 디스크나 박판(diaphragm)이 없어도 소리를 발생시킬 수 있었다는 실험 보고를 통하여 소리의 파동 이론을 무너뜨릴 과학적 근거를 더욱 확고히 하기를 추구한다.[21] 당시 알려져 있기로는 벨이 발명한 최초의 전화기에는 전화기의 송화기에서 소리를 전기로 바꾸거나 수화기에서 소리를 발생시키기 위해서 디스크나 박판을 사용하였다.[22] 그렇지만 이

20 Swander, *A Text-Book on Sound*, p. 136.

21 Swander, *A Text-Book on Sound*, pp. 215~216.

22 구자현,『앨프레드 메이어와 19세기 미국 음향학의 발전』, (서울: 한울, 2010), p. 398.

에 대하여 저자는 전화기에서 진동을 일으키는 부품인 디스크나 박판은 소리가 들리게 하는 데 필수적인 부품이 아님을 과학자나 기술자의 주장을 인용함으로써 자신의 주장이 철학적 또는 종교적 주장이 아니라 과학적 사실에 대한 주장임을 분명히 하였다. 그는 런던 왕립학회 회원이자 스코틀랜드의 유명한 과학자인 퍼거슨(R. M. Ferguson)이 『사이언티픽 어메리컨(보충편)』(*Scientific American Supplement*)에 출판한 논문과, 프랑스의 유명한 전기기술자인 뒤 몽셀 백작(Count Du Moncel)의 전화기에 대한 저작에서 이러한 사실을 보고한 바 있음을 언급하였다. 이들은 송화기에서 소리의 전달은 박판 없이 자석에 바로 소리를 가함으로써 이루어질 수 있었고, 소리의 발생은 분자적(molecular) 수준에서 일어난다고 지적하였다.[23]

실체론자가 실체 음향학을 옹호하기 위하여 행한 것으로 스웬더가 보고한 또 하나의 실험으로 카터(Kelso Carter)의 소리 세기에 관한 실험이 있다. 기존의 소리의 진동 이론은 모든 방향으로 퍼져 나가는 소리의 경우에 음원으로부터의 거리가 멀어지면 소리의 세기는 거리의 제곱에 반비례한다고 본다. 실체론자들은 이러한 주장에 대해 반대하였고 1881년에 카터가 이를 입증하는 실험을 수행하였다. 카터는 피치 파이프(pitch pipe) 두 개 중 하나는 1야드(0.91미터) 떨어뜨려 놓고 다른 하나는 10야드(9.1미터) 떨어뜨려 놓고 같은 세기로 불었을 때 소리의 세기는 멀리 있는 것이 100분의 1로 작아져야 하지만 많이 잡아야 2분의 1만의 감쇠가 일어난다는 것을 관찰했다고 보고했다.[24] 이는 음

23 Swander, *A Text-Book on Sound*, p. 216.

24 Swander, *A Text-Book on Sound*, p. 201.

향학의 실체 이론이 허망한 논설이 아니라 과학적 방법으로 검증되는 주장을 제기하고 있음을 밝히려는 적극적인 공세였다.

장면(scene)은 홀과 그의 추종자들이 자신들이 처한 상황을 어떻게 인식하고 있는 것으로 묘사하고 있는지를 살펴봄으로써 파악할 수 있다. 이에 대하여 홀은 서문(Preface)에서 현대 과학 이론이 오류에 직면해 있고 당연하게 받아들여지던 물리철학에서 운동 모드 이론(mode-of-motion theories)이 개혁되어야 하는 상황에 있다고 묘사했다.[25] 홀은 이미 과학계에서 수세기에 걸쳐 빛, 열, 전기, 중력, 자기, 응집력, 생명, 마음, 영혼, 정신에 대해 그 실체적 존재를 가정하는 주장들이 제기되었는데 소리만이 예외였다는 것이다. 그러므로 자연의 통일성으로부터 이러한 예외적 사례를 시정하는 필요성이 요구되고 있다는 것이다.[26] 이러한 시대 상황에 대한 묘사에서는 유물론의 대두로 인한 기독교의 위기에 대한 언급을 의도적으로 배제함으로써 이러한 논의 자체가 과학적 필요에 의한 것으로 인식되기를 원했음을 드러낸다.

홀과 그의 추종자들의 행동의 목적(purpose)은 표면적으로는 음향학의 실체 이론의 타당성을 널리 전파하는 것이다. 이를 위해 택하고 있는 전략은 음향학의 실체 이론을 철저하게 과학적 토대 위에서 입증하기를 추구하는 것이다. 이 이면에는 그들의 숨겨진 목적, 즉 실체 철학을 옹호함으로써 기독교가 주장하는 바, 영혼의 불멸성과 신의 실재성을 지지하는 것이 숨겨져 있다. 그것은 이 싸움의 목적을 효과적으로 달성하기 위해서는 더욱 철저하게 논의를 학구적 접근에 근접시켜야

25 Swander, *A Text-Book on Sound*, p. iii.

26 Swander, *A Text-Book on Sound*, pp. iv~v.

한다고 저자가 생각했기 때문이다.

이 다섯 개의 항목 중에서 가장 두드러진 항목은 목적이다. 행위자인 실체론들은 자신들의 존재 목적이 실체론을 옹호하고 실체론을 통하여 기존의 과학의 오류를 바로잡는 것이므로 이러한 목적을 달성하기 위하여 과학에서 사용하는 경험적 방법과 기존의 과학의 권위, 논리적 추론 과정 등을 수단으로 활용하여 자신들의 주장을 정당화하기를 시도한다. 실체론 옹호의 목적을 더 효과적으로 달성하기 위하여 그들은 그들의 논의가 이루어져야 할 장소로 대학이나 학교를 선정하고 이곳에서 실체 철학을 교육하고 실체론에 대한 학술적인 설득력을 강화하기 위하여 학술 잡지나 서적을 통하여 자신들의 논의의 정당성을 널리 선파하기를 추구한다.

2) 환상 주제 방법의 적용

환상 주제 중에서 배경(setting)은 작가가 세계를 구축하는 방식을 이해하는 것이다. 실체론들은 19세기 중반에 진화론의 등장과 유물론의 팽창을 과학 분야에서 시작된 지식 세계에 대한 큰 위협으로 인지했다. 스스로 영(Spirit)으로서 인간을 영혼(soul)과 육체(body)를 지닌 존재로 창조한 신의 존재조차 부정될 위기에 처한 것이다. 이러한 인식은 물질적 실체를 가지지 않는 존재도 존재한다는 관념을 더욱 확고히 함으로써 영혼의 존재를 입증하여 유물론에 공세를 취하려는 방향으로 나타났다. 또한 실체론자들이 제시하는 또 하나의 세계의 모습(환상)은 실체론자의 노력에 부응하여 미국의 지식인들이 실체론을 따르는

쪽으로 돌아서고 있다는 것이다. 스웬더는 기존의 과학자들이 소리의 파동 이론(wave theory of sound)을 포기하고 돌아서서 공개적으로 실체 철학을 지지하는 것으로 묘사하고 있다.[27]

그리하여 이러한 배경 속에서 인물(character) 주제는 실체론자들인데 그 중에서 특별히 주목을 받는 사람이 실체론의 창시자인 홀이다. 저자는 그를 위대한 기독교 과학자이자 과학 혁명가로 묘사한다.[28] 홀은 10여 년의 연구 끝에 실체론을 창시했고 그것을 여러 가지 지식 수단을 통하여 세상에 알리고 기존의 이론을 신봉하는 기성 과학자들과 논쟁을 통하여 실체론을 성공적으로 옹호해 온 인물이었다. 그리하여 그는 많은 사람들에게 큰 존경과 찬사를 한 몸에 받고 있으며 특히 기독교계로부터 지성계를 유물론의 궤계로부터 건져내는 인물로 찬양을 받는 것으로 묘사된다. 반면에 물리학이나 음향학의 대가들은 스스로 자가당착에 빠져 있으며 해결하지 못하는 문제들을 인지하지 못하거나 인지하고 있더라도 포기할 줄 모르고 그것을 따르는 어리석은 사람들로 묘사된다.[29]

행동(action) 주제에서는 실체론들이 실체론을 설득하기 위하여 과학적인 연구 성과들을 철저하게 공부하고 경험적으로 제시된 것은 받아들이면서도 파동 이론에 따라 경험적 결과들을 해석하는 것을 비판하고, 어떤 경험적 발견에 대해서는 그 진위 자체에 대해서 의문을 제기하기도 하면서 소리의 파동성을 부인하고 소리의 실체성을 설득하고

27 Swander, *A Text-Book on Sound*, p. ix.

28 Swander, *A Text-Book on Sound*, p. xi.

29 Swander, *A Text-Book on Sound*, p. ix.

자 한다. 그런 점에서 저자는 당시에 널리 받아들여지고 있는 에너지의 전환과 보존의 개념을 적극적으로 채용하였다. 저자는 에너지라는 용어 대신 힘이라는 용어를 사용하고 있는데 이는 19세기 말에도 여전히 과학계에서 유지되는 용법이었다. 빛 힘(light force), 전기 힘(electric force), 자기 힘(magnetic force), 열 힘(heat force) 등의 용어를 자연스럽게 사용하면서 저자는 이 사이에 전환이 가능하다는 사실로부터 이러한 힘이 소리 힘(sound force)으로 전환되는 것은 자연스러운 것이며 이러한 힘들의 존재는 비물질적 실체가 자연에 상존함을 드러내어 실체 철학의 옹호를 더욱 확고히 하고자 하는 것이다.[30]

실체론은 소리의 파동 이론에 따른 파장이라는 것은 소리의 속도를 진동수로 나눈 값인데 그것이 실질적으로 의미가 없다고 주장한다. 교회 오르간의 16Hz의 최저음은 공기 중에서 파장이 70피트인데 물속에는 그 소밀파의 속도가 4배이므로 파장이 280피트에 달하고, 철에서는 16배가 되어서 1,120피트가 된다. 이러한 종파가 형성되기 위해서 철 입자가 그렇게 큰 진폭으로 움직이는 것은 현미경으로도 관찰할 수 없기에 소리의 파동 이론에서 파장이라는 것은 실질적인 의미를 갖지 못한다는 것이다.[31] 이러한 논의는 과학적 근거를 토대로 소리의 파동 이론을 비판한다는 점에서 과학적 수단에 의해 논증을 구사하는 것이고 이로써 이러한 논의 자체가 철저하게 과학적 근거를 토대로 하고 있음을 드러내었다.

이상의 세 가지 환상 주제로부터 이 책에 드러난 수사학적 비전을

---

30 Swander, *A Text-Book on Sound*, p. 216.

31 Swander, *A Text-Book on Sound*, p. 227.

정리하자면, 실체론들은 과학의 지지를 받는 유물론의 공격으로 영혼의 실재성에 대한 기독교의 교리가 위기에 처한 상황에서 물리적 현상을 지배하는 비물질적 실체들의 존재, 특히 소리 힘의 실체를 과학적으로 확실하게 실증함으로써 그러한 위기를 극복할 수 있다고 믿는 것이다.

5. 맺음말

19세기 후반 미국 사회는 같은 시기의 다른 어느 사회보다 기독교의 영향력이 컸다. 한편 국가의 당면한 여러 실제적인 문제들을 해결해 나가기 위해 유럽에서 과학을 적극적으로 도입하였다. 그런 가운데 과학과 종교 사이에서 피할 수 없는 긴장이 유발되기도 하였으니 실체철학도 그러한 결과물 중 하나였다. 많은 사립대학이 기독교적 가치를 확장시키기 위한 목적에서 설립되었고, 지성인 중에서도 그러한 가치관을 널리 확장시키려는 태도를 가진 사람들도 많았다. 물론 세속화의 움직임이 빠르게 진행되고 있었지만 미국 사회는 같은 시기 유럽 사회에 비하여 종교적 성향이 강한 편이었다.

진화론의 대두로 더욱 확장되어가는 과학의 유물론적 경향에 맞서기 위해서 등장한 실체주의 철학은 기독교적 가치관이 훼손될 것을 두려워하는 많은 미국인들에게 호응을 얻었다. 1880년대와 1890년대에 많은 지식인의 호응을 얻으면서 이러한 지적 운동이 지속적으로 전개되었다는 것은 주목할 가치가 있으며 그러한 영향력의 뿌리를 그들의 주요 논저를 분석함으로써 파악할 수 있다.

실체주의 철학의 대표적인 저술인 『음향학의 실체 이론』을 5항목 방법으로 분석해 본 결과, 행위자와 연관해서는 높은 지성과 과학적 지식을 가지고 진리를 위하여 싸우는 승리자로서 홀과 그의 추종자들의 모습을 부각하였고, 행위와 연관해서는 음향학에 대한 깊은 지식을 가지고 과학 이론으로서 소리의 진동 이론을 배격하려고 노력하는 모습을 드러내었다. 수단으로서는 실험과 과학적 논증을 통하여 음향학의 실체 이론을 지지하려는 태도를 드러내었고, 배경으로서는 과학계 자체 내에서 빛, 전기, 자기 등의 다른 물리 현상처럼 소리를 실체로서 받아들여야 할 필요성이 제기되는 것으로 묘사함으로써 새로운 실체 음향학 이론이 시대적 필요임을 부각시키고자 하였다. 그리고 마지막으로 목적과 연관해서는 과학 이론으로서 음향학의 실체 이론이 근거가 확실하며 기존의 소리의 진동 이론은 과학적으로 틀린 이론임을 증명하고자 하였다. 이로써 『음향학의 실체 이론』은 홀과 그의 추종자들이 소리를 비물질적 실체로 보고자 하는 과학계의 요구에 반응하여 당시 정설인 소리의 진동 이론을 배격하고 실험과 과학적 논증을 통하여 실체 이론의 정당성을 주장하고자 한 것이다.

또한 환상 주제 방법에 의한 분석에서도 비슷한 특성을 발견할 수 있다. 실체론자들은 음향학의 실체 이론은 소리를 단순한 공기의 진동으로 보기를 거부하며 소리는 비물질적 실체인 소리 힘에 의해 일어난다는 것을 과학적 근거에 의해 입증하였다고 주장하였다. 그들의 수사학적 비전의 핵심은 음향학의 실체 이론이 확고한 과학적 기반을 가진 이론이며 소리의 진동이 옳지 않다는 것을 여실히 보여주는 옳은 과학 이론이라는 것이다. 실체론자들은 시대의 배경(setting)을 기존의 음향학과 음향학의 실체 이론의 대립 상황으로 묘사하고 실체론이 승리를 거두고 있다는 것으로 판단함으로써 자신들의 주장에 더 많은 설득력을 더하고자 하였다. 그들은 이러한 싸움이 종교적인 또는 철학적인 논증 과정에서 일어나는 것이 아니라 과학적인 논의에 속한다는 것을 분명히 하기 위해 되도록 과학적인 용어를 사용하고자 하였고 실험을 통한 검증 과정을 제시하고자 노력하였다. 또한 그들은 인물(character)로서 실체론의 창시자인 홀의 권위와 영향력을 전달하는 한편, 유명한 음향학자들이 부주의함으로 잘못된 이론에 빠져 있는 어리석은 자라고 주장함으로써 대립 선상에 있는 인물들의 권위를 폄하하였다. 그들은 행동(action)으로서 실체주의자들이 기존의 과학을 비판하기 위하여 과학을 사용하고 오히려 종교적 색채는 최소화하는 방식으로 설득력을 강화하였음을 드러내었다. 그들은 철저하게 저명한 음향학적 저술들과 음향학자들의 견해를 인용하고 그들이 문제 삼고 있는 주제에 대하여 논의함으로써 과학적으로 정교한 주장을 만들어내려고 애를 쓰는 한편, 그러한 대표적인 저술에 대한 비판을 통하여 스스로의 권위를 높이고자 했다. 이러한 노력을 통하여 실체론자들은 스스로를 과학자의 반열에 올려놓고자 했다.

요컨대, 실체론자들은 종교의 옹호라는 본래의 목적은 감춘 채로 논리적이고 경험적인 과학적 근거를 동원함으로써 설득력을 더하려고 하였고, 유명한 과학자들의 지식에 대한 스스로의 이해도를 과시하는 한편 그들의 이론상의 약점을 논리적으로 지적함으로써 스스로를 진리의 수호자로 부각시켰고, 실체주의의 창시자인 홀에 대한 지대한 존경심을 표명하는 한편, 기존의 과학자들의 부주의함과 어리석음을 조롱함으로써 독자가 감정적으로 그들의 논증을 따르기를 유도하였다.

과학과 종교가 갈등을 빚고 있는 상황에서 종교적 입장에서 종교에 더 부합하는 과학 이론을 옹호하고자 한다면 어떠한 전략을 취하는 것이 바람직한가라는 특수한 상황에서 실체론자들은 자신들의 논의가 철저하게 과학적 논증임을 제시함으로써 전략적 우위를 점유하고자 하였다. 환상 주제 방법과 5항목 방법은 그러한 의도와 전략이 그들의 저술에 숨겨져 있음을 수사학적 비평을 통하여 드러내는 데 요긴하였다. 그러므로 향후 20세기 말을 뜨겁게 달군 진화론과 창조론의 대립 과정에서 양산된 많은 논쟁적 담론에 동일한 방법들을 적용함으로써 과학과 종교라는 주제와 관련한 과학적 논의에서 수사학적 분석을 확장시켜 나갈 수 있을 것이다.

7장

음악과 과학의 만남: 수사학적 상황 분석

7장

음악과 과학의 만남: 수사학적 상황 분석

1. 도입

예술과 과학은 각각 감성과 이성이라는 인간의 다른 정신활동의 영역에 있어 유사점보다는 차이점이 우선적으로 눈에 띄는 조합이다. 그런 점에서 음악과 음향학이 소리를 공통 요소로 갖는다는 것을 제외하면 매우 이질적인 두 분야로 보인다. 그렇지만 역사적으로 보면 두 분야는 사뭇 가깝고도 다각적인 상호작용을 해왔다.[1] 이 장에서는 19세기 말과 20세기 초에 영국에서 음악과 음향학의 교류의 한 장면에 주목한다. 당시 널리 이루어진 음악 분야에서의 음향학 교육에서 소통의 난국을 어떻게 헤쳐 나갔는가를 음향학 교재에 대한 수사학적 분석을 통해 살펴보고자 한다.

일반적으로 교재는 학생들이 마땅히 배워야 할 내용을 잘 배우고 시

1 구자현, 『음악과 과학의 만남: 역사적 조망』(부산: 경성대학교 출판부, 2013).

험에 잘 대비하도록 도와야 한다. 저자는 독자를 상대로 책을 쓰므로 독자의 필요를 충족시키는 데 최선의 노력을 경주하고 그 목적을 효과적으로 충족시켜야 성공할 수 있다. 이 장에서는 먼저 이 시기에 널리 사용되었던 4권의 음악 음향학 교재를 수사학적으로 분석하고 그 중에 한 권에 대해서는 더 심화된 논의를 추구할 것이다. 이를 통해 교재들의 성패를 결정짓는 요소들을 교재가 구사한 수사학과 연관시켜 볼 것이며 그 중 한 권에 대한 심화된 논의를 통해서는 표층과 심층에 나타나는 이질적인 설득적 전략을 분석해 볼 것이다.

4권의 책이 당면한 수사학적 상황을 분석하기 위하여 비처(Lloyd Bitzer)의 이론을 원용할 것이다. 비처에 따르면 수사학적 상황은 사태, 청중, 속박의 조합이다. 사태는 말이나 글을 통해 해결하고자 하는 또는 해결할 수 있는 비상적 상황을 시칭한다. 청중은 사태와 관련하여 특수한 입장과 가치를 가진 설득의 대상이자 사태를 해결할 행동을 수행할 핵심적 주체이다. 속박은 사태를 해결하기 위해 청중을 설득할 때 영향을 미치는 다양한 상황적 한계와 기회를 지칭한다. 3자의 조합으로 수사학적 상황은 독특성을 갖게 된다. 그리므로 수사학적 상황을 파악해야 화자는 어떻게 설득 전략을 구사할지 알게 된다.[2] 이 장에서는 논의를 통해 19세기 말과 20세기 초의 영국에서 음악을 위한 음향학 교재의 분석에서 비처의 개념이 유익한 가이드임을 보이고자 한다. 이를 통해 상황에 대한 파악과 대응의 적절성 여부가 교재의 성패에 끼치는 영향을 확인해볼 것이다.

---

2 W. M. Keith and C. O. Lundberg, *The Essential Guide to Rhetoric* (Boston: Bedford, 2008), pp. 28~29.

과학 교재는 과학 지식을 학생들에게 가르치려는 목적으로 집필된다. 과학 교재는 특정 시점에 특정 분야의 과학 지식을 효과적으로 학문 다음 세대에게 전달하기 위해 필요한 수단을 다양하게 활용한다.[3] 그럼에도 불구하고 모든 교재는 그것에 개별적 특성을 부여하는 독특한 상황에 직면한다. 과학 교재가 음악 전공 학생들에게 음향학을 가르치기를 목표로 정한다면, 독자의 요구를 충족시키기 위해 요구되는 전략이 있다. 이러한 전략은 언어적 표현을 통해 나타나기도 하지만 비언어적 형태로 나타나기도 한다. 음악과 과학이라는 이질적인 분야에서 의사소통 노력을 하는 예로서 어떻게 음악 교사들이 음향학을 음악 전공 학생들에게 가르치기를 시도하는지 고찰하는 것은 가치 있는 일이다.

이 장에서 수사학적으로 분석할 교재들은 음악 전공 학생들을 겨냥한 음향학 교재들이다. 그 중에서도 19세기 말과 20세기 초에 해리스(T. F. Harris)의 『음악 전공 학생을 위한 음향학 핸드북』(*Handbook of Acoustics for the Use of Musical Students*)은 1877년에 출판된 이래로 1910년에 8판이 출판될 때까지 영어권의 음악 전공 학생들 사이에서 음악 음

3 어떤 교재는 지식의 이론적인 측면보다 실천적인 측면을 강조한다. 화학처럼 실행 중심의 분야에서 실천적 지식은 교재의 중요한 내용을 구성한다. M. D. Gordin, "Beilstein Unbound: The Pedagogical Unraveling of a Man and His Handbuch" in *Pedagogy and the Practice of Science: Historical and Contemporary Perspectives*, ed. Kaiser (Cambridge, MA: MIT Press, 2005), pp. 11~37. 워릭(Andrew Warwick)은 교재의 기능은 문제를 푸는 전략들을 실행의 형태로 전수하는 것이라고 지적한다. 그의 저서 『이론의 대가들』(*Masters of Theory*)은 19세기 물리학 분야에서 이런 측면을 잘 보여준다. Andrew Warwick, *Masters of Theory: Cambridge and the Rise of Mathematical Physics* (Chicago: University of Chicago Press, 2003).

향학 교재로 큰 인기를 끌었다.[4] 이 책의 주된 내용은 20년 이상 변하지 않고 유지되었다. 그 내용은 음악 전공 학생들에게 음향학을 가르치는 주요 교재로 인정을 받았다. 이 책을 분석해 보면 우리는 이 책의 담론이 2개의 층, 즉 표층과 심층을 이루고 있음을 알 수 있다. 첫 번째 층인 표층은 교재의 선언된 목적에 충실하다. 반면에 두 번째 층인 심층은 독자에게 전달하려는 의도에서건 아니건 저자의 숨겨진 가치, 욕망, 신념, 의견 등을 반영한다. 이러한 두 가지 담론을 분석함을 통해서 우리는 19세기 말에서 20세기 초에 사용된 교재의 수사학적 특성을 알게 될 것이다. 그러한 특성들은 이 책에 관련된 시공간적 배경에 독특성을 반영할 것이다. 동시에 이러한 분석을 통해 이질적인 분야 간의 의사소통을 성공시키기 위하여 비과학도인 독자를 대상으로 한 과학 교재가 어떠한 일반적인 특징을 갖게 될지를 알게 될 것이다.

2. 배경

이 장에서 다룰 교재가 출판되어 학생들에게 읽힌 시기인 19세기 말에서 20세기 초에 영국에서 음악 음향학이 처한 상황을 먼저 살펴보자. 19세기 초에 음악의 향유층은 왕족과 귀족에 국한되어 있었지만 그 향유층은 19세기를 거치면서 급속도로 팽창되었다. 자본과 부를 통해 경제적 여유를 갖게 된 중간 계급과 일반 대중이 음악을 그들의 여

4 이 장에서의 분석은 이 책의 5판을 주 대상으로 삼았다. T. F. Harris, *Handbook of Acoustics for the Use of Musical Students* (London: J. Curwen and Sons, 1900).

흥으로 삼기 시작하면서 음악의 향유층은 확대되었고 그러한 수요의 확장은 음악 자체의 성격에도 변화를 가져왔다. 그러므로 음악의 소비자는 양적으로 크게 팽창하였고 피아노와 같은 악기를 가정에서 구입하여 자녀들에게 가르치고 가족 오락으로서 음악을 향유하는 일이 보편화되었다. 악보 출판이 새로운 시장을 형성하였고 음악 비평이 새로운 음악 전문 영역으로 자리 잡았다. 소비자들의 다양한 음악적 욕구를 충족시키기 위해 새로운 악기들이 만들어졌고 기존의 악기들도 더 좋은 소리를 내기 위하여 새로운 과학지식과 기술이 접목되어 개선이 이루어졌다. 이러한 발전 과정에서 많은 악기 제작자들은 기술적 혁신을 위하여 악음의 과학적 이해가 필요하다는 것에 동의했다.

19세기에 음향학은 빠르게 발전하여 실험 과학이자 수리 과학으로서 위상을 확고히 하고 있었다. 19세기 초부터 음향학은 음악과 긴밀한 관계 속에서 발전했다.[5] 음향학의 주된 연구 동기가 음악으로부터 왔다. 악음(musical sound)의 본성을 규명하고자 하는 동기로 음향학 연구가 집중되면서 악기가 주된 실험 기구로 채용되었고 악기 제작자들이 음향학 실험 연구에 실질적으로 기여하기도 했다. 그러므로 이런 노력의 성과로 악음의 이해에 급속한 진전이 19세기 중반에 이루어졌고 그 중심에 헬름홀츠가 있었다. 헬름홀츠는 가장 열정적이면서도 가장 탁월한 음향학 연구자였고 실험과 수학을 병행하여 음향학적 연구를 수행하여 악음의 이해에 크게 기여하였다. 부분음의 실체와 특성, 부분음에 기초한 청음 이론, 조합음의 실체와 역할, 협화음과 불협화

5 구자현, 「19세기 음향학의 특성 탐구: 음악과의 상호작용을 중심으로」, 『한국음향학회지』 25 (2006), pp. 73~74.

음 이론 등에서 큰 성과를 내었다.[6]

음악과 음향학은 상호작용을 할 새로운 장소를 발견하였다. 19세기에 과학계는 표준 음고의 제정과 선포를 선도하였고 이에 대하여 음악가들과 악기 제작자들의 동의를 얻어나갔다. 보편적 표준에 대한 요구는 18세기 말과 19세기 초에 문화적 가치로 자리 잡았다. 프랑스에서는 혁명을 거치면서 보편적 도량형에 대한 요구에 따라 미터법이 제정되었고 시행되었으며 영국을 포함한 여러 나라들에서 관련된 반응을 유도하였다.[7] 이러한 시대적 가치를 반영하여 음악에서도 음고에 대한 보편적 기준을 제정하고자 하는 노력이 이어졌다.[8] 1834년에 샤이블러는 56개의 소리굽쇠를 써서 만든 측음계를 사용하여 절대 음고를 측정할 수 있는 장치를 개발하였다.[9] 샤이블러의 방법의 정확성에 힘입어 같은 해에 독일 슈투트가르트에서 열린 독일 과학자 및 의사 협회 회의에서 A=440Hz이 음고의 기준으로 채택되었고 이 기준 음고는 '슈투트가르트 음고'라고 불렸다.[10] 독일을 중심으로 이 음고는 널리 사

6 구자현, 「헬름홀츠의 생리학 연구의 특성과 청각의 공명 이론」, 서울대학교 대학원 이학석사학위논문, 1995.

7 J. L. Heilbron, *Weighing Imponderables and Other Quantitative Science Around 1800* (Berkeley: University of California Press, 1993), 243~277.

8 A. Velkar, *Markets and Measurements in Nineteenth-Century Britain* (Cambridge: Cambridge University Press, 2012), pp. 91~98; J. Z. Buchwald (Ed.), *Scientific Credibility and Technical Standards in 19th and Early 20th Century Germany and Britain* (Dordrecht: Springer, 1996), pp. 117~156.

9 J. H. Scheibler, *Der physikalische und musikalisch Tonmesser* (Essen: Baedeker, 1834); A. J. Ellis, "Scheibler's Tonometer," *The Athenaeum* (1879), 270~4.; Jackson, *Harmonious Triads*, pp. 157~66.

10 "Scheibler, Johann Heinrich" in *The New Grove Dictionary of Music and Musicians* ed. S.

용되었다. 그렇지만 이러한 음고의 사용이 모든 음악가들에게 공감을 불러오지는 않았기에 악단과 오페라단에서 채택하는 기준 음고는 지역마다 상이했다. 1859년에 프랑스에서는 표준 음고를 제정하기 위한 위원회가 국가 주도로 이루어졌다. 이 위원회의 실질적인 주도 세력은 프랑스의 물리학자인 리사주(J. Lissajous)를 비롯한 과학자들이었다. 이것은 음악이 과학자들 사이에서 보편적인 연구 주제로 자리 잡고 있었음을 드러낸다. 음악계에서는 베를리오즈(Hector Berlioz, 1803~1869)가 주도적인 역할을 하였다. 리사주의 의뢰를 받은 악기 제작자인 세크라탄(Secratan)은 디아파송 노르말(Diapason Normal)을 A=435Hz로 제작하였다. 곧 이 음고의 기준은 반포되었고 프랑스에서 제작되는 모든 악기와 연주되는 악기가 이에 맞추어 조율되도록 강제되었다. 이 표준은 프랑스를 비롯한 주변 국가로 서서히 퍼져나갔고 '프랑스 음고' 또는 '국제 음고'라고 불렸다. 그렇지만 이 기준 음고는 여전히 지역 음악가들에게 종종 무시당했다. 그 이유는 실용적인 이유에서 대부분의 악단은 더 높은 음고를 기준으로 택하는 경우가 많았기 때문이었다. 음고를 조금 높여 잡는 것이 더 악곡을 아름답게 만든다는 이유 때문이었는데 이러한 관행을 불식시켜 성악가들의 목소리를 지켜주려는 것이 프랑스 음고 제정자들의 의도였지만 그러한 고상한 취향이 지나치게 낮게 잡은 기준 음고로 인하여 오히려 보편적 기준의 사용에 걸림돌이 되었다. 당시 영국에서는 기준 음고가 가장 높게 설정되어 A=455 Hz까지 올라가기도 했다.[11] 이로써 엘리스(A. J. Ellis)와 힙킨스

Sadie (New York: Grove, 2001), vol. 22, p. 447.

11 B. A. Haynes, *History of Performing Pitch: The Story of "A"* (Lanham: Scarecrow Press,

(A. J. Hipkins)를 필두로 영국에서 표준 음고를 낮게 설정하려는 요구가 음악계에서 제기되었다.

1795년에 설립된 파리 음악원(Conservatoire de Paris)은 최초의 근대적인 음악 고등 교육 기관으로 19세기에 이어진 유럽과 북미의 여러 곳에 음악 전문 교육 기관들의 설립을 선도하였다. 1823년에는 런던에 최초의 음악원이 설립되었다. 이 음악원들은 주로 정부에 의해 지원을 받았는데 콘서트와 오페라의 공공적 수요를 충족시키기 위해 음악 전문가들을 훈련하였다. 이와 더불어 전통적인 음악 교육 기관으로서 대학의 음악학과들은 음악교수의 지도를 통해 박사, 석사, 학사 학위를 수여하는 실행을 계속하였다.[12] 1882년에 설립된 런던의 왕립 음악 칼리지는 발전된 형태의 음악을 교육한 음악원이었다.[13] 대학에서 학위를 받은 음악가들은 대위법이나 화성학 같은 이론적인 과목의 전문가가 되었지만 음악원이나 음악 대학에서 음악 교육은 연주자나 성악가를 양성하는 데까지 확장되었다. 실제적인 기술을 가르치는 것은 교육과정에서 중요한 내용이 되었다.

음악 음향학의 연구는 음악가, 악기 제작자, 과학자들에 의해 광범위하게 수행되었다. 음악 협회(Musical Association)와 기예 학회(Society of Arts)는 음악 음향학에 대한 연구 정보를 공유하기 위해 다양한 분

2002). pp. 352~6.

12 J. Rink, "The Profession of Music" in *The Cambridge History of the Nineteenth-Century Music* ed. J. Samson (Cambridge: Cambridge University Press, 2002), p. 82.

13 L. Green, *Music, Gender, Education* (Cambridge: Cambridge University Press, 1997), p. 60.

야의 연구자들이 모이는 주된 모임 장소가 되었다.[14] 이 단체들에서 악음의 과학적 측면들에 대한 발표가 있었고 그에 대한 논의가 이루어졌다. 악기를 발명하고 개선하는 일은 실험 연구에 대한 집중적인 노력을 이끌어냈다. 이 학회들에서는 세 그룹의 전문가들, 즉 과학자, 음악가, 악기 제작자가 활발하게 정보를 교환했고 좋은 음악과 좋은 악기는 성공적인 실행을 위한 기저로서 음악에 대한 이해를 요구한다는 인식이 생겨나 널리 공유되었다. 가령, 과학사인 엘리스와 악기 제작자인 힙킨스는 함께 음향학 연구를 수행하면서 음악계의 필요를 위해 악음에 대한 과학적 이해를 심화시키는 노력을 병행하였다.

이러한 교류를 통해서 음향 과학에서 많은 진보가 이루어졌다는 것이 음악계에 알려졌고 음악계는 음악 교육에서 음향학에 큰 가치를 부여하게 되었다. 결과적으로 음향학은 대학과 음악 학교에서 음악 전공 학생들을 위한 정규 교육 과정에 도입되었고 이러한 학교를 졸업하기 위해서는 음향학 과목의 이수와 시험 통과가 필수적으로 요구되었다. 런던과 케임브리지의 대학들이 음향학 시험을 치르는 것을 음악 학위를 받기 위한 필수 조건으로 규정하였고 1880년대에 다른 대학들도 이러한 제도를 받아들여 음악 전공 학생을 위한 교육 과정에 음향학을 포함시켰다.[15] 대다수의 영국의 대학과 음악 학교에서 학사 이상의 음악학위를 받기 위한 필수 교과과정에 음향학을 넣었고 소정의 학점을

14 H. Cobbe, "The Royal Musical Association 1874–1901," *Proceedings of the Royal Musical Association* 110 (1983–1984), pp. 111~7.

15 구자현, 「음악 교육에 도입된 음향학: 1860년대부터 1910년대까지 영국과 미국을 중심으로」, 『순천향 인문과학논총』 33 (2014), pp. 267~293.

이수하고 시험을 통과해야 졸업할 수 있었다.[16] 음악 전문가들은 학생들이 소리의 본성에 대해 무지하다면 그들은 가장 간단한 화성조자도 설명할 수 없을 것이라고 보았다. 음악 전공 학생은 좋은 음악가가 되기 위해 음악을 배우는 것이 필요했다.[17]

이렇게 음향학이 필수 과목으로 요구되자 이러한 교육적 필요를 충족시키기 위하여 음악 음향학 교재들이 번역 또는 집필되었다. 음악 교육에 당시 음향학을 도입하려는 초기 노력은 1860년대에 헬름홀츠에 의해 이루어졌다. 독일의 생리학자인 헬름홀츠가 1863년에 출판한 『음악이론을 위한 생리학적 기초로서 음의 감각』(*Die Lehr von Tonempfindungen als physiologische Grundlage für die Theorie der Music*)은 과학자가 음악 전공 학생들을 위하여 집필한 음향학 책이었다.[18] 영국의 음향학자인 엘리스(A. J. Ellis)가 1870년에 나온 이 책의 독일어 3판을 영역하였고 1877년에 독일어 4판(마지막 판)이 나오자 1885년에 영역본의 개정판을 내놓았다. 이 개정판에는 음악 전공자들에게 적합하도록 새로운 각주와 부록을 추가하였다.[19] 런던과 케임브리지의 대학들은 음악학위를 받으려는 학생들에게 음향학을 포함하는 시험을 치러야 한다는 규정을 마련했고 1880년대 다른 대학들도 교과 과정에 음

16 Rink, "The Profession of Music," p. 82.

17 Ja Hyon Ku "British Acoustics and Its Transformation from the 1860s to the 1910s," *Annals of Science* 63 (2006), p. 403.

18 Hermann Helmholtz, *On the Sensations of Tone as a Physiological Basis for the Theory of Music*, trans. by A. J. Ellis (New York: Dover, 1954), pp. xii~xiii.

19 A. J. Ellis, "Additions by the Translator" in Hermann Helmholtz, *On the Sensations of Tone as a Physiological Basis for the Theory of Music,* trans. by A. J. Ellis (New York: Dover, 1954).

향학을 추가함으로써 이러한 제도를 받아들였다.[20] 브로드하우스(John Broadhouse)는 1881년에 『음악 음향학, 음악과 관련된 소리 현상들』(*Musical Acoustics, or the Phenomena of Sound as Connected with Music*)을 처음 출판하였는데 그것은 1905년에 4판까지 나왔다. 저자는 이 책을 음악 전공자들에게 음향학을 가르치기 위해 집필하였다.[21] 또 하나의 유명한 교재는 1887년에 초판이 발행되고 1910년에 제8판이 출간된 해리스(T. F. Harris)의 『음악 학생을 위한 음향학 핸드북』(*Handbook of Acoustics for the Use of Musical Students*)이다. 해리스는 이 책을 음향학을 배우는 음악 전공 학생들에게 시험에 대비하여 음향학을 가르쳐주기 위하여 집필하였다. 1판에서 8판까지의 책의 내용은 거의 바뀐 것이 없고 시험의 경향도 계속 비슷하게 유지되었다. 이 책들보다는 상당히 늦게 1918년에 벅(Percy Buck)의 『음악가를 위한 음향학』(*Acoustics for Musicians*)이 음악 학생에게 음향학을 가르치기 위해 출판되었다. 이 책들은 20세기 초까지 음악인을 위한 음향학 교재로서 널리 읽혔다. 4권의 교재는 음악과 과학을 매개하는 통로로서 과학과 예술이라는 일견 상이해 보이는 두 분야 간의 교류가 어떻게 이루어졌는지를 잘 보여준다.

로이드 비처의 수사학적 상황에 대한 이론은 수사학적 상황의 세 가지 요소가 사태, 청중, 속박이라고 주장한다.[22] 수사학적 상황은 이 세 가지 요소의 특수한 결합이다. 특수한 상황에 마주한 화자는 청중

20 John Broadhouse, *Musical Acoustics or the Phenomena of Sound as Connected with Music* (London: William Reeves, 1881), p. viii.

21 Broadhouse, *Musical Acoustics*, p. v.

22 Keith and Lundberg 2008; Lloyd Bitzer, "The Rhetorical Situation," *Philosophy and Rhetoric* 1 (1968), pp. 1~15.

을 설득하기 위해 적절한 조치를 취해야 한다. 비처의 수사학적 상황 개념은 원래 언어적 담론을 위해 제시된 것이지만 다른 형태의 인공물을 수사적으로 비평하는 데에도 유용하게 쓰일 수 있다. 어떤 인공물의 수사적 노력의 성공의 여부는 수사학적 상황과 설득을 위한 전략 간에 일치에 의해 결정된다고 할 수 있다. 음악 음향학 교재들이 직면한 수사학적 상황을 살펴보면 비처의 개념이 정보 전달적 담론에도 적용 가능하다는 것을 알 수 있고 어떤 교재가 왜 독자의 필요에 잘 맞았는지 알 수 있다. 일반적으로 교재는 독자를 설득하기 위해 집필된 것이 아니라 독자에게 정보를 주기 위해 집필된 것으로 인정된다. 그러나 교재는 그 유용성에 대하여 독자를 설득하고 확신시키는 데 목표를 둔다. 이런 목적을 달성하기 위해 교재는 언어적 담론뿐 아니라 비언어적 담론을 채택한다. 청중을 설득하려는 저자의 의도나 욕망은 다양한 형태의 장치로 표현되는데 이것들은 비언어적 담론에 해당한다.

담론을 통해서 해결되어야 하는 사태는 청중, 이 경우에는 독자의 관여를 요청한다. 사태는 음향학을 공부하는 음악 전공 학생과 음악 전공 학생들에게 음향학을 가르치는 교수진 사이에서 음악 전공 학생이 졸업에 필수적인 음향학 시험을 통과하는 데 도움을 줄 수 있는 적당한 음향학 교재가 없다는 공유된 인식이다. 이러한 인식은 어떤 음향학 교재가 음악 전공 학생들이 과목의 수료와 시험의 통과를 위해 적절하다는 것을 인정하게 됨으로써 바뀌게 되는데 이러한 인식의 전환은 독자를 설득함으로써 가능하다. 그런 점에서 이러한 인식은 수사학적 상황을 구성하는 '사태'로 볼 수 있다. 저자는 자신의 교재가 음악 음향학을 이해하고 시험을 통과하는 데 유익하다고 독자를 설득해야 한다. 청중은 주로 고등 교육 기관의 음악 전공 학생이거나 그들을 가르치는 선생이다. 이러한 사태와 관련하여 저자뿐 아니라 청중을 규정짓는 모든 특징은 '속박'에 해당한다. 선생들은 과학과 수학의 기본 지식이 부족하지만 악음의 본성, 악기의 작동 원리, 음계와 화음의 과학적 원리를 이해할 필요가 있는 학생들을 돕기를 원한다. 이 대부분의 선생들은 음향학을 전공하거나 연구하는 전문가들이 아니라 원래 음악을 가르치던 음악 전공자들이었다. 그들 스스로가 음향학을 학생들에게 가르치려면 음향학을 공부해서 가르쳐야 하는 상황이다. 게다가 그들 중에는 음향학을 학생들에게 가르치는 것이 과연 옳은 일인지를 의심하는 이들도 있다. 그들은 어려운 음향학이 학생들이 나중에 훌륭한 음악 전문가가 되기 위해 꼭 필요한 지식일지 의구심을 갖는다. 그리고 학생들은 시험을 통과하기 위하여 음향학의 핵심적인 개념을 이해하고 싶어 한다. 하지만 음향학은 음악 전공 학생들에게 쉬운 과목이 아니다.

헬름홀츠를 제외한 음향학 교재의 저자는 음향학을 전공하거나 연구하는 과학자가 아니었다. 해리스는 토닉솔파 칼리지(Tonic Sol-fa College)의 음향학 강사였다.[23] 그는 전문적인 연구자가 아니었지만 음향학 저술들을 공부했고 거기에서 그가 필요한 내용을 발췌했고 그 내용을 체계적인 순서로 정리하였다. 그는 학생들에게 그의 교재를 가지고 음향학을 공부하면 시험에 통과할 수 있다는 확신을 주었다. 그것은 독자들의 마음에 있는 장애물을 제거하는 데 도움을 주었다. 해리

23 Harris, *Handbook of Acoustics*, p. i.

스의 교재는 수사학적 상황에 적절하게 대응하는 전략을 구사하여 독자들의 사랑을 받을 수 있었다.

3. 음악 음향학 교재들

해리스의 교재의 장점과 특징을 수사학적으로 본격적으로 분석하기 전에 다른 교재들의 특징에 대해 간단하게 다룸으로써 해리스의 책에 대한 분석의 기초로 삼고자 한다. 헬름홀츠의 『음의 감각』은 과학자가 자신의 연구를 바탕으로 집필하였고 음악 학생에 대한 배려 차원에서 수학적 논의는 모두 부록으로 돌려 독자의 부담을 줄이고자 했다.[24] 이 책을 번역하여 영어권에 소개한 엘리스는 자신이 음향학의 전문 연구자이기도 했으므로 책을 충실하게 번역할 뿐 아니라 필요한 주석과 보조 자료를 추가했다.[25] 그렇지만 추가된 내용이 학생들의 이해의 편익을 도모한 것이 아니라 원저에 대한 전문가적 주석이라 논의를 한층 복잡하게 하는 결과를 빚었다. 결과적으로 이 책은 지금까지도 음향학 연구자들에게 읽히는 고전으로 팔리고 있지만 당시 음악 전공자를 위한 음향학 교재로서 시장의 수요의 충족과는 거리가 멀었다. 음향학에 대한 초보적 지식 없이는 읽기 어려운 전문서적이었기 때문이다.

이런 교재 시장의 필요를 더 충실하게 충족시키기 위하여 집필된 교

24 Ku, "British Acoustics," p. 399.

25 구자현, 「19세기 후반 음악 음향학의 발전: 헬름홀츠와 엘리스의 연구를 중심으로」, 『사총』 81, pp. 451~479.

재가 브로드하우스의 『음악 음향학』과 해리스의 『음향학 핸드북』이었다. 『음악 음향학』과 『음향학 핸드북』은 모두 기출문제를 책의 말미에 제공하고 있어 실질적 시험 대비가 가능하도록 하여 독자의 필요에 적합화된 책임을 확실히 했다. 저자들은 전문 과학자가 아니라 대학에서 음향학을 음악 전공자들에게 가르쳐 온 음악 전공 교수들이었다.

브로드하우스는 음악 학생들이 여러 권의 책을 사서 공부해야 하는 불편을 덜기 위해 케임브리지와 런던의 대학에서 음악 학위를 받으려는 학생들을 주된 대상으로 하여 『음악 음향학』를 집필하였다. 이 책은 1장부터 4장까지는 음향학 일반을 다루고 5장에 가서야 악음의 요소를 다루기 시작한다. 여기에서 처음으로 음고가 진동수에 의존한다는 사실이 소개된다. 6장 공명, 7장은 악음을 구성하는 부분음에 대한 상세한 설명으로 음악 음향학의 정수를 보여준다. 8장에서 여러 가지 현악기와 관악기의 연주 방식과 발생하는 악음에 관하여 논의하였다.[26] 9장은 현의 진동, 10장은 기주의 진동 기술하는 음향학적 내용이다. 11장은 사람의 목소리에 관한 장이고 12장은 맥놀이, 13장은 헬름홀츠의 협화/불협화 이론, 14장은 조합음, 15장은 화음, 16장은 음계와 정률, 17장은 음고 표현법에 관한 장이다. 모두 음악 학사(Bachelor of Music) 학위를 받기 위해 알아야 하는 내용으로 구성되었다. 저자는 책의 말미에 시험 문제를 장별로 정리해 놓음으로써 학습자가 더 효과적으로 시험에 대비할 수 있도록 하였다.[27]

브로드하우스는 이 책의 저술에 참고한 음향학 서적들을 서문에 제

---

26 Broadhouse, *Musical Acoustics*, pp. 160~180.

27 Broadhouse, *Musical Acoustics*, pp. 427~435.

시했는데[28] 그 책들은 저자 자신이 책의 집필 전에 교육에서 활용해 왔던 책들이 분명하다. 『음악 음향학』에는 여기저기에 이 참고도서들로부터 발췌한 긴 인용문들이 산재한다.[29] 때로는 헬름홀츠의 책에서 인용한 글로 2쪽 이상을 채우기도 했다.[30] 여러 참고도서를 활용하여 작성된 저자의 강의노트가 교재가 되었을 것이다. 이 교재가 4판까지 거듭하며 널리 인기를 끌 수 있었던 것은 적재적소에 필요한 대목을 잘 짜깁기한 저자의 능력 덕택이었을 것이다.

『음악가를 위한 음향학』의 저자 벅은 음악 박사이고 유명한 사립학교인 해로우 학교(Harrow School)의 음악 감독이었고 더블린 대학의 음악 교수였기에 그는 음악 전문가였지 과학자는 아니었다. 그렇지만 그는 오랫동안 대학에서 음향학을 가르쳤다. 1918년에 이르러 음향학에 음악 전공 학생들이 쓴 시간은 낭비된 것이라는 생각이 일어났다.[31] 그러면서도 음향학 시험은 계속 시행되고 있었다. 음향학의 원리를 이해하는 학생들은 소수라는 인식이 대학에서 음악 전공 학생에게 음향학 교육을 담당하는 교수들의 생각이었다. 학생들이 용어는 외우지만 저변의 과학적 원리는 좀처럼 파악하지 못했다. 대다수의 음악 전공 학생의 오개념은 교과서에 나오는 파형이 공기 중에 나타나는 무언가의 실제 그림 표현이라고 믿는 것이었다. 그리고 대다수의 음악 전공 학생들이 평균율과 관련하여 2의 열두 제곱근의 의미를 이해하지 못한

28 Broadhouse, *Musical Acoustics*, p. viii.

29 Broadhouse, *Musical Acoustics*, pp. 2~3, 4~5.

30 Broadhouse, *Musical Acoustics*, pp. 8~11.

31 Percy Buck, *Acoustics for Musicians* (London: Oxford University Press, 1918), p. 3.

다는 것이다. 수학 개념은 아무리 기초적이더라도 음악 학생들이 이해하기 어렵기에 이 책에서는 필요하다고 여겨지는 곳에서 기초 수학 개념을 제시하였다.[32] 가령, 다른 음악 전공 학생을 위한 음향학 책에서 다루지 않은 산술수열, 기하수열과 같은 수학을 이 책에서 소개하는 것은 정률 같은 음악 이론을 이해하기 위해 꼭 필요한 수학 개념이라고 저자가 믿었기 때문이다. 저자는 이 부분에 대한 이해가 완전하지 않은 학생은 동료에게 물어서라도 확실하게 이해할 것을 권고했다.[33] 당초에 서문에서 음향학을 음악 학생에게 가르치는 것이 부담을 줄 수 있다는 생각에 동조한 저자이지만 음악 이론의 이해를 위해 필수적이라면 부담을 감수하더라도 가르치고 배워야 할 수학을 교과과정에 포함시켜야 한다는 입장을 분명히 하였다. 그런 점에서 벅의 교육관은 투철했다. 그렇지만 벅의 책은 『음악 음향학』과 『음향학 핸드북』이 깊이 있게 다룬 음악 음향학의 제반 주제를 충실하게 다루지 않았다. 『음악 음향학』의 초판이 본문만 373쪽이고 부록과 시험 문제를 합치면 431쪽에 달하며, 『음향학 핸드북』이 본문만 263쪽이고 시험 문제를 포함하면 325쪽인 것과 대조적으로 『음악가를 위한 음향학』의 전체 쪽수는 150쪽에 불과하여 음악 음향학의 주요 주제를 모두 다루더라도 심도 있게 다룰 수는 없었다. 게다가 이 교재는 시험 준비하는 학생들에게 요긴한 시험 정보를 제공하지 않았다.

이들 4권의 음악 음향학 교재들이 처하였던 수사학적 상황을 비처의 관점에서 살핌으로써 어떤 교재가 독자에게 가장 강한 어필을 할

32 Buck, *Acoustics for Musicians*, p. 4.

33 Buck, *Acoustics for Musicians*, p. 64.

수 있었는지를 평가해 보겠다. 헬름홀츠의 『음의 감각』의 경우에는 음악 음향학을 가르치거나 배울 적절한 교재를 찾기 어려운 사태를 잘 파악했으나 관련 분야 전문 지식의 결여 때문에 수준에 맞는 교재를 갖는 것이 독자의 필요임을 간과하고 음향학에 관한 정확한 정보를 전달하는 데 초점을 맞춤으로써 난관을 해소할 수 없었다. 독자의 수준을 고려하지 않고 연구자의 수준에 따라 고급 연구 정보를 풍부하게 전달하는 데에 초점을 맞추어 난해한 교재가 되고 말았다. 이와 경쟁 관계에서 출판된 브로드하우스와 해리스의 책은 사태를 정확하게 파악하고 독자의 필요를 채움으로써 난관을 해소하기 위해 노력하였고 그러한 노력은 판을 거듭하면서 책을 찍어내는 성공으로 이어졌다. 브로드하우스의 『음악 음향학』은 음향학 연구자들의 목소리를 직접 전달함으로써 내용의 정확성과 권위를 확보하면서도 수학을 쓰지 않고 개념을 쉽게 표현하는 데 초점을 맞추었다. 또한 말미에는 기출 문제를 직접 제시하여 시험에 대비할 수 있도록 배려하였다.

벅의 『음악가를 위한 음향학』의 경우는 1918년에 음악 음향학 교재와 관련한 수사학적 상황은 기본적으로 변하지 않았지만 세부적인 상황이 변하면서 그에 반응하여 출간된 교재였다. 당시에는 음악 전공 학생들이 음향학을 공부하는 데 너무 많이 시간을 소모한다는 비판과 그럼에도 불구하고 중요한 개념은 이해하지 못한다는 문제 인식이 있었다. 이에 따라 벅은 독자들에게 수학 개념을 제대로 전하는 데 신경을 썼다. 그렇지만 『음악가를 위한 음향학』은 『음악 음향학』이나 『음향학 핸드북』에 비하여 음악 음향학 교재로서 가진 장점이 두드러지지 않았다. 이 책은 핵심적인 음악 음향학의 개념들을 충분하고 심도 있게 전달하지 않고 축약된 형태로 언급하였다. 그렇기 때문에 시험공부를 할 때 이 책만으로 충분하다고 보기는 어려웠기에 기존의 교재를 보조하는 역할에 머물렀을 것으로 보인다.

그러면 이러한 다른 음향학 교재들에 섞여서 출간된 해리스의 음향학 교재가 갖는 수사학적 특징에 대해서 다음 절부터 본격적으로 다루고자 한다. 해리스의 책에 주목하게 된 이유는 그의 교재가 이 시기의 전형적인 음악 음향학 교재일 뿐 아니라 가장 성공적으로 수사학적 상황에 대응한 모범적인 사례로 평가되기 때문이다. 해리스의 교재에 대한 다층적 분석을 통해 이질적 분야 간의 의사소통의 문제와 정보 전달적 담론의 성격을 띤 과학 교재가 어떻게 설득적 담론을 포함할 수 있는지를 밝혀보고자 한다.

4. 해리스의 『음향학 핸드북』의 수사학적 분석

1) 표층 분석

교재가 가진 본래의 목적에 맞추어 해리스의 음향학 교재는 음향학 지식을 음악 전공 학생들에게 전달하는 데 충실하다고 할 수 있다. 그런 점에서 책의 내용을 이루는 대부분이 설득적인 담론보다는 정보 전달적 담론으로 채워져 있다. 정보 전달적 담론에서는 어떻게 효과적으로 전달하고자 하는 정보를 잘 전달할 것인가를 고민해야 한다. 이러한 고민 속에서 과학 교재는 학생들의 수요를 반영하는 성격을 띠게 된다. 이러한 수요의 반영 과정은 수사학적 상황에 대한 분석을 통하여 속박에 영향을 받는 저자와 독자의 상황을 인지하고 그러한 수사학적 상황에 적합한 설득 전략을 비언어적 장치들을 통하여 동원하는 것이라고 볼 수 있다. 정보 전달을 성공적으로 수행함으로써 그 교재가 학생들의 필요를 최선으로 충족시켜 준다는 저자의 주장을 설득력 있게 전달하려고 하는 것이다. 그런 점에서 과학 교재는 정보 전달적 담론이면서 동시에 설득적 담론이다. 여기에서 담론(discourse)이라고 지칭한 것은 언어적 형태를 뛰어 넘어서 비언어적 형태까지 포함하는 광의의 개념이다. 서문을 제외하고는 저자의 그러한 설득적 메시지가 드러나지 않는 법이지만 학생들의 필요에 맞는 장치들을 도입함으로써 그러한 설득의 메시지를 더욱 강력하게 전달하고 있음을 읽을 수 있다. 특히 해리스의 『음향학 핸드북』은 과학 지식이 부족한 반면, 음악 분야의 필요에 맞게 과학 지식을 활용하고자 하는 장래의 예비 음악 전문가들에게 새롭게 형성되고 있는 것을 포함하는 과학 지식을 전달하고자 하므로 그러한 특수성을 잘 반영하는 전략의 동원이 요구되었다.

(1) 전략 1: 도해와 최소 수학

고전 수사학에서 논의된 발견(inventio)과 배열(dispositio)은 과학 교재의 구조에서 중요하다. 책에 어떤 종류의 주제가 포함될 것인가는 저자의 상황 파악에 의존한다. 어떤 지식이 다른 지식보다 더 중요하다고 여겨지는 것은 상황이 결정한다. 해리스의 교재는 기본적인 개념들로부터 시작해서 실행에 적용 가능한 전문적인 지식으로 나아간다. 이 책의 구조상의 특징은 책이 세 부분으로 나누어진다는 것이다. 곧, 1장부터 7장까지는 첫 부분으로 모든 소리는 단진동으로 구성된 단음으로 가정한다. 두 번째 부분인 8장부터 11장까지는 단음과 복합음을 모두 다루지만 단일하게 만들어진 소리만을 다루고, 마지막 부분은 둘 또는 그 이상의 소리가 단음이든 복합음이든 동시에 울릴 때를 다룬다.[34]

갤리슨(Peter Galison)은 이질적인 두 분야가 만나서 상호작용을 할 때 독특한 양상의 교류가 나타나는 구역을 교역 지대(trading zone)라고 불렀다.[35] 이 개념은 원래 인류학에서 유래하였는데 갤리슨은 이질적인 두 문화 집단이 언어적 소통도 되지 않는 상태에서 서로 교역하기 위해서 어떤 방식으로 노력하는가를 집중적으로 탐구하였다. 그리하여 등장하는 양상이 크레올(creole)과 피진(pidgin)과 같은 혼성 언어가 출현하여 의사소통을 촉진시키는 과정이었다. 갤리슨은 이러한 모형을 고에너지 물리학 분야에서 연구 집단 간에 접촉을 통해서 벌어지는 양상을 분석하는 데 사용하였다. 예술과 과학과 같이 이질적인 분야가 서로 접촉하여 의사소통을 할 경우에도 교역 지대의 발생이 예상된다. 이 경우에 음향 과학의 지식이 음악 교육에 도입된다. 음악 전공 학생을 위한 음향학 교재가 교역 지대를 형성한다. 저자는 음향 과학을 공부하고 그것을 음악가의 필요를 위해 번역한다. 이 경우에 저자는 필요한 것을 걸러내고 어려운 개념은 교재에서 배제한다. 수학이라는 언어는 음향학에서 조합음의 발생, 조합음과 부분음 사이의 거칠기

---

34 Harris, *Handbook of Acoustics*, p. iv.

35 Peter Galison, *Image and Logic: A Material Culture of Microphysics* (Chicago: University of Chicago Press, 1997), pp. 781~844.

의 발생, 평균율의 구축에서 꼭 알아야 할 주요 개념을 이해하기 위한 열쇠이다.[36] 저자는 얼마나 높은 수준의 수학이 교재에 포함되어야 할지, 수학 개념을 전달하기 위해 어떤 대안을 제시해야 할지를 결정해야 한다.

해리스는 최소의 수학을 그의 교재에 포함하기로 결정한다. 왜냐하면 그 이상의 수학 개념들은 음악 음향학의 이해를 위해 필수적이지 않다고 판단했기 때문이다. 가령, $\sqrt[12]{2}$ 의 개념은 18장의 두 가지 주요 개념 중 하나인 평균율을 이해하기 위해 필요하다. 그러나 평균율은 해리스의 음악 음향학에서 주된 주제가 아니다. 그러므로 저자는 그의 교재의 어떤 곳에서도 $\sqrt[12]{2}$ 의 수학적 원리를 설명하기를 시도하지 않는다. 조합음의 발생은 미분 방정식을 사용하여 수학적으로 설명할 수 있다.[37] 그러나 저자는 미분 방정식에 대한 수학적 원리를 설명하기 위해 전혀 페이지를 할당하지 않는다. 왜냐하면 그것이 그의 독자의 수준을 뛰어넘는다는 것을 알고 있기 때문이다.

이러한 난점을 극복하기 위해 저자는 표현(elocutio)의 전략으로 도해(diagram)를 자주 사용한다. 가령, 음 사이의 산술적 관계가 도해로 표시된다. 14장부터 18장까지 음정의 상대적 거칠기에 대한 설명에서 해리스는 각 음의 부분분의 상대적 위치를 표현하는 데 많은 도해를 사용한다. 이 도해에서 표현되지 않았지만 수직축은 부분음의 진동수를 의미한다. 헬름홀츠에 따르면, 성분 음의 진동수가 32Hz만큼 다를 때 가장 거친 맥놀이가 생성된다. 32Hz보다 더 크거나 더 작은 맥놀이

36 Buck, *Acoustics for Musicians*, p. 4

37 Helmholtz, *On the Sensations of Tone*, pp. 411~412.

진동수를 갖는 음들 사이에서는 음 사이의 불협화가 작아진다. 그러나 부분음과 조합음 사이에도 맥놀이가 일어난다. 현이나 관이 연주될 때는 복합음을 방출한다. 여기에서 복합음은 기음의 진동수가 *n*일 때 그것의 정수배인, *n*, 2*n*, 3*n*, 4*n*... 의 진동수를 갖는 단음들의 합이다. 두 세트의 부분음들이 상호작용하여 32Hz 근처의 맥놀이를 만들어 낼 때, 불협화가 발생한다.[38] 두 세트의 부분음들의 도해에서 불협화의 발생을 지시하기 위해 가로지르는 선을 긋는다. 두 부분이 2중선으로 연결되면 32Hz 근처의 맥놀이가 발생하여 불협화음이 형성된다는 의미이다(그림 7-1).[39]

이 도해는 계산 없이 부분음 사이의 근접성을 가시화해준다. 가령, 완전5도(perfect 5th)는 어떤 이중선을 만들어내지 않지만 감5도(diminished 5th)는 몇 개의 이중선을 만들어낸다. 즉, fe(파#)와 f(파) 사이에, t(시)와 d'(한 옥타브 위의 레), fe'(한 옥타브 위의 파#)와 f'(한 옥타브 위의 파) 등이 이중선으로 연결되어 부분음 사이에 불협화가 형성됨을 나타내준다. 그러므로 완전5도는 협화적이지만 감5도는 불협화적이다. 그러나 실제 시험들은 학생들이 수학을 초보적 수준에서는 어느 정도하기를 요구하기도 한다. 가령, 1899년에 치러진 케임브리지 대학의 음악 학사학위 시험은 학생들이 진동수를 다음과 같이 계산하기를 요구한다.

38 Harris, *Handbook of Acoustics,* pp. 154~159.

39 Harris, *Handbook of Acoustics,* p. 168.

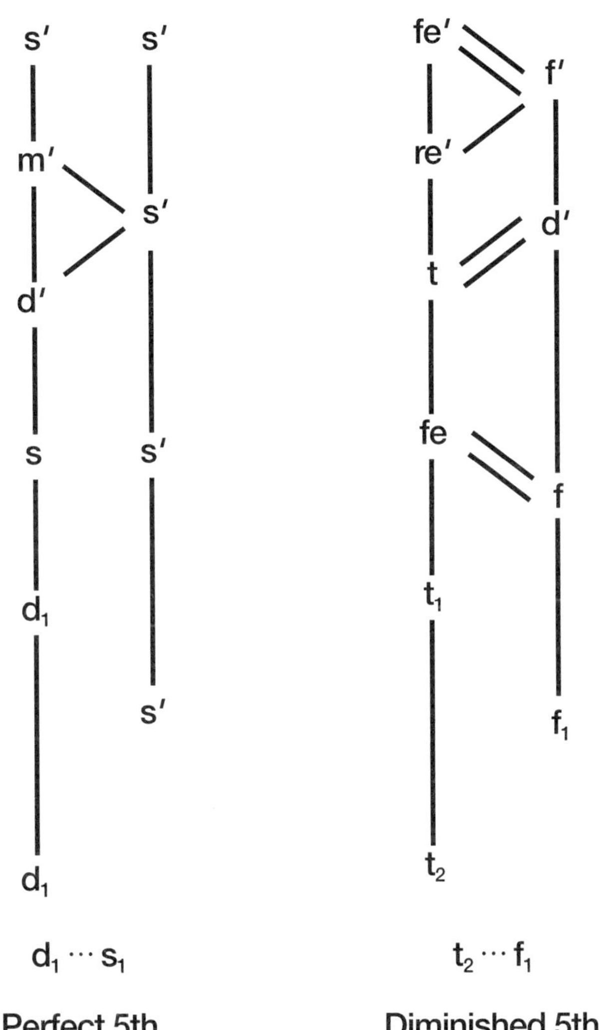

그림 7-1 불협화음의 발생

출전: Harris, *Handbook of Acoustics*, p. 168.

반음만큼 떨어진 두 음이 함께 울려서 초당 6회의 맥놀이를 발생시키면, 두 음의 진동수는 각각 얼마인가?

답 x가 낮은 음의 진동수를 지칭하면 $x+6$이 높은 음의 진동수를 지칭한다. 그러므로 $\frac{x+6}{x}=\frac{16}{15}$이고, $1+\frac{6}{x}=1+\frac{1}{15}$, $\frac{6}{x}=\frac{1}{15}$이므로, $x=90$이다. 그러므로 진동수는 96과 90이다.[40]

해리스의 교재는 이후에 여러 번 개정된 후에도 본문에서 더 어려운 수준의 수학을 포함하지 않는다. 청중의 심리적 속박을 고려할 때 높은 수준의 수학은 이런 종류의 교재에서 피해야 한다는 것이 저자의 변하지 않는 판단이다.

(2) 전략 2: 실험 세팅과 단순한 기구

과학을 비과학 전공 학생에게 가르치는 가장 쉬운 방법 중 하나는 일상적으로 수행하기 쉬운 실험을 자주 사용하는 것이다. 실험은 자연스러운 상황을 포함하는 것이 아니라 자연의 한 측면을 밝혀내기 위해 인공적으로 조작된 세팅을 사용한다. 이러한 실험 중에서 이해하고 실행하기 쉬운 간단한 실험 세팅은 과학적 개념들의 전달력을 향상시키기 위하여 유용하다. 그러한 실험 세팅들을 실험으로 재현하는 것은 자연 현상에 관하여 학생들을 가르치는 효과적인 방법이다. 가령, 공명기의 선택적 공명을 설명하면서 저자는 텀블러(tumbler)의 입구에 탄

40 Harris, *Handbook of Acoustics*, p. 184.

그림 7-2 텀블러의 선택적 공명

출전: Harris, *Handbook of Acoustics*, p. 63.

력 있는 막을 펼쳐서 덮고 출구를 내서 소리를 받아들일 수 있게 한 상태에서 기울어진 위치로 고정시킨 간단한 실험 세팅을 소개한다(그림 7-2). 막 위에 모래알을 몇 개 뿌려 놓은 상태에서 복합음이 텀블러에 주입되면 텀블러 안의 공기가 그 소리에 공명할 때만 막의 진동으로 모래알에 굴러 떨어진다. 그러면 우리는 공명기(텀블러)의 고유 진동수가 주입된 소리의 부분음 중 하나와 진동수와 일치한다고 판단할 수 있다.[41] 이러한 실험 세팅은 일상적인 물품을 가지고 재현하기가 쉽다.

관 속의 기주, 즉 공기 기둥의 진동은 8장의 주제이다. 관 속에 배와 마디의 형성을 이해하는 것은 흔히 볼 수 있는 한 종류의 악기들의 작

41 Harris, *Handbook of Acoustics*, p. 63.

동 원리를 이해하는 데 기초가 된다.[42] 저자는 간단하고 예시적인 실험을 소개한다. 세로로 세운 개관(open tube)의 전면을 유리로 대체하여 투명하게 만든 상태에서 약하게 불어 주면서 철사로 만든 작은 고리에 막을 펼쳐 놓은 작은 탬버린을 천천히 관을 통해 아래로 내려 보낸다. 몇 개의 모래알을 막 위에 올려놓아 막의 진동을 가시화해준다. 관의 입구에서 탬버린은 격렬하게 진동하고 관의 중간에서 막의 진동은 멈춘다. 관의 바닥에 도달하면 모래의 진동은 다시 격렬해진다.[43] 이 실험은 관의 공기의 진동을 가시화해준다는 점에서 학생들에게 유익한 시범 실험이다. 이 실험은 미래 음악 전문가가 되기 위한 학위 과정 학생들에게 큰 교육적 효과가 있다.

(3) 전략 3: 실행과 관련된 사례들

전달하는 정보의 적절성은 그것의 실행적 유용성에 의해 정당화된다. 현장에서 즉각적으로 적용 가능한 지식은 독자의 관심을 끈다. 음악 전공 학생들에게 과학적 개념들을 제시할 때 요구되는 수사적 설득 전략 중 하나는 그들이 만나게 될 실제 작업 환경을 흉내 내는 것이다. 가령, 현악기가 음악 현장에서 매우 흔하다는 점에서 현의 진동 모드는 음악 전문가들에게 유용한 지식이다. 해리스는 현의 진동 모드와 현이 방출하는 복합음의 부분음 구조 간의 관계를 보여주는 특수한 현상을 설명한다. 당겨진 현의 길이의 5분의 1만큼 현의 끝에서 떨어진 점이 고정되어 있는 상태에서 고정된 점과 그것에 가까운 끝 사이

---

42 Harris, *Handbook of Acoustics*, pp. 102~103.

43 Harris, *Handbook of Acoustics*, pp. 103~104.

의 현을 켜면 현에 5개의 배가 형성되고 진동수가 그 현의 기음의 진동수의 5배에 해당하는 음을 내놓는다. 이러한 사실은 현의 끝에서 현의 길이의 1/5, 2/5, 3/5, 4/5의 위치에 올려놓은 가벼운 종이테이프를 반을 접어 걸쳐 놓는 라이더들(riders)이 날아가지 않고 남아 있지만 다른 위치에 놓인 라이더들은 날아가는 것을 관찰함으로써 확증된다(그림 7-3). 이것은 현에 4개의 마디가 같은 간격으로 형성된다는 것을 보여준다.[44] 이 실험은 특정한 음고의 음이 현악기에서 어떻게 발생하는가를 가시화해 주어 학생들에게 효과적으로 음고는 실제 악기의 진동 모드에 관련되어 있다는 것을 효과적으로 가르쳐 준다. 그리고 이 실험은 그들이 실행 현장에서 만날 수 있는 실제 물체의 작동을 설명하는 음향학이 유용하며 음악 전공 학생들에게 유익하다는 것을 보여준다.

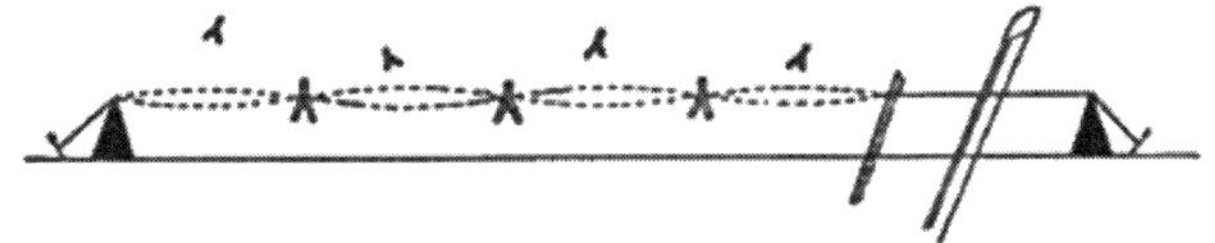

그림 7-3 5개의 배가 생겼을 때 라이더의 행동

출전: Harris, *Handbook of Acoustics*, pp. 92~93.

현의 중앙이 고정되어 있을 때 현을 진동시키면, 개방현에서 발생하는 복합음에서 제1 부분음, 제3 부분음, 제5 부분음과 모든 홀수차 부분음은 제거된다. 그리고 현의 중앙을 켜면, 제2 부분음, 제4 부분음, 제6 부분음과 모든 짝수차 부분음은 개방현에서 발생하는 복합음에서

44 Harris, *Handbook of Acoustics*, pp. 92~93.

제거된다. 이 현상은 실제 현악기를 가지고 실험하는 동안에 관찰에 의해 쉽게 확인된다. 이것은 현에서 방출되는 소리의 특성이 현의 어떤 점을 뚱기거나 때리거나 켜느냐에 의존한다는 것을 보여준다.[45] 끝에서 현의 길이의 1/7, 1/8, 1/9의 위치인 지점을 켜거나, 때리거나, 뚱기는 것은 최초의 불협화 부분음인 제7 부분음, 제8 부분음, 제9 부분음이 복합음 중에 부재하므로 복합음의 특성을 개선시킨다. 이러한 사실들은 음악가의 실용적 지식의 범위 안에 있으므로 음악 전공 학생이 이해하기가 훨씬 더 쉬워진다.[46]

(4) 전략 4: 요약과 문제

배열(dispositio)의 전략으로서 각 장의 말미에 배치되는 요약과 문제가 친숙하지 않은 지식에 대한 교육적 효과를 극대화한다. 독자가 본문에서 설명의 흐름을 놓치면, 그들은 가장 중요한 요점을 이 보충적 장치에서 보충할 수 있다. 가령, 12장은 조합음을 다룬다. 조합음은 차음과 합음을 지칭한다. 진동수가 f_1, f_2인 음이 강하게 함께 울릴 때, mf_1-mf_2의 진동수를 갖는 차음과 mf_1+mf_2의 진동수를 갖는 합음이 들린다.[47] 해리스는 이중 사이렌, 잉글리시 콘서티나, 하모늄, 플래절릿(flagelet) 파이프에서 차음이 잘 발생한다는 것을 지적한다.[48] 저자는 헬름홀츠가 차음과 합음을 함께 설명할 수 있는 이론을 제시한 것을

---

45 Harris, *Handbook of Acoustics*, p. 93.

46 Harris, *Handbook of Acoustics*, p. 95.

47 m과 n은 자연수이고 진동수는 모두 양의 값을 갖도록 하는 m과 n만 선택된다.

48 Harris, *Handbook of Acoustics*, p. 131.

언급하지만 상세한 설명은 미분 방정식이라는 고등 수학에 대한 이해가 필요하기 때문에 뛰어넘어 간다.[49]

12장의 요약에서 저자는 조합음이 무엇인지 정의하며 두 종류의 조합음이 있음을 언급한다. 그리고 그는 차음의 차수를 설명하고 차음은 맥놀이의 융합에 의해 생기지 않는다고 선언한다. 그는 여기에서 합음의 정의 외에는 합음에 대해서는 아무런 언급을 하지 않는다. 아마도 그는 합음이 차음에 비하여 화성에 적게 기여하기 때문에 음악 전공 학생들에게 중요하지 않다고 생각한 것 같다.

책의 말미에 마련된, 이 장에 관한 문제들을 다루는 부분에서 저자는 이 장의 내용과 관련한 10개의 핵심적인 질문을 소개한다. 그 중에는 다음과 같은 것들이 포함되어 있다.

176. 조합음은 무엇인가? 얼마나 많은 종류의 조합음이 있는가? 각각은 어떻게 불리는가?

177. 차음의 발생원들의 진동수와 관련하여 차음의 진동수는 어떻게 되는가?

178. 차음을 만들어 내는 방법을 기술하라.

179. 옥타브, 5도, 장3도, 단3도에 의해 만들어지는 차음을 계산하라.[50]

이 문제들은 저자가 이 장에서 음악 전공 학생들에게 가장 중요하다고 생각하는 요점들을 강조한다.

---

49 Harris, *Handbook of Acoustics,* p. 132.

50 Harris, *Handbook of Acoustics,* pp. 257~8.

이 문제들에 추가하여 저자는 부록에 실제 시험 문제들을 소개한다. 이 시험 문제들은 케임브리지 대학(Cambridge University), 런던 대학(University of London), 왕립 오르간주자 칼리지(Royal College of Organists), 왕립 아일랜드 대학(Royal University of Ireland), 토닉솔파 칼리지(Tonic Sol-fa College) 등 다양한 칼리지와 대학에서 치러진 것들이다. 이 책의 개정판이 나올 될 때마다 시험 문제는 업데이트되었다. 모든 문제는 풀이와 함께 제시되거나 그렇지 않을 경우에는 독자가 답을 찾을 수 있는 페이지를 참조하도록 안내되어 있다. 이 보충적인 자료는 독자가 심리적 부담을 벗어버리는 데 큰 도움을 주었을 것이다.

2) 심층 분석

담론의 두 번째 층, 즉 심층은 말 아래에 숨어 있지만 저자의 내면, 즉 욕망, 가치, 믿음 등을 반영한다. 저자는 그것들 중 일부를 어떤 사람들에게 전달되기 바랐을 수도 있다. 저자가 숨겨진 것을 독자들에게 전달하기를 의도하는지 그렇지 않은지는 글에 담긴 암시나 실마리만 가지고 결정하기는 어렵다. 저자가 생각하거나 무의식적으로 마음에 담고 있는 것이 다양한 방식으로 글에 반영된다는 것은 의문의 여지가 없다. 그리하여 모든 교재의 담론은, 숨겨져 있을지언정 설득적 요점들을 가지고 있다. 무엇보다도 교재는 저자가 그 당시에 그 분야의 우세한 패러다임(paradigm)이 무엇이라고 생각하는지를 반영한다. 또한 저자는 의도적이든 은연중이든 논쟁점들에 대한 그의 편향성을 드러낼 수도 있다. 토머스 쿤(Thomas S. Kuhn)의 과학 교재에 대한 언급은 이 점을 잘 제시해 준다. 그는 특정한 과학 분야의 패러다임을 담고 있는 교재의 지위에 대하여 말한다. 교재를 가지고 이루어지는 교육적 훈련은 패러다임의 주입 과정이다.[51] 이것은 교재가 패러다임에 관하여 설득적임을 의미한다. 교재는 특정한 과목에서 패러다임을 받아들이도록 학생들을 설득한다. 그러나 설득은 문장과 단어로 표현되지 않아서 암묵적일 수 있다. 패러다임의 정당화는 교재에서 명시적으로 시도되지 않을 수도 있다. 융니켈(Christa Jungnickel)과 맥코마크(Russell McCormmach)는 19세기 초의 물리학 교재의 설득적 특성을 감지했다. 어떤 물리학 교재는 철학에서 칸트의 전제들이 과학 과목의 기초를 구성하는 데 결정적이라고 선언한다.[52] 교재의 서문에서 교재의 지향점이 제시될 때, 패러다임적 교의가 선포되는 경우가 많다. 그러면 교재의 나머지는 특정한 주제에 대한 개념들을 제시하면서 그 교의들을 증명하는 데 초점을 맞춘다.

해리스의 교재를 살펴보면 저자는 여전히 논란의 대상이었던 헬름홀츠의 음악 음향학 이론들을 지지하고 전파하기를 원하는 것이 드러난다. 저자의 숨겨진 욕망은 다른 사람들, 특히 음악가들을 설득하여 헬름홀츠의 화성 이론을 받아들이게 하는 것이다. 그러므로 그는 헬름홀츠의 음향학의 모든 체계를 정당화하고 전파하는 몇 가지 전략을 동

51 Thomas S. Kuhn, *The Structure of Scientific Revolutions* (Chicago and London: The University of Chicago Press, 1996), pp. 113~5.

52 Christa Jungnickel and Russell McCormmach, *Intellectual Mastery of Nature: Theoretical Physics from Ohm to Einstein*, 2 vols. (Chicago and London: The University of Chicago Press, 1986), vol. 1. pp. 24~26; 융니켈과 맥코마크, 『자연에 대한 온전한 이해』, 1권, pp. 46~57.

원한다.

여기에서 우리는 저자가 처한 수사학적 상황을 파악하기 위해 비처의 개념을 다시 사용할 수 있다. 사태는 헬름홀츠의 화성 이론이 '음악계'에서 처한 논쟁적인 지위이다. 헬름홀츠의 화성 이론에 대해서 '과학계'에서 논란이 없었던 것은 아니지만 그러한 상황은 음악 전공 학생을 위한 음향학 교재를 써서 수사적으로 해결할 수 있는 상황이 아니기 때문에 비처의 '사태'에 포함될 수 없다. 청중은 앞서 살핀 대로 현재와 미래의 음악 전문가들이다. 그렇다면 그들이 처한 특수 상황은 속박을 구성하는 요소 중 하나이다. 독자인 음악 선생들과 음악 전공 학생들은 화성에 대하여 헬름홀츠가 무엇을 주장하는지, 음향학에서 헬름홀츠의 권위가 얼마나 높은가에 대하여 이해가 결여되어 있었다. 반면에 저자인 해리스는 음향학 연구자는 아니지만 음향학에 관련된 저술들을 공부하면서 헬름홀츠의 음향학계에서의 독보적인 권위에 대해 이해했고 그에게 헬름홀츠의 화성 이론은 체계적인 경험적 지식과 수학적 이론에 바탕을 둔 것이었다. 그가 보기에 헬름홀츠의 화성 이론은 헬름홀츠의 음향학 연구의 뛰어난 업적의 결정체처럼 보였다. 그러므로 그는 헬름홀츠의 화성 이론을 음악가들에게 널리 전파하는 것을 자신의 사명으로 여겼다. 그러므로 저자는 자신의 희망이나 믿음을 직접적으로 드러내지 않고 이러한 상황에 적절하게 대응하려고 노력했다. 그는 그 이론을 더욱 설득적으로 보이도록 하기 위해 몇 가지 전략을 동원한다. 그 과정이 의도적이건 의도적이지 않든 저자의 신념, 가치, 선호 등을 전달하는 것은 텍스트적 인공물에서 가용한 몇 가지 자원에 의해 매개된다. 해리스는 그가 헬름홀츠의 화성 이론을 지지한다는 것을 드러내지 않지만 그것에 대한 그의 지지적 태도는 여러 측면에서 분명하다.

(1) 전략 1: 편향된 어휘 사용

어떤 담화 표지를 사용하는 것은 저자가 자신의 의도를 드러내는 수사적 수단이다. 저자가 과학 교재에서 어떤 객관적인 정보를 전달하는 것으로 보인다 할지라도 편향된 표현들은 저자의 내면, 즉 그가 무엇을 믿는지, 무엇을 선호하는지, 그가 무엇을 욕망하는지 등을 드러낸다. 수사학적 분석의 초점은 특정 분야의 특성, 가치, 믿음을 반영할 수 있는 표현들이나 특정한 담화 표지를 채용함으로써 저자가 말하고 있는 것에 맞추어져야 한다.[53]

해리스가 헬름홀츠의 이중 사이렌[54]이나 헬름홀츠의 공명기[55]나 헬름홀츠의 모음 합성기[56]를 소개할 때, 그는 헬름홀츠의 업적을 분명하게 드러낸다. 그리고 해리스는 부분음의 역할에 대한 헬름홀츠의 발견의 중요성을 강조하여 "부분음에 관해 앞서 언급한 사실들의 대부분이 여러 세기 동안 알려져 왔지만 헬름홀츠가 악음의 특성이 부분음의 발생에 의존한다는 것을 증명할 때까지 그 현상은 호기심의 대상으로 간주될 뿐이었다."[57] 하지만 헬름홀츠의 화성 이론에 와서 그는 이 이

53 J. A. Herrick, *The History and Theory of Rhetoric: An Introduction* (Boston: Pearson, 2005), pp. 206.

54 Harris, *Handbook of Acoustics*, p. 34.

55 Harris, *Handbook of Acoustics*, p. 66.

56 Harris, *Handbook of Acoustics*, pp. 77~79.

57 Harris, *Handbook of Acoustics*, p. 74.

론에 대하여 의미심장한 비판들이 있고 그 이론과 경쟁하는 이론들이 있다는 사실을 숨기고[58] "악음 사이의 협화나 불협화가 맥놀이에서 생긴다는, 방금 암시한 사실은 헬름홀츠의 가장 중요한 발견이다. 그것의 진실성을 철저하게 확신하기 위해 학생들은 한 걸음씩 나아가야 한다."라고 말한다.[59] 하지만 담화 표지인 "~야 한다"(must)를 사용함으로써 해리스는 헬름홀츠의 화성 이론의 진실성을 학생들에게 확신시키기 위해 노력할 것임을 암시한다.

(2) 전략 2: 초점화

일반적으로 교재는 관련된 개념을 일관되게 중요성을 부여하며 가르칠 것으로 기대되지만 그렇지 않다. 저자는 자신의 선호를 반영하여 특정 개념에 초점을 맞추어 논의를 전개한다. 해리스의 교재에서 강조하는 하나의 요지가 있으니 그것은 화성이다. 모든 설명은 화성으로 향한다. 저자는 이론의 유효성을 설득하기 위해 모든 자원을 활용한다.

화성 이론을 다루는 14장부터 17장으로 나아가는 중간 단계로 저자는 8장에서 부분음을, 12장에서 조합음을 다룬다. 부분음과 조합음은 다양한 화음(chord)의 상대적 조화성(harmoniousness)을 이해하기 위한 핵심적인 개념이기 때문이다. 14장에 제시되는 조화성의 으뜸 원리는

---

58 A. J. Ellis, "Additions by the Translator" in Hermann Helmholtz, *On the Sensations of Toneas a Physiological Basis for the Theory of Music*, trans. by A. J. Ellis (New York: Dover, 1954), pp. 357~358.

59 Harris, *Handbook of Acoustics*, p. 115.

맥놀이가 음정의 거칠기를 야기한다는 것이다. 이 원리를 제기하기 위하여 13장의 단음의 간섭은 핵심적인 개념이다. 왜냐하면 맥놀이는 소리의 간섭의 결과이기 때문이다. 12장에서 다뤄지는 조합음은 두 벌의 악음이 가지는 상대적 조화성의 복잡성을 야기한다. 현(9장), 파이프(10장), 막대와 판(11장)의 진동 모드는 부분음의 발생을 설명하기 위한 기초이다. 악음의 특성(8장)은 주로 악음 속의 부분음의 존재와 관련되어 있다. 부분음의 감지는 공명기로 가능하므로 공명은 8장의 앞장인 7장의 주된 주제이다. 음악의 세기는 진동의 진폭(6장)에 의해 야기된다. 진폭은 복합음에서 부분음의 구조를 이해하는 데 핵심이다. 흔한 음계의 선율적 관계(5장)는, 1:2(옥타브), 2:3(완전5도), 3:4(완전4도), 4:5(장3도), 5:6(단3도), 3:5(장6도), 5:8(단6도)처럼 단순한 비에 토대를 두고 있다. 그리하여 헬름홀츠의 화성 이론을 위한 기조를 이루는 순정조(just intonation)가 표준적인 현대 음계로 가정된다. 음고가 진동수에 의해 결정된다는 사실은 4장에서 언급되는데 그것은 5장의 논의를 위한 기초가 된다. 귀를 다루는 3장은 순음을 감지하는 귀의 능력을 소개한다. 악음의 발생(1장)과 전달(2장)은 음파의 역학적 측면과 관련된다. 음파는 소리에 대한 심화된 역학적 논의를 위한 토대이다.

(3) 전략 3: 배제

배제(exclusion)는 발견(inventio)에서 포함(inclusion)만큼 의미심장하다. 때때로 배제된 것들이 포함된 것보다 저자의 독특한 관점에 관하여 중요한 사실을 더 잘 전달한다. 비슷한 이유 때문에 어떤 주제에 관한 논의는 길어지기도 하고 짧아지기도 한다. 객관적인 과학 교재라도 이 층위에서는 주관적일 수 있다. 무의식적으로 저자는 자신의 신념을 독자에게 주입한다. 만약 저자가 자신이 무엇을 하는지 의식한다면 그는 목표로 하는 선택된 사람들과 의사소통을 하는 것이다.

일반적으로 음악 음향학에 대한 교재는 헬름홀츠의 『음의 감각』이나 브로드하우스의 『음악 음향학』처럼 표준적인 주제들을 포함한다. 정률(temperament)은 헬름홀츠의 『음의 감각』의 영역본에서 번역자인 엘리스가 추가한 부록의 주요 주제 중 하나이다.[60] 정률은 19세기에 음악 음향학에서 매우 중요한 연구 주제였다. 많은 연구자들이 연구 주제로 정률을 선택했다.[61] 그러나 해리스의 교재에서 해리스는 가온정률(meantone temperament)과 평균율(equal temperament)에 대해 간단하게 설명한다. 가온정률에는 다양한 종류의 정규(regular) 가온정률과 비정규(irregular) 가온정률이 존재한다. 그러나 저자는 오로지 1/4 코마 가온정률만을 설명하면서 오로지 한 종류의 가온정률이 존재하는 것처럼 그것을 가온정률이라고 부른다. 그리고 그는 자신이 왜 처음부터 표준적인 방법으로 순정조를 선택했는지를 언급하지도 않고 거기에 또 하나의 중요한 정조(intonation)인 '피타고라스 정조'(Pythagorean intonation)가 있다는 것도 언급하지 않는다. 해리스가 표준적인 음계로 순정조를 채택한 것은 헬름홀츠의 화성 이론과 부합하는 당연한 선택이다.

왜 저자는 정률에 관한 논의를 간소화한 것일까? 해리스의 『음향학 핸드북』에서 18장을 제외한 모든 장이 화성 이론을 지향한다. 18장의

60 Ellis, "Additions by the Translator," pp. 431~441.

61 Ku, "British Acoustics," pp. 395~404.

주제인 정률은 균형 잡힌 논의와 결론을 무너뜨린다. 18장은 헬름홀츠의 화성 이론에 대한 체계적이고 상세한 논의를 위협한다. 왜냐하면 정률의 필요성은 음악의 화성을 교란시키기 때문이다. 그 당시에 이미 널리 사용되던 평균율은 옥타브를 제외한 협화 음정의 조화성을 무너뜨린다. 저자는 이러한 사실을 지적하지는 않지만 다양한 정률에 대한 설명을 간소화하고 서둘러 끝을 맺는다. 이것은 음악계에서 헬름홀츠의 화성 이론의 유효성을 강조하고 널리 퍼뜨리려는 저자의 의도적인 계획을 반영한다.

5. 맺음말

교재를 쓸 때 저자는 독자를 설득하려는 목적보다는 독자들에게 지식을 전달하고 개념을 이해시키는 것을 우선적인 목적으로 여긴다. 그러므로 저자는 독자를 더 잘 이해시킬 것인가에 대하여 전략을 구사하여야 한다. 더구나 전달하고자 하는 내용이 과학인데 독자가 과학 전공자가 아니라 음악 전공자라면 이질적인 분야 간의 의사소통의 문제가 발생하게 된다. 그렇지만 이 장에서 다룬 상황은 일반적인 과학 대중화의 상황과는 차별화된다. 과학자들이 다룬 내용이 한편으로는 음악 전공자들에게 매우 친숙하기 때문이다. 과학자들은 음악가들의 실행을 해명해주는 연구를 했기 때문에 19세기 말 20세기 초 영국에서 음향학을 음악 전공자에게 가르쳐야 하는 상황에서는 이질적 문화가 만나면서 '교역 지대'에서 발생하는 언어 소통의 문제가 발생하지 않았다.[62] 두 분야의 전문가들은 공통의 언어를 구사하는 부분이 커서 의사소통의 문제가 덜했다. 다만 음악적 개념을 과학적으로 이해하기 위해 수학이 얼마나 필요한가와 관련하여 논란이 일었다. 산수의 범위를 넘어 대수학의 지식이 필요한가를 놓고 의견이 엇갈렸다. 그렇지만 교과과정에서 수학 내용을 최소화하는 것으로 의견이 모아지면서 음악 음향학의 취급 범위가 정해졌다. 이로써 의사소통의 난점을 해소하고자 하였다.

이 상황의 또 다른 독특성은 매개자의 역할이다. 매개자는 과학계와 음악계를 연결하는 역할로서 음악인을 위한 과학책을 쓰는 사람이다. 때로는 과학자가 그 역할을 담당하기도 하고 때로는 음악 전문가가 그 역할을 담당하기도 한다. 매개자는 발신자와 수신자를 연결하는 중계자로서 원활한 의사소통의 통로 역할을 잘 해야 한다. 매개자가 정보를 전달할 때에는 수신자의 수준, 관심, 필요 등에 적합화된 담론의 구성이 있어야 수사학적 목적 달성이 이루어질 수 있다. 그런 점에서 4권의 음향학 교재는 각각 독자를 고려한 집필이 있었지만 시장에서 반응은 각각 달랐다. 과학적으로 정확한 정보의 전달, 독자의 필요에 대한 충족, 독자 수준을 고려한 난도 조정 등에서 교재에서 요구하는 강조점의 차이가 두드러졌다.

4권의 교재에 대한 독자의 반응을 볼 때 비처의 구도에서 본 수사학적 상황은 『음악 음향학』과 『음향학 핸드북』에서 적확한 파악이 이루어졌다. 헬름홀츠의 『음의 감각』는 정보의 정확성이나 세밀함에서 탁월

62 Galison, *Image and Logic*, p. 183.

했지만 그것은 '사태'를 해소하기 위한 적절한 대응은 아니었다. 오히려 독자는 더 큰 어려움을 느꼈고 사태는 해소되지 않았다. '속박'은 학생들의 음향학 공부와 시험 통과에 대한 부담감이었고 '청중'인 학생들에게 해당 교재가 어려운 과학을 쉽게 풀어주어 필수 음향학 시험을 원활하게 통과되도록 돕는다는 인식을 심어줄 수 있어야 했다. 브로드하우스와 해리스의 교재는 그런 점에서 수사학적 장치를 다양하게 동원하여 독자들의 마음을 사로잡음으로써 저명한 교재로서 인정을 받게 된 것이다. 반면에 벅은 이들 교재의 성공에도 불구하고 음악 전공 학생들은 시험 점수와 무관하게 중요 개념을 이해하지 못했다는 점을 지적하고 그러한 문제를 보완하고자 필요한 부분에서는 수학 개념을 친절하게 풀어서 학생들의 이해를 증진시키고자 하였다. 그렇지만 벅의 교재는 다른 측면에서는 앞선 교재들에 비하여 '사태' 해소에 기여하지 못했다. 『음악 음향학』과 『음향학 핸드북』 교재가 지닌 주된 장점인 시험 범위에 강조점을 둔 책의 구성과 체제를 따르지 않아서 제한된 성과밖에 거두지 못한 것이다.

음악은 관련된 지식과 노하우에 대한 진지한 공부뿐 아니라 미묘한 기술의 습득을 위한 반복적인 연습을 요구하는 실행적인 예술이다. 악음에 대한 과학 지식은 그것을 통달하려는 음악 전문가나 음악 전공 학생들에게 쉽지 않다. 그러므로 음향학 교재의 야심 있는 저자들은 악음의 필수 요소를 가르칠 신중한 전략을 요구한다. 교재는 담론에 있어서 2중층의 구조를 가지고 있다. 표층은 특화된 영역에 관련된 많은 정보를 전달해 준다. 교재의 선언된 최우선의 목적은 특수한 분야에서 일반적인 지식의 기초를 전달하는 것이다. 이 목적은 교재에는 말과 문장으로 명시적으로 표현된다. 또 하나의 겉보기의 층은 비언어적 담론을 통해 저자의 설득적 의도를 표현한다. 그리하여 성공적인 교재는 독자를 설득하여 그 책을 선택하여 공부하게 하는 충분한 전략을 가지고 있다. 이 전략은 교재가 직면하고 있는 수사학적 상황에 대한 저자의 적절한 이해로부터 온다. 수사학적 상황에 대한 비처의 개념에 따르면, 그 당시 음악 전공 학생을 위한 음향학 교재의 저자들은 청중, 즉 수학과 과학이 친숙하지 않지만 음향학 시험을 통과해야 하는 음악 전공 학생들을 위한 최적의 음향학 교재를 제공해야 한다. 음향학 교재 저자들은 자신의 교재가 학생들의 필요에 가장 적합하다는 것을 받아들이도록 청중을 설득해야 했다.

과학 비전공 학생들을 위한 과학 교재라는 본질적인 역할을 수행하기 위해 해리스의 『음향학 핸드북』은 몇 가지 전략을 동원하고 그것들은 이 책이 교재로서 성공을 뒷받침하는 데 결정적이다. 이 책은 수학적 개념을 가시화하기 위해 도해를 자주 사용한다. 실재의 이해를 위해 이 책은 쉬운 실험 세팅과 간단한 실험 장치를 제시한다. 친숙성과 실용성을 위해 이 책은 과학적 개념을 설명하는 데 음악적 상황과 악기를 자주 사용한다. 교육적 목표를 당장 달성하기 위해 이 책은 각 장이 끝날 때 각 장의 핵심적인 요점을 강조하는 요약과 문제를 제공한다. 추가적으로 이 교재는 여러 학교에서 치러진 시험에서 제시된 최신의 시험지와 그 풀이를 제공하여 학생들이 성공적으로 시험에 대비할 수 있도록 돕는다.

표면적으로 교재는 정보를 제공하는 것으로 보이고, 그것은 좋은 교재로서 충실하게 수행하여야 하는 우선적인 목적이기도 하다. 그러나 교재는 담론의 심층에서 저자의 입장을 은연중 설득하는 일을 한다. 교재의 담론의 심층은 무의식적이거나 은연중에 제시되는 몇 가지 주장을 전달한다. 이 숨은 주장들은 교묘하게 독자에게 강요된다. 왜냐하면 그것들은 그 교재가 말을 써서 개념을 전달하는 동안 받아들여져야 하는 전제들이기 때문이다. 그 주장의 내용을 의도적으로 숨겨 놓았느냐, 주장을 무의식적으로 전달하느냐에 따라 담론의 심층이 두 가지 층위를 갖는다.

음악 전공 학생을 위한 해리스의 교재는 원래의 목적을 위하여 잘 갖추어진 훌륭한 교재일 뿐 아니라 화성에 대한 헬름홀츠의 이론을 은근히 지지한다. 해리스에게는 소리 과학의 음악에 대한 가장 큰 기여는 헬름홀츠가 제안한 화성 이론이다. 해리스는 이 이론이 이 주제에 관한 유일한 이론이 아니라는 것을 알고 있지만 그는 어떤 경쟁적 이론에 대해 언급하지도 논의하지도 않는다. 이것은 헬름홀츠의 화성 이론이 유일하게 받아들일 수 있는 과학적 이론이다. 여기에서 발견(inventio)과 배열(dispositio)은 최적의 주제를 선택하고 배열함으로써 그 이론에 대한 믿음을 지지하려고 하는 것이다. 이러한 지향은 그 교재의 첫 번째 목적과 타협을 이루어야 한다. 교재는 음악 전공 학생을 위하여 음향학의 전체 범위를 가르치는 동시에 숨은 신념과 욕망을 구조 속에 반영한다. 해리스의 『음향학 핸드북』은 화성의 과학적 이론을 중심으로 한다. 이 이론의 핵심은 17장에서 주로 다루어진다. 저자는 세세히 화성 이론을 설명하기에 충분한 분량을 할당한다. 맥놀이에서 유래한 거칠기가 화성을 지배한다는 원리는 14장에 제시되고 14장부터 17장까지 다양한 경우에 반복해서 적용된다. 이 교재의 거의 모든 내용이 이 주제를 지향하여 전개된다. 음향학의 모든 개념들이 화성 이론의 이해를 위해 소개된다. 대조적으로 마지막 장인 18장은 정률이 주제인데, 음악 음향학에서 매우 중요한 연구 주제이지만 헬름홀츠의 화성 개념과는 충돌하기에 그 원리와 개념에 대한 설명은 간소하기에 이를 데 없다. 이런 점에서 교재는 어떤 분야의 보편적인 지식의 객관적 전달자가 아니다. 특정한 주제를 강조함으로써 다른 주제를 상대적으로 무시하게 되고 거기에서 저자의 신념과 선호가 드러나는 것이다.

특정한 이론에 대한 편향된 지지와 선호는 교재의 담론에서 침잠하는 성향이 있다. 교재로서 본래의 기능을 위한 자원들이 담론의 표층에서 발견되는 반면에 저자의 신념, 욕망, 선호 등은 담론의 심층에 숨어 있다. 표층에는 저자의 페르소나, 즉 인지된 자아가 나타나는 반면에 저자의 맨얼굴은 담론의 심층에 깊이 숨어 있다.[63] 과학 교재의 복층적 수사학은 설득적인 측면을 숨기고 있으니 이는 수사학의 보편성을 다시금 드러내 주는 셈이다.[64]

---

63 Keith and Lundberg, *The Essential Guide to Rhetoric*, p. 14.

64 Herrick, *The History and Theory of Rhetoric*, pp. 237~238.

8장
결론

8장
결론

과학 활동은 진리 탐구 활동이며 과학자들은 경험적 사실에 의거하고 논리적 추론을 사용함으로써 합리적으로 지식을 축적시켜 나간다는 상식적인 이미지는 수정될 필요가 있다. 수사학은 언어를 비롯한 온갖 인공물에 나타나는 기호를 탐구 대상으로 한다. 진리의 탐구를 대상으로 하는 논리학이나 변증법과는 달리 청중을 설득하는 것에 목표를 둔 것으로 여겨졌던 고전적인 개념의 수사학은 현대적 관점에서는 수사학의 한 분야에 국한될 뿐이다. 그런 점에서 과학은 수사학의 탐구 대상이 되어야 한다. 과학자들의 저술 활동이 대중을 향하건 전문가 동료들을 향하건 언어의 형태로 표현된다는 점에서 수사적 장치들이 동원되게 마련이다. 과학 저술들은 항상 독자들에게 전달하고자 하는 메시지를 담게 되는데 과학 교과서나 과학 기사가 표면적으로는 정보를 전달하는 설명문의 형태를 띤다지만 그 안에도 숨겨진 설득적 요소들이 있고, 과학 논문의 경우에는 동료 과학자들을 설득하여 자신의 연구의 가치와 탁월성을 인정받아야 한다는 점에서 설득적 수사학이 두드러지게 마련이다.

전통적으로 과학의 역사 서술은 과학자들의 탐구 활동에 초점이 맞추어져 있었다. 과학자들이 탐구 활동에서 부딪치는 문제와 그러한 문제를 어떻게 해결해 나갔는가를 해명하는 데 초점이 맞추어지는 일이 많았다. 이와는 대조적으로 사회의 다양한 요소들, 가령, 종교, 경제, 문화, 사회, 예술 등이 과학과 어떤 관련성을 갖는지를 살피는 것에도 많은 관심이 쏠렸다. 이러한 역사 탐구가 과학을 이론의 집합으로 보고 그러한 이론의 변천 과정에서 나타나는 여러 가지 과학 내적 및 외적 요인들을 살피는 것을 반성하고 과학을 실행의 역사로 보고자 하는 시도가 나타났다. 과학 활동은 이론의 구축만으로 평가할 수는 없으며 경험적 정보를 얻는 실행적 측면이 중요한 내용을 형성하고 있다는 것을 지적하면서 실험 기구가 새롭게 조명되기 시작했고 기구 자체가 생애를 갖는다는 생각이 당연시되게 되었다. 이러한 실행적 측면에서 바라본 과학 활동은 손을 써서 하는 작업이 머리를 써서 하는 작업 못지않게 또는 더 결정적으로 과학의 경로에 영향을 미친다는 것을 드러내었다.

이러한 논의에서 주로 간과되어 왔던 측면이 과학이 갖는 수사학적 측면이었다. 갈릴레오의 과학 활동에서 드러나는 수사학적 담론은 갈릴레오가 메디치 가문의 후원을 얻어내기 위하여 얼마나 용의주도하게 행동했는가를 드러냄으로써 과학적 후원을 얻어내기 위하여 과학자들이 가져야 했던 설득적 측면을 부각하기에 이르렀다. 또한 뉴턴과 다윈도 자신의 연구를 글로 표현할 때 설득적 요소를 감안하여 연구 결과를 제시하는 수사학적 노력을 많이 경주했음이 드러났다. 이런 점은 모든 과학자들의 글쓰기에서 설득적 요소의 중요성이 부각되고 그에 따라 현대 수사학의 관점에서 과학 텍스트도 분석해야 할 대상임이 드러나고 과학 수사학이 다루어야 할 내용이 풍부함이 알려졌다. 그동안 현대 수사학에서 이루어진 다양한 연구 성과를 과학 분야의 텍스트에 적용하는 일은 그 자체가 의미 있는 일이다.

19세기 음향학은 다양한 측면에서 수사학적 분석을 수행할 수 있는 다양한 주제들을 발견할 수 있는 분야이다. 그러한 다양성은 어느 시대, 어느 분야의 과학에서도 모두 찾아낼 수 있으므로 19세기 음향학에서 발견한 요점들은 현대의 과학 활동에도 널리 적용할 수 있다.

3장은 골딩햄의 음속 측정 보고에 개입하는 다양한 수사학적 자원의 활용에 대해서 다룬다. 연구 보고서는 과학자들이 자신의 연구를 동료 과학자들에게 알리는 활동으로 과학자는 자신의 연구 결과를 잘 포장하여 동료들을 설득함으로써 자신의 연구의 독창성과 수월성을 인정받고자 한다. 이러한 과정에서 과학자는 수사학적 자원들을 충분히 동원함으로써 자신의 연구의 가치를 드높이고자 한다. 이러한 탐구 및 공인 과정은 17세기에 정식화된 과학 단체의 실행이 현대의 모든 과학 활동에 부여하는 특징이다. 과학이 단순한 지적 호기심을 충족시키는 활동이 아니라 과학자 동료들이 그 가치를 인정해 주는 연구 주제를 다루는 것이어야 하며, 그 탐구 활동의 수행 방법도 동료들의 인정이 요구되는 기준을 따라야 한다. 그렇다고 해서 과학이 어떠해야 한다는 정해준 규칙이 있는 것은 아니어서 과학 단체를 구성하는 과학자들이 느슨하게 합의하는 기준에 따라 그때그때 다른 잣대가 적용된다. 더구나 과학 분야가 세분화되면서 분야별 과학 단체가 생겨나자 분야별로 다른 기준이 채용되기에 이르렀다. 오늘날의 기준에서 보면 전혀 과학이라고 부를 수 없는 분야가 과학으로 조심스럽게 탐색된 사례들이 있는데 19세기 말에 영국에서 물리학자들 사이에서 널리 관심을 끌었던 심령과학이 그런 사례이다.[1]

이러한 수사학적 자원들을 고려하는 일은 연구 기획 단계에서부터 시작된다. 연구할 만한 주제를 선정할 때 수많은 과학적 탐구 대상 중에서 의미 있고 동료들의 관심을 끌만한 소재를 선택하는 일이 요구된다. 이러한 일을 위하여 가장 가까운 동료들과의 사적이 대화가 방향 수정과 격려의 형태로 연구의 지원의 통로가 된다. 탐구 과정에서는 동료 과학자들이 지지할 방법과 절차의 채택이 중요하다. 연구 목적에 맞는 수학적 도구나 실험 도구의 사용은 연구 자체를 정당화해 주는 중요한 수사학적 자원이다. 뿐만 아니라 이러한 도구를 다루는 기술의 숙련도도 연구의 결과를 신뢰하는 데 중요한 수사학적 자원으로 평가된다. 연구 수행 단계에서 수사학적 자원으로 모든 실험 연구에서 강조되는 점은 반복 실행과 다양한 변수 조절을 통한 연구 결과에 대한 신뢰성을 높이는 일이다. 동일한 결과라도 여러 차례의 실행에서 동일한 결과가 나왔다는 사실과 다양한 변수를 고려한 시행 속에서 변수가 영향을 미치는 또는 미치지 않는 정도를 제시하는 것은 신뢰로운 연구 결과의 도출에서 설득력을 드높이는 역할을 한다. 연구가 종료되고 연구 보고서를 작성할 때에는 이러한 중요한 수사학적 강조점들을 잘 드

1 Rayleigh, 3rd Baron, "Presidential Address to the Society for Psychical Research," *Proceedings of the Society of Psychical Research* 30 (1919), pp. 275~290.

러낼 수 있도록 유념하는 것이 중요하다. 덧붙여 기획과 수행 단계와 달리 보고 단계에서 저자 자신의 선행 연구의 수월성과 관련 분야에서의 권위를 강조할 수 있다면 강조하는 것이 에토스를 확보하는 차원에서 고려되어야 한다.

19세기 초에 측정이 과학 활동에서 큰 가치를 갖는 것으로 인식되면서 과학의 여러 분야에서 측정 데이터를 향상시키기 위한 노력과 측정 기구의 개선을 위한 노력이 이루어졌다. 음속 측정에서는 이론적 추정과 실험적 측정 간의 편차를 해소할 필요성에 따라 다양한 요소들을 고려하거나 통제한 가운데 음속을 측정할 필요성이 대두되었다. 이러한 필요성에 부응하는 연구 주제를 골딩햄은 선택하였고 그러한 연구 수행을 잘 하기 위해 필요한 수사학적 자원을 충분히 활용하였고 그러한 노력의 결실로 유명한 학술지인 『철학회보』에 논문을 게재할 수 있었고 동료 과학자들에게 호평을 받았다.

골딩햄은 연구 기획 단계에서 음속에 영향을 미친다고 알려진 다양한 변수들을 변경시키고 그러한 변수들 자체를 측정할 수 있는 측정 기구들을 확보하는 데 중점을 두었다. 기압계, 온도계, 습도계, 풍속계, 풍향계 등과 같은 기구들을 확보하였고 기압, 기온, 습도, 풍속, 풍향을 바꾸는 것은 계절풍 기후 지대에서 1년 동안 날씨, 대기 상태, 풍향, 풍속이 바뀌는 것을 이용하여 1년 반 동안 매일 측정을 수행하는 계획을 세웠다. 음속 측정의 수월성의 기초는 가능한 먼 거리를 이동하는 소리의 빠르기를 재는 데 있었으므로 정확한 거리 측정 기법과 정확한 시간 측정 기법을 동원하였다. 그렇게 먼 거리에서도 보이고 들리는 광원과 음원으로 대포를 사용하고 이를 위해 군대의 도움을 얻었다. 1년 반이라는 긴 기간 동안 매일 두 곳에서 각각 두 차례의 대포를 발사하게 할 수 있었던 것은 골딩햄이 마드라스 천문대장으로서 명성과 지위를 이용하였기에 가능한 것이었다. 그리고 1년 반 동안에 매일 4회의 측정을 2명의 조수가 수행하였으니 실험 데이터는 방대하였고 각각 다른 대기 상태에 따른 음속이 계산되고 분석될 수 있었다.

연구 보고 단계에서 골딩햄은 자신의 연구의 실행상의 탁월성을 주장함으로써 설득력을 드높였고 논문의 말미에 관찰 데이터의 다양성과 풍부함을 표로 드러내었다. 결과적으로 음속이 대기 조건에 어떤 영향을 받는가를 정량적인 데이터로 제시함으로써 당시 과학자 동료들의 이 분야에 대한 경험적 데이터의 필요성에 대한 욕구를 충족시킬 수 있었다. 그의 성과는 훌륭한 것으로 인정을 받았고 이에 따라 바로 유명한 과학 저술에서 반복하여 언급되었고 후속하는 연구가 그에 참조하여 발전을 이룩하는 데 토대가 될 수 있었다.

19세기 음향학은 현대 과학이 가지고 있는 다양한 속성을 모두 가지고 있어서 이 책에서 논의한 여러 가지 논의들이 현대 과학의 다른 분야의 수사학적 분석에 그대로 원용될 수 있다. 과학의 객관적인 지식의 탐구 과정이기보다는 설득적 측면을 갖는 담론을 필연적으로 포함할 수밖에 없다는 점이 점점 더 많이 부각되고 있다. 현대 과학 활동을 위해서 과학자로서 안정된 제도적 지위와 지원을 확보하는 것이 필수적으로 여겨지는 상황에서 동료 과학자를 설득하는 일뿐 아니라 지식 대중에게 자신의 연구의 가치를 널리 전하는 일이 점점 더 중요해지고 있다. 그런 점에서 전통적인 설득적 가치를 지니는 수사학의 역할이 새롭게 주목을 받고 있다.

4장에서는 소리굽쇠와 공명기라는 음향학 실험 기구가 19세기 음향학 연구에서 기호적 가치를 가지게 된 과정과 이러한 기호가 어떻게 통용되었는가를 살핀다. 19세기 후반에 음향학자의 연구의 중심적인 실험 기구로 소리굽쇠와 공명기는 대두되었다. 광범위한 연구에서 소리굽쇠와 공명기가 사용되면서 음향학 연구의 방향성을 상징하는 대상으로 소리굽쇠와 공명기가 사용되기에 이르렀다. 소리굽쇠와 공명기를 널리 사용하게 되는 데에는 헬름홀츠, 쾨니히, 엘리스, 레일리, 메이어 등의 실험 음향학의 대가들이 음향학 상의 주된 공적을 이 기구를 사용하는 실험으로 이룩한 것과 관련이 깊다. 소리굽쇠는 단음의 발생 장치에서 절대 음고의 기준이 되었고 정확한 주기적 진동을 일으키는 구동 장치가 되었다. 공명기는 특별한 부분음을 식별하고 증폭하는 기능으로 음향학 실험에서 주목 받은 이래로 부분음의 검출뿐 아니라 부분음을 모아서 복합음을 합성하는 작업을 위하여 사용되었다. 이는 푸리에가 복잡한 파형을 단순한 사인파의 합으로 분해 가능하다고 주장한 것을 물리적으로 실현하였다는 점과 이후 이 수학적 기법이 수리 물리학에 끼친 지대한 영향을 고려할 때 중요한 사건이었다. 또한 공명기는 보기 힘든 수력 분사물의 진동을 증폭시키고 불꽃의 기부에 설치된 공명기는 진동을 증폭시켜 불꽃의 민감성을 향상시켰다. 메이어의 연구에 이르러서는 청각의 잔류 감각 지속 시간을 측정하는 데 소리굽쇠와 공명기는 함께 활용되어 음향학 실험 연구에서 이 두 도구가 갖는 중심적인 지위를 재확인시켜 주었다. 이로써 소리굽쇠와 공명기는 19세기 후반 음향학 연구에서 악음의 중심성을 상징적으로 드러낸다.

소리굽쇠와 공명기의 사용이 유럽의 음향학의 음악 중심적 사고를 드러내는 것과는 대조적으로 미국에 근거지를 둔 새로운 음향 기구인 전화기와 축음기의 발명과 개선에서는 소리굽쇠와 공명기의 역할을 미미하거나 오히려 방해가 되었다. 전화기를 벨보다 먼저 발명한 라이스나 전화 발명에서 기술적으로 앞서 있었으면서 선취권을 벨에게 놓친 그레이가 수행한 연구에서는 유럽식의 음향학 지식에 매어 있는 것이 부정적 결과를 내었다. 반면에 유럽 음향학 전통에서 가장 거리가 멀었던 벨은 소리의 진동에서 가변 전류를 발생시키는 방식으로 음성을 전달할 수 있는 전화기를 만들어 내는 데 성공했다. 미국 전통에서 새롭게 발생한 음향학은 소리굽쇠와 공명기로 상징되는 악음 중심의 음향학에서 벗어나 새빈의 건축 음향학이나 전화기와 축음기를 개선하는 일에는 악음의 음고보다는 소리의 세기, 소음, 음질과 관련된 연구가 더 주목받았다. 이런 연구에서는 공명기와 소리굽쇠를 상징으로 실험에서 채용하지 않았고 이 기구들은 새로운 전통에서 더 이상 음향학의 상징이 되지 않았다. 하나의 사례로서 벨이 유럽의 음향학계에서 과학자로서 명성을 얻기 위해 노력할 때에도 더 이상 소리굽쇠와 공명기를 들고 나오지 않았으며 마르코니(Guglielmo Marconi, 1874~1937)가 무선통신을 연구할 때에도 소리굽쇠와 공명기는 더 이상 실제적인 역할도 상징으로서의 역할도 없었다.

한 무리의 연구자들에게 어떤 실험 기구가 그 분야의 연구 전통을 상징하는 것으로 널리 쓰일 때 그 연구 집단 내에서는 그 기구를 사용하느냐 하지 않느냐가 연구 동료의 연구를 평가하는 데에서 은연중의 차별성을 유발하게 된다. 처음에는 필요성에 의해 활용되던 기구가 그 분야의 연구자들이 누구나 쓰는 기구가 되면 그 기구를 쓰지 않는다는 것은 다른 연구 관심사, 또는 다른 연구 방법을 소유했음을 나타냄으로써 집단적 공유 의식에서 이탈하는 효과를 발휘한다. 그렇지만 이러한 기구의 상징성은 영속하지 않으며 의외로 짧은 지속 기간에서 수백 년에 이르는 긴 기간을 가질 수도 있다. 이러한 기구의 사용은 하나의 패러다임에 기초한 정상 과학의 특징을 반영하는 물적 특성으로 여겨질 수 있으나 그 자체가 상징화하여 의식적 차원에서 의미를 가지게 되면 그 영향력을 더욱 확대된다.

5장의 레일리의 『음향 이론』에 대한 판본 비교는 텍스트의 비교 분석으로 특정 과학자의 과학 경력뿐 아니라 과학 분야 내에서 일어난 변화를 찾아낼 가능성을 제시한다. 저자는 초판본을 내고 개정판을 내면서 초판본에서 미흡하다고 생각하거나 변화된 시대적 요구에 부합하지 않는 내용을 빼고 새로운 내용을 추가함으로써 출판 당시의 시대적 상황을 개정판에 반영한다. 그러므로 개정판은 나이테와 같이 개정판이 형성될 때의 사회적, 시대적 상황을 책 속에 고정시킨다. 판본 비교 분석은 저자의 의도에 의해 나타나는 이러한 시대적 및 상황적 변화의 단면을 찾아내는 데 기여할 수 있다. 동일한 저작의 두 판본을 비교하면 두 판본이 출판되기 직전의 상황을 읽어낼 수 있다. 비교는 보존된 것과 변경된 것에 주목하는 방식으로 이루어진다. 개정 과정에서 유지될 수 있었던 내용은 그 가치가 계속 인정받는 것임을 알 수 있고, 변경된 것은 배제된 내용이나 추가된 내용이나 두 판본의 사이 기간, 즉 판간기의 상황을 드러내 주게 된다. 그러므로 두 판본의 비교는 두 판본이 출간되기 직전의 상황을 반영하며 이러한 상황 속에는 저자

개인의 상황과 저자가 몸담고 있는 사회의 상황이 함께 반영된다. 과학적 저술에서 사회의 상황은 과학 전문 분야의 과학 공동체의 상황이 결정적인 부분을 구성한다. 판본 비교 분석이 판간기의 이해에 더욱 유용한 이유는 개정판을 이전 판본과 비교하면 판간기 동안 어떤 변화가 저자와 저자 주변에 일어났는지를 알 수 있기 때문이다. 두 개의 판본을 놓고 비교할 때 시기는 앞 선 판본 이전인 제1기, 판간기인 제2기, 위에 오는 판본의 출판 이후인 제3기로 구분하여 살필 수 있다.

레일리의 『음향 이론』은 이후 음향학의 진로에 큰 영향력을 미쳤고 특히 수리 음향학의 출현에 결정적으로 기여한 중요한 저술이다. 이 책은 연구서이자 교과서의 역할을 함께 했던 책이다. 그런 점에서 이 책에서 다루어진 내용은 음향학에서 최신 연구를 반영할 뿐 아니라 교육적으로 가치 있다고 여겨진 것들로 인정할 수 있다. 레일리는 당대 최고의 물리학자로서 자신의 분야에서 최고의 권위와 영향력을 행사하였다. 그의 『음향 이론』은 1877년과 1878년에 각각 초판의 1권과 2권이 출간되었다가 1894년과 1896년에 각각 개정판의 1권과 2권이 출간되었다. 판간기에 해당하는 17 또는 18년 사이에 어떤 일이 저자인 레일리와 그가 몸담았던 음향학에 있었는지를 살필 수 있는 좋은 계기를 이 책의 두 판본은 제공해 준다. 초판과 개정판 사이에서 공통적인 부분은 제1기와 제2기에 공통적으로 교육적 가치가 있다고 여겨진 부분으로 간주할 수 있다. 이를 통해 제1기의 말과 제2기 전체를 통틀어 『음향 이론』이 유지한 성격, 즉 수학적 및 실험적 문제들을 모두 중시하고, 레일리 자신이 독창적인 연구자로서 자신의 성과를 제시하며, 수학적 탐구를 실험적 발견으로 뒷받침한다. 또한 이 시기 동안 『음향 이론』은 공히 진동과 파동의 일반 이론을 추구하고, 미분 방정식을 통해 물리적 계를 수학적으로 취급한다. 같은 미분 방정식을 다양한 현상에 적용할 수 있었던 것으로부터 자연의 통일성을 지지하고 일반적인 이론을 구축하는 일이 잘 이루어진다.

개정판에서 『음향 이론』은 판간기 동안의 음향학의 상황의 변화를 반영하여 변경되었다. 음향학의 이론상 새로운 수학적 고찰들이 많이 이루어지고, 레일리의 실험 연구에도 스킬이나 방법 면에서 발전이 반영된다. 레일리에게 가장 활동적이었던 이 시기에 이룩한 새로운 연구 성과들이 새롭게 보충되었다. 특히 이 시기에 이루어진 전화기의 발전은 전화기와 관련된 기술적 진보가 이 책에 반영되는 계기가 되었다. 이러한 전화 기술의 진보가 반영되면서 이 책의 전화 공학자에 대한 유용성이 크게 주목받았다. 제3기에 나타난 이러한 변화는 음향학 자체의 영역이 확장되었음을 의미한다. 그렇다고 해서 제2기에 출현한 새로운 연구 결과가 모두 동료 과학자들에게 좋은 반응을 가져온 것은 아니다. 초판에서는 이 책이 음향학 전체를 다루도록 계획되지 않았지만 개정판에서는 범위의 확장이 전기 진동, 유체역학, 생리 음향학으로까지 이루어졌음을 보여준다. 새롭게 음향학의 범위에 포함된 유체역학은 음향학의 외연을 늘려주는 것이었지만 상대적으로 제3기에 그렇게 주목을 받지 못했다. 두 판본의 비교는 레일리의 음향학에서 지속성을 가진 요소와 새롭게 주목받게 된 요소를 알아 볼 수 있게 해준다.

6장에서 다룬 음향학의 실체 이론은 과학을 종교의 이름으로 비판하고 종교와 부합하는 새로운 과학 이론을 제기한 사례이다. 음향학의 실체 이론을 다룬 스웬더의『음향학의 실체 이론』에 나타난 수사학을 분석하기 위해 5항목 방법과 환상 주제 방법을 동원하였다. 버크의 5항목 방법은 드라마 분석에서 유래한 것으로 행위, 행위자, 배경, 수단, 목적의 5개의 항목으로 인간사를 파악하는 것이다. 어떤 사건이나 대상을 전달할 때 5개의 항목의 기술을 통해 필자나 화자가 전달하고자 하는 메시지가 드러난다. 실체 철학은 당시 확산되고 있는 무신론적 철학과 사상에 위협을 느낀 기독교 지성인들의 집단적인 대응을 보여준다. 스웬더의 책은 실체 철학 주창자와 옹호자의 입장을 전달하는 메시지를 통해 드러낸다. 스웬더는 전문적인 과학자가 아니지만 음향학에 대한 비판적 사고 과정을 드러냄으로써 실체 철학 옹호자들이 독자를 설득하고자 하는 방식을 선명하게 보여준다.

이 책에서 주목하는 '행위'는 실체 음향학을 옹호하는 것이며, '행위자'는 높은 지성과 과학적 지식을 겸비하고 신실한 기독교적 신념을 가지고 싸우는 자들이다. '수단'은 음향학의 실체 이론을 옹호하기 위해 동원하는 실험과 논증이다. 스웬더는 성경이나 종교적 근거를 들어 기존의 음향학이 어떤 점에서 기독교 사상에 위협이 되고 무신론적 사상을 지지하는가를 논거로 삼지 않고 다른 과학자들과 동일하게 실험 데이터와 논리적 근거를 사용하여 실체론적 음향학을 지지하려고 하였던 것이다. '배경'은 다른 과학 분야에서도 빛, 전기, 자기 등과 관련하여 '힘'이라는 사람이 감지할 수 없는 실체를 동원하여 현상을 설명하려는 시도가 있음을 언급하여 실체 음향학 이론이 시대적 대세임을 부각시키고자 하였다. 스웬더가 '힘'으로 지칭하였지만 실상의 '에너지'의 개념에 더 근접한 자연에 통일성을 부여하는 하나의 원인의 존재에 대해서는 19세기 중반부터 많은 이들이 공감하였고 에너지학(energetics)의 출현으로 관심을 끌고 있었다. 그렇지만 소리의 실체가 진동과 구분되는 '힘'으로 존재한다는 점에 대해서는 기존의 음향학자들이 부인하고 있었지만 실체론자들은 그런 사실에 대하여 과학적인 근거를 들어 비판을 제기하고 있었다. 마지막으로 '목적'은 음향학의 실체 이론이 과학적 이론으로 근거가 확실하며, 오히려 널리 받아들여지는 소리의 진동 이론은 배격될 과학 이론임을 증명하고자 하였다.

환상 주제 방법은 보먼의 주장을 따라 배경, 인물, 행위를 분석하여 수사학적 비전을 드러낸다. 이 방법으로 스웬더의 책을 분석하면 실체론자들이 어떤 '환상'을 공유했는가를 찾아낼 수 있다. 실체론자들의 수사학적 비전의 핵심은 음향학의 실체 이론이 과학적으로 옳은 이론이며 진동이 소리의 실체라는 생각은 오류라는 주장이다. 스웬더는 '배경'을 기존의 음향학과 음향학의 실체 이론이 대립하는 상황에서 실체론이 승기를 잡은 것으로 묘사한다. 저자는 이 논쟁이 종교 대 과학의 대립이 아니라 과학 내부에서의 논쟁으로 보이도록 노력한다. '인물'은 실체론의 창시자인 홀의 위대함을 부각시킴과 동시에 음향학의 대가들은 오류에 빠져 있다고 주장한다. 그러므로 홀은 거짓의 세계에서 진리를 위해 싸우는 고고한 선각자로 그려진다. '행위'는 실체론자가 기존의 음향학을 과학적 근거를 들어 비판하고 자신들의 과학적 탐구 활동을 자세히 전달하고자 노력하는 과정을 묘사한다. 이로써 실체론자들은 거짓된 세상 속에서 진리를 위해 싸우는 진리의 대변자로서 자신들의 수사학적 비전을 공고하게 한다. 이러한 실체론자들의 수사학은 스웬더의 저술뿐 아니라 다른 실체론자들의 저술에서도 공통적으로 나타나는 특징이다.

수사적 분석을 통해 실체론적 음향학의 옹호자들은, 다음 세기에 창조론자들이 그러했듯이 과학적 증거들을 바탕으로 자신들의 이론이 과학적인 이론임을 부각시켰지만 성경을 인용하는 것과 같은 행위는 일체 배격함으로써 종교적 색채가 논의에서 제거되도록 노력했다. 그런 점에서 당장의 논의에서는 유의미한 이익을 얻을 수 있었을지 모르지만 사이비 과학 이론으로 실체 과학이 배격된 후에는 종교적으로도 의미 있는 주장으로 주목을 받지 못했다. 창조론이 종교적 색채를 제거하지 않고 드러냄으로써 교회 안에서는 막강한 지지력을 계속 유지하는 것과는 대조적으로 과학적 이론으로 포장된 실체론적 음향학은 과학적으로 배격당한 후에는 어느 누구도 기억해 주지 않는 이론이 되고 말았다. 실체론적 음향학의 수사학적 분석은 수사적 전략의 다양한 측면을 보여 줄뿐 아니라 수사적 전략이 이론의 수용과 운명에 미치는 영향력이 크다는 것을 시사해 준다.

7장은 음악 전공 학생들에게 음향학을 가르치기 위한 교재에 대한 수사학적 전략을 살핀다. 일반적으로 교재는 독자에게 정보를 전달하는 목적으로 집필되는 것으로 가정된다. 그렇지만 교재가 상품으로서 독자를 더 잘 이해시킬 수 있는 장점을 가지고 있다는 것을 설득할 필요가 있게 된다. 이러한 교재의 수사적 전략을 분석하기 위하여 비처의 수사학적 상황에 대한 이론을 원용할 수 있다. 비처는 수사학적 상황을 구성하는 세 요소로 사태, 청중, 속박을 제시한다. 이 장에서는 4권의 교재 헬름홀츠의 『음의 감각』, 브로드하우스의 『음악 음향학』, 해리스의 『음향학 핸드북』, 벅의 『음악가를 위한 음향학』에 대하여 비교

검토를 수행한 후에 그 중 하나인 해리스의 『음향학 핸드북』에 대하여 집중적인 분석을 수행했다. 비처의 수사학적 상황에 대한 개념을 가지고 독자를 설득하여 자신의 교재를 가지고 음악 전공 학생들이 음향학 공부를 하도록 하는 데 『음악 음향학』과 『음향학 핸드북』은 매우 성공적이었다. 반면에 헬름홀츠의 『음의 감각』은 그 내용이 연구자에게 적합한 전문성을 띠고 있었기 때문에 정보가 광범위하고 정확하다는 점에서 독자의 요구에 부응한다고 할지라도 이해도에서는 난점에 많았기 때문에 적절한 교재를 발견할 수 없다는 '사태'를 해소하지 못했다. 청중인 학생들은 어려운 음향학을 공부하고 부과된 시험을 통과해야 하는 '속박'을 가지고 있었는데 그런 점에서 독자의 호응을 얻어내기는 힘들었다. 브로드하우스와 해리스의 교재는 독자의 심리적 '속박'을 제대로 파악하고 그에 대한 대응을 적절히 함으로써 성공적인 교재로 인정받을 수 있었다. 반면에 벅은 변화된 학생들의 '속박'을 제대로 파악하지 못하고 엉뚱한 방향을 지향함으로써 '사태' 해결을 하지 못했다.

해리스의 교재의 분석에서는 과학 교재에서 표층과 심층의 중층의 담론을 파악하고 각각의 담론에 대하여 비처의 수사학적 상황을 분석하여 교재가 그러한 상황에 잘 대응하였는지를 살핀다. 교재의 표층은 교재의 원래의 목적에 따라 특정 영역에 관련된 정보를 전달하면서 또 하나의 겉보기 층의 목적은 독자에게 그 책의 교육적 가치를 설득하는 것이다. 해리스의 교재는 독자를 설득하여 그 책을 선택하여 공부하게 하는 충분한 전략들을 가지고 있었다. 해리스의 책은 청중이 처한 속박인 수학 및 과학과의 거리와 음향학 시험이 어렵다는 문제를 해소하는 데 필요한 장치들을 동원하였다.

해리스의 『음향학 핸드북』은 부분음의 구성을 설명하기 위해 도해를 자주 사용하며 쉬운 실험과 실험 장치를 소개하였다. 또한 이 책은 장차 음악 현장에서 일할 음악 전문가들에게 친숙한 음악적 상황과 악기를 자주 예로 들었다. 시급한 교육적 효과를 위해 이 책은 모든 장의 끝에 요약과 문제를 제시할 뿐 아니라 대학과 음악 학교에서 치러진 문제까지 제공한다.

교재는 언어적 표현을 쓰지 않고 저자의 입장을 은연중 전달한다. 담론의 심층에 숨은 주장들은 은연중에 독자에게 주입된다. 해리스의 교재는 여전히 논쟁 중인 헬름홀츠의 화성 이론에 경쟁적 이론이 있음을 언급하지 않는다. 해리스의 교재는 음향학을 가르치면서 동시에 저자의 숨은 신념을 반영한다. 저자는 헬름홀츠의 화성 이론을 음향학에서 가장 중요한 부분으로 여기고 모든 책의 내용이 이 주제를 지향하도록 배열하였다. 반면에 마지막 장인 18장에서 음악 음향학에서 중요한 주제인 정률을 다루면서도 헬름홀츠의 화성 개념과 충돌한다는 점에서 평균율과 가온정률을 간소하게만 소개한다. 과학 교재의 중층적 수사학은 표층에서나 심층에서나 설득적인 측면을 숨기고 있는 것이다.

이 책에서 19세기 음향학에 적용하여 과학 수사학의 가능성을 다양하게 타진해 보았으므로 같은 방법들을 다른 주제, 다른 시대, 다른 범위에 적용함으로써 과학 수사학의 지평을 넓혀 가는 것이 가능하다. 과학적 담론은 전문가 집단을 상대로 하는 과학 논문이나 학술서, 후속 세대를 위한 과학 교재, 대중적인 과학 글쓰기는 과학 기사 등을 포괄한다.

과학자들의 탐구 활동을 과학 수사학의 대상으로 바라볼 때 과학 활동에 개입하는 여러 가지 인공물들이 수사학적 탐구 대상이 된다. 과학자들은 자연을 탐구하고 탐구한 내용을 전달하고 자신의 주장을 가지고 동료들을 설득하는 데 다양한 형태의 유형 또는 무형의 인공물을 사용하고 있으므로 광범위한 인공물에 대한 수사학적 분석이 과학 활동의 본질을 더 깊이 있게 이해할 수 있는 실마리를 제공한다. 그런 점에서 과학 수사학은 과학 활동의 본질에 대한 탐색까지 포함할 수 있는 중요한 접근법을 제공할 것이다. 실험 연구를 위하여 사용되는 특정한 실험 기구나 계산표, 수식 등이 특정한 연구 분야의 가치와 관심을 상징적으로 전달할 수 있다. 과학자가 과학 논문이나 과학 저술 또는 대중적인 글에서 언어적 표현을 써서 명시적으로 제시하는 논설에 담겨진 수사학적 논의를 분석하는 일도 중요하지만 글의 구조나 구성 요소, 제시 방법과 체제 등의 수사학적 장치가 비언어적 형태로 제시되고 있다는 것을 인식하고, 그러한 메시지를 드러내는 노력이 요청된다. 다른 전문 분야와 달리 과학에서는 고유한 인공물들이 많이 사용되므로 그러한 인공물들이 갖는 의미를 파악하는 것이 수사학의 대상이 될 수 있다. 앞서 소리굽쇠와 공명기라는 음향학의 주요 실험 기구가 과학자들에게 상징으로서 어떠한 역할을 했는가를 살핀 바와 같이 실험기구뿐 아니라 무형의 도구로서 수식이나 공식, 특정한 법칙이나 표, 특정한 탐구 대상 등이 상징으로서 과학자들의 탐구 활동에 관여하는 다양한 양상을 수사학적 탐구 대상으로 삼아 분석하는 일이 가능할 것이다. 버크의 말대로 인간은 기호를 창조하고 사용(오용)하는 존

재이므로 동일한 인간의 본성이 과학 활동에서도 나타난다는 것을 보일 수 있을 것이다.[2]

과학자들은 자신이 연구한 바를 동료들에게 전달하고자 할 때 다양한 수사학적 도구를 사용하여 자신의 연구 성과를 인정받고자 한다. 그러므로 과학자 집단 내부에서 인정을 받을 수 있는 다양한 자원들을 폭넓게 동원하는 데 그러한 수사학적 자원들은 시대에 따라 장소에 따라 분야에 따라 달리지게 된다. 이것은 기본적으로 과학 또는 과학의 방법이 하나가 아니라는 것을 보여준다. 분야마다 지역 과학 공동체마다 시기에 따라 과학이 독특성을 갖는다는 것은 과학 활동이 기본적으로 동료 집단을 설득하는 목적으로 이루어진다는 과학의 본질을 드러내 준다.

과학자가 이러저러한 형태로 자신의 담론을 전개할 때 피셔가 말한 것처럼 이야기(narrative)의 구도를 사용한다는 사실은 과학 활동을 분석하는 데 새로운 전망을 갖게 할 것이다. 어떤 담론이 이야기이기 위해서는 두 가지 이상의 사건(event)이 있어야 하고 그 사건들이 시간의 순서로 나열될 뿐 아니라 인과적으로 연결되어야 한다.[3] 과학의 담론이 이야기의 구도를 갖는 대표적인 부분은 논문이나 책에서 연구사를 정리하는 부분이다. 연구사의 정리는 앞으로 논의 또는 보고할 자신이나 타인의 연구가 갖는 가치를 규정하려는 것이다. 이러한 담론이 발

---

2 Kenneth Burke, *Language as Symbolic Action* (Berkeley, University of California Press, 1966), pp. 4~6.

3 Sonia K. Foss, *Rhetorical Criticism : Exploration and Practice* (Long Grove, Illinois: Waveland Press, 2009), pp. 307~309.

전하여 하나의 연구 분야로 독립한 것이 과학사이다. 이런 식의 이야기에서 과학자가 설득적 논설을 전개할 때 자신의 이야기가 보편적 가치를 가진다는 인식을 상대방게 심어줌으로써 상대방이 그 이야기의 일부가 되겠다는 마음을 갖게 하는 방식으로 설득 과정이 일어난다. 과학자가 전달하고자 하는 이야기 속에는 세계관, 가치관, 인생관이 녹아 있다. 과학자의 글쓰기를 둘러싸고 구성하고자 하는 이야기를 파악하는 것은 과학적 글쓰기의 수사학을 파악하는 방법이 될 것이다.

과학자가 쓰는 또 다른 형태의 이야기는 자연의 이야기, 즉 자연의 역사이다. 지구과학에서는 지표면의 역사인 지사, 기후 변동의 역사, 우주 진화의 역사가 있고 생물 진화론은 생물 진화의 역사를 고생물학의 도움을 받아 구성한다. 실태 과학을 다루는 지구 과학과 생물학에서는 과학 연구의 대상인 자연 대상이 주인공이 되는 사건들을 다루는 이야기가 전개된다. 그런 점에서 이런 분야의 과학자들은 이야기를 쓰는 사람들이다. 이런 자연의 이야기가 우리를 사로잡는 이유는 우리 존재의 근원을 밝혀 주는 이야기이기 때문이다. 자연의 이야기는 궁극적으로 우리가 누구인가라는 원초적 질문에 답함으로써 철학적 화두의 해결 방안을 제시한다.

과학 이론이 어떤 과정을 포함하면 그것은 이야기가 된다. 화학 반응이 되었든, 생리적 반응이든, 물리적 현상을 설명하는 과정이든 두 개 이상의 사건이 시간 순서로 연결되면서 인과적 관련성을 맺는다면 그 과정을 제시하는 언어적 담론은 모두 이야기이다. 이야기가 구성된다는 것은 의미가 형성된다는 것이고 과학적 보고에서는 의미들이 전달되어야 한다. 작은 이야기는 합쳐져서 큰 이야기를 이루고 이야기가 결여된 설명은 결핍된 부분을 찾아 넣음으로써 온전한 이야기로 나아가게 하라는 무언의 압력을 가한다. 이야기를 전달하는 과정은 쌍방이 공유하는 더 큰 이야기를 구축하려는 동기에 따라 진행된다. 이야기가 납득된다는 것은 "좋은 이유"(good reasons)를 찾을 수 있다는 뜻이다. 서로 좋은 이유를 공유할 수 있다면 이야기의 논리가 통하는 것이고 화자의 청자에 대한 설득이 실효를 거둔다는 의미이다. 설득 과정은 엄밀한 논증을 항상 요구하는 것은 아니다. 그러므로 우리는 과학적 담론에서 이야기를 식별해 냄으로써 과학적 담론의 의미 구성과 논리를 파악할 수 있고 설득의 과정을 이해할 수 있다. 때로는 과학이 종교처럼 과학 밖의 사상이나 활동과 충돌할 수도 있다. 과학의 이야기와 종교의 이야기가 충돌하면 두 이야기는 하나의 거대한 이야기로 통합되거나 하나의 이야기가 다른 이야기를 흡수해 버린다. 이야기의 관점에서 과학과 종교의 논의를 바라보면 과학과 종교의 만남이라는 전통적인 문제를 새로운 시각에서 바라 볼 수 있다.

과학 수사학의 논의의 범위에 들어오는 또 하나의 저작물이 과학 교재이다. 좋은 과학 교재가 갖춰야 할 객관적 특성이 존재한다는 생각은 배격되어야 한다. 어떤 교재의 좋고 나쁨의 판단 자체가 절대적 기준을 가질 수 없으므로 좋음은 시대적, 상황적 산물임을 직시해야 한다. 어떤 교재가 판을 거듭하여 독자의 사랑을 받았다면 그것은 그럴만한 상황적 조건이 갖추어졌기 때문임을 받아들일 수 있다. 그런 점에서 일찍이 수사학적 상황을 논의한 비처의 관점은 우리 논의의 가이드가 될 수 있다. 수사학적 상황의 한 요소로서 속박은 저자나 독자가 처한 독특한 조건들을 사태 해결에 긍정적이건 부정적이건 모두 포괄한다. 동일한 시대에 동일한 주제에 대하여 집필된 과학 교재라 하더라도 사태에 대한 인식이 다르다면 다른 구성과 논리를 가진 교재가 된다. 그러므로 판매 부수에 의해 일괄하여 과학 교재의 성패를 판단하는 것은 공정한 처사가 아니다. 사태 인식의 차이는 가치의 차이를 반영하는 것일 수 있고 그에 따라 과학 교재가 심층적으로 달성하고자 하는 설득의 포인트는 달라질 수 있다.

또한 판을 거듭하는 과학 교재는 해당 과학의 분야의 변천과 저자를 둘러싼 상황의 변천을 읽어낼 수 있는 역사적 단면을 제공해 준다. 같은 책의 다른 판본의 도출은 동일 저자라 하더라도 시기마다 해당 분야의 필요에 대한 다른 인식을 반영한다. 그러므로 책의 변천의 역사를 통하여 해당 분야의 변천의 역사를 엿볼 수 있다. 이러한 방법론은 과학 수사학에서만 요긴하게 쓸 수 있는 방법이 아니라 역사학 전반에서 활용할 수 있는 방법이다. 판본 비교 분석을 통해 역사를 서술하는 새로운 접근 방법을 찾아낼 수 있다.

과거 20년 동안 과학 수사학은 주로 과학자 사이의 설득의 문제에 집중해 왔다. 그것은 과학 논문과 과학 전문 서적이 그 대상이 되었음을 의미한다. 이제는 과학 수사학의 범위를 확장시켜 과학 기사나 대중적 글도 그 범위에 포함시켜 논의할 필요가 있다. 이런 상황에서는 과학자가 과학자를 독자로 삼아 의사소통하는 양상과는 전혀 다른 양상의 의사소통이 전개된다. 과학 기사나 대중적인 과학 저술은 과학 지식을 대중에게 전달한다는 점에서 정보 제공적 글쓰기에 해당하는 활동이겠지만 그것은 표층적 담론에만 관심을 두기 때문에 그렇게 파악되는 것뿐이다. 담론의 심층을 들여다보면 거기에는 설득적인 요소들이 숨겨져 있다. 대중을 향한 과학적 글쓰기에서 저자는 여러 측면에서 독자를 설득하려고 한다. 자신의 분야의 지원을 얻어내기 위해 그 분야의 가치를 알리거나 자신의 분야가 전도유망하거나 흥미롭다는 것을 설득하여 더 많은 후속 전공자들을 끌어들이고자 한다. 과학자가 대중과 소통하여 얻고자 하는 유익을 얻기 위해서 과학자는 자신의 연구 분야가 사회에 유익이 된다는 것을 설득하여야 한다. 이때 유익은 다양한 측면에서 제시될 수 있다. 가장 널리 호소력을 갖는 것은 기술의 발전에 과학이 기여한다는 점이다. 과학자는 자신의 연구 분야가 장차 어떤 기술상의 혁신과 연결될 수 있는지를 보이고자 노력한다. 또는 과학자는 자신의 연구 분야에서 창출하는 지식이 당장의 실제적인 유익을 가져오지는 않더라도 자연 세계에 대한 지식을 창출하여 인간 자신과 주위 환경에 대한 이해를 심화시켜 인간의 삶의 질을 높일 수 있음을 지적하여 자신의 연구 분야의 가치를 드높이고자 노력한다. 이러한 설득의 이유가 있기 때문에 지식 또는 정보의 전달이라는 겉보기의 목적을 달성하기 위한 담론 속에 오히려 설득적 담론이 심층에 숨겨져 있을 수 있다. 그러므로 대중적 과학 글쓰기에서 중층적 담론이 음향학 교재에서처럼 나타날 수 있다. 어떤 과학적 담론이든 독자가 이해하기 용이하게 만드는 것은 설득적 목적을 이루는 데에 기여한다. 과학 교재와 더불어 대중적 과학 글쓰기도 설득적 담론을 위하여 어떤 전략을 구사하는지 비판적으로 분석해 볼 일이다.

과학 수사학은 아직 걸음마 단계에 있고 그 발전 가능성은 무궁무진하다. 현대 수사학의 온갖 이론들을 과학 관련 텍스트와 인공물에 적용함으로써 풍부한 메타 과학적 논의가 가능할 것이다. 그러한 작업은 일개인이 하기에는 너무나도 방대한 작업이므로 여러 분야의 연구자들의 협업적 연구가 필요하다. 다양한 분야의 경험을 갖춘 연구자들이 협업할 때 과학의 본성뿐 아니라 더 나아가서 기호를 사용하고 오용하는 인간의 본성에 더욱 근접할 수 있을 것이다. 강호 제현들의 지적 관심과 헌신으로 인간 활동으로서 더욱 인간 냄새가 나는 과학에 대한 이해가 이루어질 수 있기를 기대해 본다.

참고문헌

[미출판 자료]

John William (1842~1919) 3rd Baron Rayleigh, General Correspondence and Notebooks (Research Library of the USAF Research Laboratory, Hanscom AFB, Bedford, MA, USA에 소장, Library Archives and Special Collections, Imperial College London에 마이크로필름에 복사되어 소장).

[출판 자료]

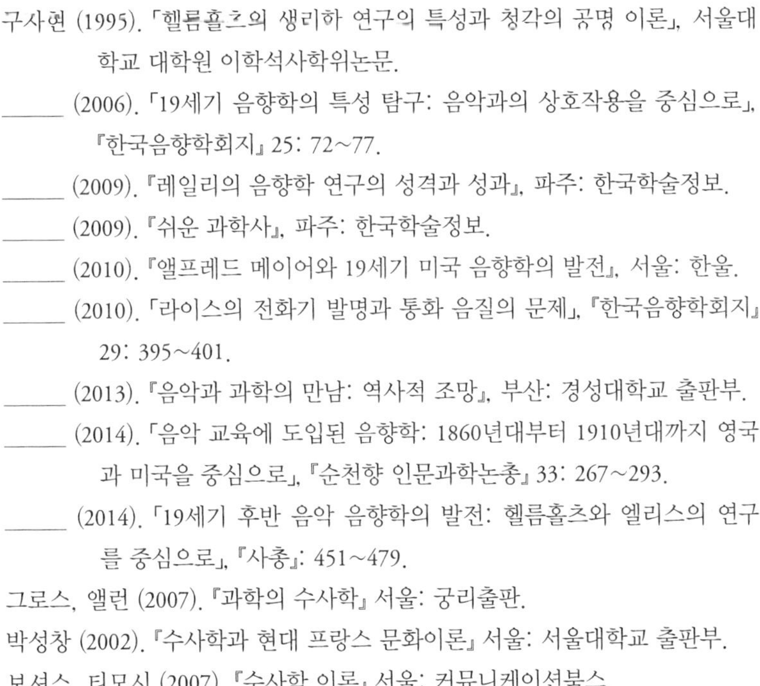

구사현 (1995). 「헬름홀츠의 생리하 연구의 특성과 청각의 공명 이론」, 서울대학교 대학원 이학석사학위논문.

______ (2006). 「19세기 음향학의 특성 탐구: 음악과의 상호작용을 중심으로」, 『한국음향학회지』 25: 72~77.

______ (2009). 『레일리의 음향학 연구의 성격과 성과』, 파주: 한국학술정보.

______ (2009). 『쉬운 과학사』, 파주: 한국학술정보.

______ (2010). 『앨프레드 메이어와 19세기 미국 음향학의 발전』, 서울: 한울.

______ (2010). 「라이스의 전화기 발명과 통화 음질의 문제」, 『한국음향학회지』 29: 395~401.

______ (2013). 『음악과 과학의 만남: 역사적 조망』, 부산: 경성대학교 출판부.

______ (2014). 「음악 교육에 도입된 음향학: 1860년대부터 1910년대까지 영국과 미국을 중심으로」, 『순천향 인문과학논총』 33: 267~293.

______ (2014). 「19세기 후반 음악 음향학의 발전: 헬름홀츠와 엘리스의 연구를 중심으로」, 『사총』: 451~479.

그로스, 앨런 (2007). 『과학의 수사학』 서울: 궁리출판.

박성창 (2002). 『수사학과 현대 프랑스 문화이론』 서울: 서울대학교 출판부.

보셔스, 티모시 (2007). 『수사학 이론』 서울: 커뮤니케이션북스.

아리스토텔레스 (2008). 『수사학』 서울: 리젬, 1권~3권.

양승훈 (2005). 『창조론 대강좌』 서울: 씨유피.

융니켈, 맥코마크 (2014~2015). 『자연에 대한 온전한 이해: 이론 물리학, 옴에서 아인슈타인까지』. 한국문화사, 1권~4권.

키케로, (2006). 『수사학』 서울: 도서출판 길.

Achard, F. (2005). "James Clerk Maxwell, *A Ttreatise on Electricity and Magnetism*, First Edition (1873)," in *Landmark Writings in Western Mathematics, 1640-1940*. ed. Ivor Grattan–Guinness. Amsterdam: Elsevier, 564~587.

Agarwal, P. C. and S. K. Sinha (2008). *Elements of Physics XI*. New Delhi: Rakeshi Kumar, 2008.

Arns, R. G. and B. E. Crawford (1995). "Resonant Cavities in the History of Architectural Acoustics," *Technology and Culture* 36: 104~135.

Bell, A. G. (1876). "Telegraph," United States Patent, No. 174,465.

Ben–Menahem, A. (2009). *Historical Encyclopedia of Natural and Mathematical Sciences*. New York: Springer.

Beyer, Robert T. (1999). *Sounds of Our Times: Two Hundred Years of Acoustics*. New York: Springer.

Bitzer, L. (1968). "The Rhetorical Situation," *Philosophy and Rhetoric* 1: 1~15.

Bonds, M. E. (2006). *A History of Music in Western Culture*. Upper Saddle River.

Bohn, D. A. (1988). "Environmental Effects on the Speed of Sound," *The Journal of Audio Engineering Society* 36: 223~231.

Borch–Jacobsen, M. (1990). "Analytic Speech: From Restricted to General Rhetoric" in *The Ends of Rhetoric: History, Theory, Practice*, ed. J. Bender and D. E. Willbery. Stanford: Stanford University Press, 127~139.

Bormann, Ernest G. (1985). "Symbolic Convergence Theory: A Communication Formulation," *Journal of Communication* 35(Autumn): 128~38.

Brenni, Paolo (1995). "The Triumph of Experimental Acoustics: Alert Marloye (1795~1874) and Rudolph Koenig (1832~1901)," *Bulletin of the Scientific Instrument Society* 44: 13~17.

Broadhouse, John (1881). *Musical Acoustics or the Phenomena of Sound as Connected with Music*. London: William Reeves.

Brooks, John (1976). *Telephone: The First Hundred Years.* New York: Harper & Row.

Buchwald, J. Z. (Ed.) (1996). *Scientific Credibility and Technical Standards in 19th and Early 20th Century Germany and Britain*. Dordrecht: Springer.

Buck, Percy (1918). *Acoustics for Musicians*. London: Oxford University Press.

Burke, Kenneth (1966). *Language as Symbolic Action.* Berkeley: University of California Press.

________ (1969). *A Grammar of Motives.* Berkeley: University of California Press.

Cantor, G. N. (1989). "The Rhetoric of Experiment," in David Gooding, Trevor Pinch, and Simon Schaffer, eds, *The Uses of Experiment: Studies in the Natural Sciences*. Cambridge: Cambridge University Press, 167~73.

Carroll, Victoria (2007). "Beyond the Pale of Ordinary Criticism: Eccentricity and the Fossil Books of Thomas Hawkins," *Isis* 98: 225~65.

Cartier, Roger (1994). *The Order of Books.* Standford: Stanford University Press.

Cobbe, H. (1984). "The Royal Musical Association 1874~1901," *Proceedings of the Royal Musical Association* 110: 111~7.

Donkin, W. F. (1870). *Acoustics.* Oxford: Clarendon Press.

Duffin, Ross W. (2007). *How Equal Temperament Ruined Harmony (and Why You Should Care).* New York: W. W. Norton.

Edney, M. H. (1997). *Mapping an Empire: The Geographical Construction of British India, 1765-1843*. Chicago: University of Chicago Press.

Einstein, Albert and Michele Besso (1972). *Albert Einstein-Michele Besso 1903-1955* ed. by P. Speziali. Paris: Hermann.

Eisenstein, Elizabeth (1979). *The Printing Press as an Agent of Change: Communications and Cultural Transformations in Early-Modern Europe.* Cambridge: Cambridge University Press.

Ellis, A. J. (1864). "On the Physical Constitution and Relations of Musical Chords," *Proceedings of the Royal Society* 13: 392~404.

__________ (1864). "On the Temperament of Musical Instruments with Fixed Tones," *Proceedings of the Royal Society* 13: 404~17.

__________(1874). "On Musical Duodenes, or the Theory of Constructing Instruments with Fixed Tones in Just or Practically Just Intonation,"

Proceedings of the Royal Society 23: 3~31.

__________ (1879). "Scheibler's Tonometer," *The Athenaeum*, 270~4.

__________ (1880). "The History of Musical Pitch," *Journal of the Society of Arts* (March), 293~404.

__________ (1954). "Additions by the Translator" in Hermann Helmholtz, *On the Sensations of Tone as a Physiological Basis for the Theory of Music,* trans. by A. J. Ellis. New York: Dover.

Fisher, Walter R. (1989). *Human Communication as Narration: Toward a Philosophy of Reason, Value, and Action.* Columbia: University of South Carolina.

Fletcher, Harvey (1928). "Book Review of *The Theory of Sound* by Lord Rayleigh," *Proceedings of the Institute of Radio Engineers* 16: 181~91.

Foss, Sonia K. (2009). *Rhetorical Criticism : Exploration and Practice.* Waveland Press, 2009.

Galison, Peter (1997). *Image and Logic: A Material Culture of Microphysics*. Chicago: University of Chicago Press.

Gillispie, Charles Coulston (Ed.) (1981). *Dictionary of Scientific Biography*. New York: Charles Scribner's Sons.

Goldingham, John (1822). "Observations for Ascertaining the Length of the Pendulum at Madras," *Philosophical Transactions of the Royal Society* 112: 127~70.

__________ (1823). "Experiments for Ascertaining the Velocity of Sound at Madras in the East Indies," *Philosophical Transactions of the Royal Society* 113: 98~139.

Golinski, Jan (1992). "The Chemical Revolution and the Politics of Language," *The Eighteenth Century: Theory and Interpretation* 33: 238~51.

__________ (2005). *Making Natural Knowledge: Constructivism and the History of Science*. Chicago: The University of Chicago Press.

Gordin, M. D. (2005). "Beilstein Unbound: The Pedagogical Unraveling of a Man and His Handbuch" in *Pedagogy and the Practice of Science: Historical and Contemporary Perspectives*, ed. Kaiser. Cambridge, MA: MIT Press, 11~37.

Green, L. (1997). *Music, Gender, Education*. Cambridge: Cambridge University

Press.

Gross, Alan G. (2006). *Starring the Text: The Place of Rhetoric in Science Studies.* Carbondale: Southern Illinois University Press.

Hall, A. Wilford and Sedley Taylor (1891), *The "Substantial" and "Wave" Theories of Sound: Two Letters.* London and New York: Macmillan.

Hankins, Thomas and Robert Silverman (1995). *Instruments and the Imagination.* Princeton: Princeton University Press.

Harris, T. F. (1900). *Handbook of Acoustics for the Use of Musical Students*. London: J. Curwen and Sons.

Hauser, Gerard (2002). *Introduction to Rhetorical Theory*. Waveland Press.

Haynes, B. A. (2002). *History of Performing Pitch: The Story of "A"*. Lanham: Scarecrow Press.

Heilbron, J. L. (1993). *Weighing Imponderables and Other Quantitative Science around 1800*. Berkeley: University of California Press.

__________ (1856). "Über Combinationstöne," *Annalen der Physik* 99: 497~540.

Helmholtz, Hermann (1878). "Lord Rayleigh's *Theory of Sound,*" [a review by Hermann von Helmholtz] *Nature* 19 (Dec. 12): 117~8.

__________ (1875). *On the Sensations of Tone as a Physiological Basis for the Theory of Music*, trans. by A. J. Ellis. London: Longmans, Green, and Co.

__________ (1954). *On the Sensations of Tone as a Physiological Basis for the Theory of Music*, trans. by A. J. Ellis. New York: Dover.

Hering, Daniel W. (1924). *Foibles and Fallacies in Science*. London: George Routledge and Sons.

Herrick, J. A. (2005). *The History and Theory of Rhetoric: An Introduction.* Boston: Pearson.

Hoppe, R. (1871). "The Bending Vibration of a Circular Ring," *Crelle's Journal of Mathematics* 73: 158~70.

Hunt, F. V. (1992). *Origins in Acoustics: The Science of Sound from Antiquity to the Age of Newton*. New York: Acoustical Society of America.

Jackson, M. (2006). *Harmonious Triads: Physicists, Musicians, and Instrument Makers in Nineteenth-Century Germany*. Cambridge, MA: MIT Press.

Johns, Adrian (1998). *The Nature of the Book: Print and Knowledge in the Making.*

Chicago: University of Chicago Press.

Jungnickel C. and McCormmach, R. (1986). *Intellectual Mastery of Nature: Theoretical Physics from Ohm to Einstein*, 2 vols. Chicago and London: The University of Chicago Press.

Keith, W. M. and C. O. Lundberg (2008). *The Essential Guide to Rhetoric*. Boston: Bedford.

Kim, Dong-Won (2002). *Leadership and Creativity: A History of the Cavendish Laboratory 1871-1919*. Dordrecht: Springer.

Koenig, Rudolph(1882). *Quelques Expérience d'Acoustique*. Paris: A. Lahure.

Ku, J. H. (2005). "J. W. Strutt, Third Baron Rayleigh, *The Theory of Sound*, first edition (1877~1878)" in *Landmark Writings in Western Mathematics, 1640-1940*, edited by Ivor Grattan-Guinness. Amsterdam: Elsevier, 588~99.

__________ (2006). "British Acoustics and Its Transformation from the 1860s to the 1910s," *Annals of Science* 63: 395~423.

__________ (2009). "Uses and Forms of Instruments: Resonator and Tuning Fork in Rayleigh's Acoustical Experiments," *Annals of Science* 66: 371~95.

________. (2011). "Rayleigh's Public Lectures with Acoustical Experiments," *Journal of the Acoustical Society of Korea* 30: 377~82.

________. (2012). "Resources for Success in Experiment: Goldingham's Measurement of the Velocity of Sound," 『한국음향학회지』, 31: 253~60.

________. (2013). "Alfred M. Mayer and Acoustics in Nineteenth-Century America," *Annals of Science* 70: 229~256.

Kuhn, T. S. (1996). *The Structure of Scientific Revolutions*. Chicago and London: The University of Chicago Press.

Lamb, Horace (1887). "On the Flexure and the Vibrations of a Curved Bar," *Proceedings of the London Mathematical Society* 1: 365~77.

Latour, Bruno and Steve Woolgar (1986). *Laboratory life: The Construction of Scientific Facts*. Princeton: Princeton University Press.

Latour, Brunor (1987). *Science in Action: How to Follow Scientists and Engineers Through Society*. Milton Keynes: Open University Press.

Lindsay, R. B. (1970). *Lord Rayleigh, the Man and His Works.* Oxford: Pergamon Press.

McLeod, Herbert and George Sydenham Clarke (1880). "On the Determination of the Rate of Vibration of Tuning Forks," *Philosophical Transactions of the Royal Society of London* 171: 1~18.

Mayer, A. M. (1874). "An Experimental Confirmation of Fourier's Theorem as Applied to the Decomposition of the Vibrations of a Composite Sonorous Wave into its Elementary Pendulum-Vibrations," *Philosophical Magazine* 48: 266~274.

__________ (1875). "Researches in Acoustics, No. 6," *Philosophical Magazine* 49: 352~428.

__________ (1880). "Topophone," United States Patent, No. 224,199.

__________ (1881). *Sound: A Series of Simple, Entertaining, Inexpensive Experiments in the Phenomena of Sound, For the Students of Every Age.* London: Macmillan.

Michell, John Henry (1889~90). "The Small Deformation of Curves and Surfaces with Application to the Vibrations of a Helix and Circular Ring," *Messenger of Mathematics* 19: 68~82.

Miller, D. C. (1916). *The Science of Musical Sound.* New York: Macmillan.

__________ (1935). *An Anecdotal History of Sound.* New York: Macmillan.

Moll, G. and A. van Beek (1824). "An Account of Experiments on the Velocity of Sound made in Holland," *Philosophical Transactions of the Royal Society* 114: 424~456.

Pantalony, David (2005). "Rudolph Koenig's Workshop of Sound: Instruments, Theories, and the Debate over Combination Tones," *Annals of Science* 62: 69~81.

__________ (2009). *Altered Sensations: Rudolph Koenig's Acoustical Workshop in Nineteenth-Century Paris.* Dordrecht: Springer.

Raichel, D. R. (2006). *The Science and Applications of Acoustics.* New York: Springer.

Rayleigh, 3rd Baron (1870). "On the Theory of Resonance," *Philosophical Transactions of the Royal Society of London* 161: 77~118.

_________ (1877). "Acoustical Observations I," *Philosophical Magazine* 3: 456~64.

_________ (1877). "Absolute Pitch," *Nature* 17: 12~14.

_________ (1878). "Uniformity of Rotation," *Nature* 18: 111.

_________ (1879). "Acoustical Observation II," *Philosophical Magazine* 7: 149~62.

_________ (1879). "On the Determination of Absolute Pitch by the Common Harmonium," *Nature* 19: 275~6.

_________ (1879). "Acoustical Observation II," *Philosophical Magazine* 7: 149~62.

_________ (1880). "On the Reflection of Vibrations at the Confines of the Two Media between Which the Transition is Gradual," *Proceedings of the London Mathematical Society* 11: 51~56.

_________ (1882). "On the Duration of Free Electric Currents in an Infinite Conducting Cylinder," *British Association Report*, 446~7.

_________ (1882). "Acoustical Observations IV," *Philosophical Magazine* 13: 340~7.

_________ (1883). "On Maintained Vibrations," *Philosophical Magazine* 15: 229~35.

_________ (1883). "On the Crispations of Fluid Resting upon a Vibrating Support," *Philosophical Magazine* 16: 50~58.

_________ (1884). "Acoustical Observations V," *Philosophical Magazine* 17: 188~94.

_________ (1886). "The Reaction upon the Driving Point of a System Executing Forced Harmonic Oscillations of Various Periods with Application to Electricity," *Philosophical Magazine* 21: 369~81.

_________ (1890). "On Bells," *Philosophical Magazine* 29: 1~17.

_________ (1904). "On the Acoustic Shadow of a Sphere," *Philosophical Transactions of Royal Society* 203: 87~110.

_________ (1907). "On Our Perception of Sound Direction," *Philosophical Magazine* 13: 214~32.

_________ (1909). "On the Perception of the Direction of Sound," *Proceedings of the Royal Society,* Series A, 83: 61~64.

__________ (1919). "Presidential Address to the Society for Psychical Research," *Proceedings of the Society of Psychical Research* 30: 275~90.

__________ (1945). *The Theory of Sound,* 2 vols. New York: Dover.

__________ (1964). *Scientific Papers by Lord Rayleigh*. New York: Dover Publication.

Rink, J. (2002). "The Profession of Music" in *The Cambridge History of the Nineteenth-Century Music,* ed. Samson, J. Cambridge: Cambridge University Press.

Rossing, T. D. (2007). *Springer Handbook of Acoustics*. New York: Springer.

Sadie, S. (Ed.) (2001). "Scheibler, Johann Heinrich," *The New Grove Dictionary of Music and Musicians*. New York: Grove.

Scheibler, J. H. (1834). *Der physikalische und musikalisch Tonmesser*. Essen: Baedeker.

Shapin, Steven (1984). "Pump and Circumstances: Robert Boyle's Literary Technology," *Social Studies of Science* 14: 481~520.

Strutt, R. J. (1924). *Life of John William Strutt, Third Baron Rayleigh.* London: Arnold.

Swander, John I. (1886). John I. Swander, *The Substantial Philosophy.* New York: Hudson.

__________, (1887). *A Text-Book on Sound: The Substantial Theory of Acoustics.* New York: Hall.

__________, (1915). *Romance in Religion and Science: A Biographical Sketch of Dr Swander's Life.* Tiffin: Sacksteder Bros.

Thompson, Emily (2002). *The Soundscape of Modernity: Architectural Acoustics and the Culture of Listening in America, 1900~1933.* Cambridge: MIT Press.

Tkaczyk, Viktoria(2013). "Listening in Circles. Spoken Drama Architects of Sound, 1750~1830," *Annals of Science* 71: 299~334.

Tyndall, John (1897). *Sound.* New York: D. Appleton and Company.

__________, (1969). *Sound.* New York: Greenwood Press.

Velkar, A. (2012). *Markets and Measurements in Nineteenth-Century Britain*. Cambridge: Cambridge University Press.

Warwick, A. (2003). *Masters of Theory: Cambridge and the Rise of Mathematical Physics*. Chicago: University of Chicago Press.

Zahm, John A. (1892). *Sound and Music*. Chicago: A. C. McClurg.

Anonymous (1824). "Experiments on the Velocity of Sound," *Edinburgh Philosophical Journal* 19: 182~3.

찾아보기

용어

ㄱ

ㄹ

ㅁ

ㅂ

ㅇ

ㅈ

ㅊ

ㅋ

ㅌ

인명

ㅂ

ㅅ